Beiträge zur Algebra und Geometrie 1

Herrn Prof. Dr. O.-H. Keller zum 65. Geburtstag gewidmet

Herausgegeben von

Manfred Herrmann, Andor Kertész und Otto Krötenheerdt

SPRINGER-VERLAG BERLIN HEIDELBERG GMBH 1971

Redaktion: Christine Beierlein

ISBN 978-3-662-39230-0   ISBN 978-3-662-40244-3 (eBook)
DOI 10.1007/978-3-662-40244-3

Redaktion: 401 Halle (Saale), August-Bebel-Straße 13, Deutsche Demokratische Republik, Ruf: 83 25 40 und 8 81 47. Herausgegeben durch die Martin-Luther-Universität Halle—Wittenberg. Für unverlangt eingehende Manuskripte kann keine Haftung übernommen werden. Die Autoren veröffentlichen im Dienste der internationalen wissenschaftlichen Verständigung ohne Honorar. Die Verlagsrechte der veröffentlichten Arbeiten liegen bei der Martin-Luther-Universität Halle—Wittenberg. Die Beiträge erscheinen in 18 Reihen in unregelmäßiger Folge. Die Zählung der Beiträge erfolgt jahrgangsweise, die der Reihen als Nebenzählung unabhängig vom Jahrgang.

Bezugsmöglichkeiten: Dieser Band wird nur über den internationalen Schriftentausch der Bibliotheken verbreitet. Bezugsmöglichkeiten über den Buchhandel: Lizenzausgabe des VEB Deutscher Verlag der Wissenschaften, 108 Berlin, Johannes-Dieckmann-Straße 10. Bestellungen sind in der Deutschen Demokratischen Republik an den Buchhandel oder direkt an den Verlag zu richten. In der Deutschen Bundesrepublik, Westberlin und im Ausland sind Bestellungen an den Buchhandel oder an die Firma „Deutscher Buch-Export und -Import GmbH", 701 Leipzig, Leninstraße 16, zu richten. Anfragen werden direkt an die Redaktion erbeten.

Lizenz-Nr.: 206 · 435/171/71
Gesamtherstellung: VEB Druckhaus „Maxim Gorki", Altenburg

Nationalpreisträger Prof. Dr. phil. habil. OTT-HEINRICH KELLER begeht am 22. Juni 1971 seinen fünfundsechzigsten Geburtstag. Aus diesem Anlaß entbieten die Mitarbeiter der Sektion Mathematik der Martin-Luther-Universität Halle—Wittenberg, zahlreiche Fachkollegen des In- und Auslandes, Freunde und Schüler Herrn Prof. KELLER ihre herzlichsten Glückwünsche und hoffen, den Jubilar noch lange mit Gesundheit und Schaffensfreude tätig zu sehen.

In Prof. KELLER ehren wir den vielseitigen Wissenschaftler, den Lehrer und den Menschen. Als Wissenschaftler wurde er mit seinen fundamentalen Arbeiten zu den Berührungstransformationen, zur Geometrie der Zahlen, zur Topologie und algebraischen Geometrie richtungweisend für viele seiner Schüler; als Hochschullehrer gebührt ihm Anerkennung für seine unermüdliche und selbstlose Arbeit in der Ausbildung der Studenten. Beides, Forschen und Lehren, ist Ausdruck seiner stets hilfsbereiten und liebenswerten Persönlichkeit.

Die Beiträge dieses Bandes sind Herrn Prof. KELLER in Anerkennung und Dankbarkeit zu seinem fünfundsechzigsten Geburtstag gewidmet.

Inhalt

Über die Parkettierungsmöglichkeit der hyperbolischen Ebene durch nicht-total asymptotische Vielecke

Imre Vermes

Herrn Prof. Dr. O.-H. Keller zum 65. Geburtstag gewidmet

1.

In dem Buch [1] ist — auf Grund einer Idee von G. Hajós — bewiesen, daß in der hyperbolischen Ebene ein reguläres Mosaik $\{p, q\}$ aus regulären p-Ecken mit den Winkeln $\dfrac{2\pi}{q}$ aufgebaut werden kann.

Jetzt werden wir den folgenden Satz beweisen:

Die hyperbolische Ebene kann durch $(m - k)$-fach asymptotische m-Ecke $(m > k > 1)$ parkettiert werden. (Diese asymptotischen m-Ecke sind konvex und zueinander kongruent).

Wir verstehen unter einem asymptotischen Vieleck einen konvexen Teil der hyperbolischen Ebene, der — in einer bestimmten Reihenfolge — durch d Strecken, f Halbgeraden und e Geraden auf solche Weise begrenzt ist, daß die in der Reihenfolge der Seiten benachbarten Halbgeraden und Geraden zueinander parallel sind. Wir sprechen von einem asymptotischen m-Eck, falls $m = d + f + e > d$ ist.

Im folgenden beschäftigen wir uns mit nicht-total asymptotischen Vielecken, die genau zwei Halbgeraden als Seiten haben und deren weitere Seiten Geraden bzw. Strecken sind. Ein m-Eck ist $(m - k)$-fach asymptotisch, falls es k Ecken im Endlichen hat.

Beweis.

Wir zerlegen die Ebene durch n (von einem Punkt P ausgehende, miteinander den Winkel $\dfrac{2\pi}{n}$ einschließende) Halbgeraden in kongruente Teile. Auf jeder Halbgeraden betrachten wir je einen Punkt mit der Entfernung d von P, so daß $d > \varDelta\left(\dfrac{\pi}{n}\right)$ sei, wo $\varDelta\left(\dfrac{\pi}{n}\right)$ das zu dem Winkel $\dfrac{\pi}{n}$ gehörige Parallellot bedeutet. Wenn man zu jeder Halbgeraden durch den auf derselben vorher bestimmten Punkt je eine senkrechte Gerade zieht, so haben die zu zwei benachbarten Halbgeraden gehörenden Senkrechten je ein gemeinsames Lot. Zu einem solchen gemeinsamen Lot gehört eine Abstandslinie in jedem Teil der Ebene, die die Halbgeraden (mit dem Anfangspunkt P) in den fixierten Punkten jeweils berühren und folglich paarweise miteinander einen Berührungspunkt haben. Man kann von den Punkten der Halbgeraden, deren Abstand von P gleich $2d$ ist, zu den benachbarten Abstandslinien Tangenten ziehen, wobei die Länge der Tangentenstrecken ebenfalls d ist. Von diesen Punkten können noch

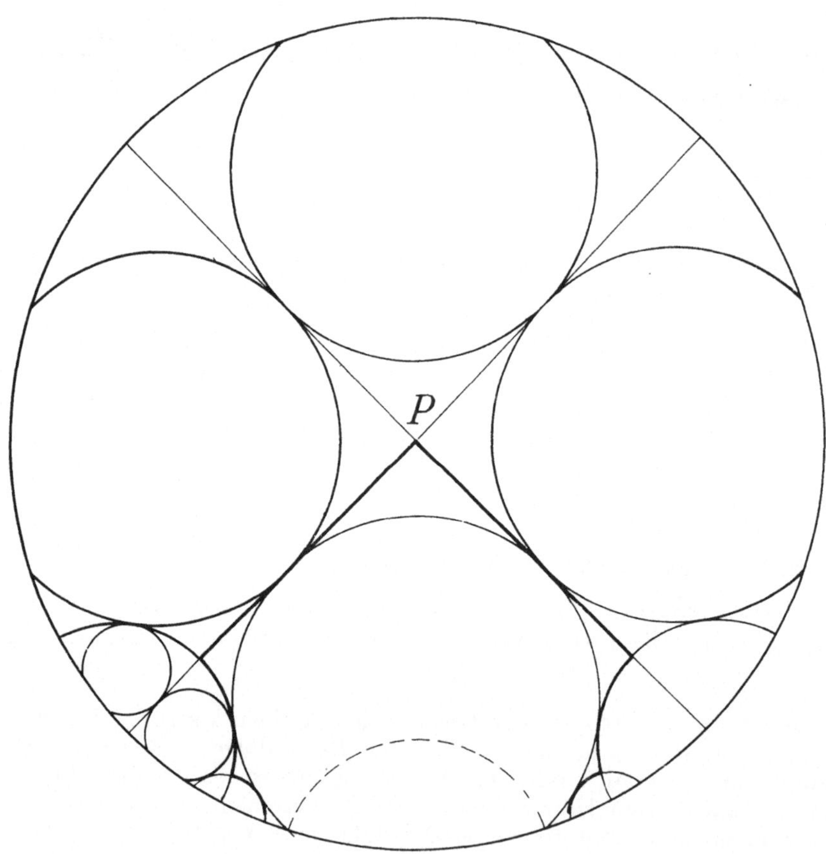

Abb. 1

$n-3$ Halbgeraden gezogen werden, so daß diese Halbgeraden paarweise miteinander bzw. mit den Tangenten den Winkel $\dfrac{2\pi}{n}$ einschließen. In diese Winkel kann je eine mit den vorigen Abstandslinien kongruente Abstandslinie auf ähnliche Weise wie vorher gelegt werden. Dieser Prozeß kann unendlich oft fortgesetzt werden, und so ergeben sich unendlich viele Abstandslinien, um jede Abstandslinie je ein unendliches Tangentenpolygon von gleichen Seiten und Winkeln. (Abb. 1 zeigt, falls $n=4$ ist, die Konstruktion eines solchen unendlichen Tangentenpolygons in dem Poincaréschen Kreismodell.) Wir betrachten jetzt einen endlichen Teil von $k-1$ Seiten eines solchen Tangentenpolygons. Der Punkt P sei eine Ecke dieses Teiles. Wir fällen von den beiden Endpunkten dieses endlichen Polygonzuges je ein Lot auf die Grundlinie der zu dem endlichen Polygonzug gehörenden Abstandslinie. Diese Lote schneiden die Grundlinie, und diese Schnittpunkte bestimmen eine Strecke auf der Grundlinie. Wir teilen diese Strecke in $m-k-1$ kongruente Strecken und betrachten weiter die Halbgeraden, die in den Endpunkten dieser Strecken auf der Grundlinie senkrecht stehen und nicht auf derselben Seite der Grundlinie wie die Abstandslinie liegen. Die zu diesen jeweils benachbarten Halbgeraden parallelen Geraden, die oben erwähnten $k-1$ Strecken und die beiden durch die Endpunkte des $(k-1)$-seitigen Polygonzuges gezogenen, auf der Grundlinie senkrecht stehenden Halbgeraden bestimmen ein $(m-k)$-fach asymptotisches konvexes m-Eck. Zu jeder Abstandslinie können wir ein solches m-Eck konstruieren, und eine Parkettierung ergibt sich durch Spiegelungen an allen Seiten, die Halbgeraden bzw. Geraden sind.

Es soll noch bemerkt werden, daß die Bildung der Abstandslinien und der unendlichen Tangentenpolygone nach der Spiegelung an einer Geraden-Seite ebenso wie vorher fortgesetzt werden kann.

Es ist klar, daß die Parkettierung der hyperbolischen Ebene durch $(m-k)$-fach asymptotische Vielecke auf diese Weise durchgeführt werden kann. Die Eckpunkte und die Seiten der unendlichen Polygone bilden einen unendlichen Graphen in der hyperbolischen Ebene. Es ist leicht zu beweisen, daß endlich viele Knotenpunkte dieses Graphen im Inneren eines um P beschriebenen Kreises mit beliebigem endlichen Radius liegen. Auf Grund dieser Bemerkung ergibt sich, daß endlich viele $(m-k)$-fach asymptotische Vielecke ausreichen, um diesen Kreis zu überdecken (hier $m-1 >$ $> k > 1$).

Wenn in der vorigen Konstruktion $d = \Delta\left(\dfrac{\pi}{n}\right)$ ist, so ergeben sich Grenzkreise, und wir bekommen auf ähnliche Weise wie vorher die Parkettierung der hyperbolischen Ebene durch einfach asymptotische m-Ecke (also $m-1 = k > 1$).

Die Parkettierungsmöglichkeit der hyperbolischen Ebene durch $(m-1)$-fach asymptotische Vielecke ist in [4] gezeigt.

2. Über die Parkettierung der hyperbolischen Ebene durch einfach-asymptotische Dreiecke

Wenn ein Dreieck einfach-asymptotisch ist, so hat es zwei Winkel (sie seien $\alpha = \dfrac{\pi}{k}$, $\beta = \dfrac{\pi}{l}$; $k, l \geqq 2$, aber $k + l > 4$), eine Strecke und zwei Halbgeraden als Seiten.

Die Halbgerade neben dem Winkel α bzw. β sei a- bzw. b-Seite. Man kann um ein einfach-asymptotisches Dreieck aus mit ihm kongruenten Dreiecken bestehende Gürtel und damit die Parkettierung der Ebene erzeugen, die man durch geeignete Geradenspiegelungen erhält. (Abb. 2 zeigt das Grunddreieck und den ersten Gürtel, falls $k = 2$, $l = 4$ ist.)

Es sei R_i die Anzahl der zwischen den Gürtelbegrenzungen g_{i-1} und g_i gelegenen Dreiecke und S_i die Anzahl der durch die Begrenzung g_i umschlossenen Dreiecke. Der Flächeninhalt dieser Teile der Ebene können mit R_i und S_i charakterisiert werden.

Wir untersuchen den Grenzwert von $\dfrac{R_i}{S_i}$ (falls $i \to \infty$) wie in [2], [3] und [4] im Fall anderer Parkettierungen. Die Anzahl der zu der Gürtelbegrenzung g_{i+1} gehörenden a-

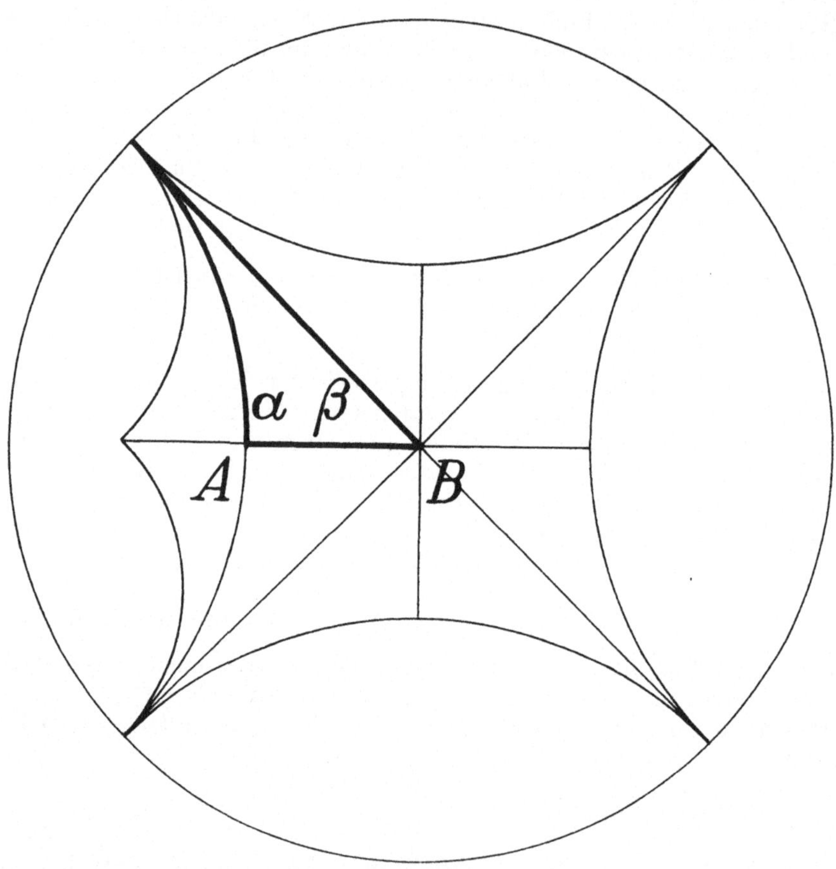

Abb. 2

bzw. b-Seiten kann auf folgende Weise in einer rekursiven Form aufgeschrieben werden:

$$a_{i+1} = (l - 1)\, b_i, \qquad a_0 = 1, \qquad a_1 = 2\,(l - 1),$$
$$b_{i+1} = (k - 1)\, a_i \qquad b_0 = 1, \qquad b_1 = 2\,(k - 1). \tag{1}$$

Die Anzahl der zwischen den Gürtelbegrenzungen g_i und g_{i+1} gelegenen Dreiecke ist

$$R_{i+1} = a_{i+1} + b_{i+1}. \tag{2}$$

Aus (1) und (2) folgt

$$R_{2n} = 4\,(k-1)^n\,(l-1)^n$$

und

$$R_{2n+1} = 2\,(k-1)^n\,(l-1)^n\,[(k-1)+(l-1)],$$

und für S_{2n} und S_{2n+1} ergibt sich

$$S_{2n} = 2\,(k+l)\,\frac{(k-1)^n\,(l-1)^n-1}{(k-1)\,(l-1)-1} + 4\,(k-1)^n\,(l-1)^n - 2$$

und

$$S_{2n+1} = 2\,(k+l)\,\frac{(k-1)^{n+1}\,(l-1)^{n+1}-1}{(k-1)\,(l-1)-1} - 2.$$

Aus dem vorigen kann man die folgenden Grenzwerte erhalten:

$$\lim_{n\to\infty}\frac{R_{2n}}{S_{2n}} = 2\,\frac{(k-1)\,(l-1)-1}{2\,kl-k-l},$$

$$\lim_{n\to\infty}\frac{R_{2n+1}}{S_{2n+1}} = \frac{[(k-1)\,(l-1)-1]\,(k+l-2)}{(k+l)\,(k-1)\,(l-1)}.$$

Beide sind rational und voneinander verschieden, falls $k \neq l$ ist. Damit gilt der folgende S a t z :

Bei der Parkettierung der hyperbolischen Ebene durch einfach-asymptotische Dreiecke alterniert die Folge der Quotienten $\dfrac{R_i}{S_i}$, und die Parkettierung kann durch den Grenzwert von $\dfrac{R_i}{S_i}$ nicht charakterisiert werden, falls die Elementardreiecke nicht regulär sind.

LITERATUR

[1] FEJES-TÓTH, L.: Reguläre Figuren. Akadémiai Kiadó/B. G. Teubner, Budapest/Leipzig 1965.
[2] HORVÁTH, J.: Über die regulären Mosaiken der hyperbolischen Ebene. Annales Univ. Sci. Budapest, Sect. Math. 7 (1964) 49—53.
[3] KÁRTESZI, F.: Eine Bemerkung über das Dreiecknetz der hyperbolischen Ebene. Publ. Math. Debrecen 5 (1957) 142—146.
[4] VERMES, I.: Über die Parkettierung der hyperbolischen Ebene durch asymptotische Vielecke. Magyar Tudományos Akadémia III. Mat. Fiz. Oszt. Közleményei (im Druck) (ungarisch mit deutscher Zusammenfassung).

Manuskripteingang: 25. 6. 1970

VERFASSER:
IMRE VERMES, Lehrstuhl für darstellende Geometrie, Technische Universität Budapest, Ungarn

Eine Konstruktion von Punktgruppen einer rationalen Involution 3. Ordnung auf einem Kreis und auf einer Geraden

R. Helmut Günther

Herrn Prof. Dr. O.-H. Keller zum 65. Geburtstag gewidmet

Konstruktive Lösungen von Aufgaben der projektiven Geometrie und der klassischen algebraischen Geometrie sind uns in großer Zahl überliefert. Die in dieser kleinen Mitteilung beschriebene Konstruktion von Punktgruppen einer rationalen Involution 3. Ordnung auf einem Kreis und auf einer Geraden war jedoch dem Verfasser bisher nicht bekannt.

Wir stellen unseren Überlegungen einen bekannten Satz voran:

Je zwei äquivalente Gruppen von je m Punkten einer algebraischen Kurve k, die keine gemeinsamen Punkte haben, bestimmen auf k genau eine rationale Involution m-ter Ordnung. (Ist diese Involution selbst eine Vollschar, so ist sie bereits durch eine ihrer Gruppen vollständig bestimmt.)

Da sich die im folgenden beschriebene Konstruktion auf diesen Satz gründet, werden wir wenigstens den nicht in Klammern gesetzten Teil dieses Satzes mit bekannten Mitteln der klassischen algebraischen Geometrie hier nochmals beweisen.

Wir nehmen an, k sei eine ebene algebraische Kurve. A und B seien zwei äquivalente Gruppen von je m Punkten der Kurve k, die keinen Punkt gemeinsam haben. Dann gibt es ein Büschel von Kurven, welches auf k eine solche Involution J der Ordnung m ausschneidet, die die Gruppen A und B enthält. Ein anderes Kurvenbüschel schneide auf k eine Involution J' der Ordnung m aus, welche ebenfalls die Gruppen A und B enthält. Wir werden nun zeigen, daß J' gleich J ist.
Es seien a, b die Kurven des ersten Büschels und a', b' die Kurven des zweiten Büschels, welche die Gruppen A und B auf k ausschneiden. $\alpha a + \beta b$ (α und β sind homogene Parameter) ist die allgemeine Kurve des ersten Büschels und $\gamma a' + \delta b'$ die allgemeine Kurve des zweiten Büschels. P sei ein Punkt von k, der weder zu A noch zu B gehört. Es gibt eine Gruppe G aus J und ebenso eine Gruppe G' aus J', die den Punkt P enthält. G und G' seien durch die Kurven $\bar{\alpha} a + \bar{\beta} b$ und $\bar{\gamma} a' + \bar{\delta} b'$ auf k ausgeschnitten. Wir denken uns nun a' und b' so mit konstanten Faktoren versehen, daß $\bar{\gamma} = \bar{\alpha}$ und $\bar{\delta} = \bar{\beta}$ gesetzt werden kann. Hiernach bilden wir die Gruppen von J

auf die Gruppen von J' ab, und zwar derart, daß jene Gruppen einander zugeordnet werden, für die $\gamma:\delta = \alpha:\beta$ gilt. Dabei entsprechen die Gruppen A und B je sich selbst. und G wird auf G' abgebildet. Es ist hierdurch auf k eine Korrespondenz mit den Indizes (m, m) erklärt. Da nun die Gruppen von J und ebenso auch die Gruppen von J' trivialerweise jeweils äquivalente Gruppen sind, ist diese Korrespondenz eine Wertigkeitskorrespondenz mit der Wertigkeit Null. Aus dem allgemeinen Korrespondenzprinzip für Wertigkeitskorrespondenzen folgt hiernach, daß die hier vorliegende Korrespondenz genau $2m$ Koinzidenzpunkte hat. Wir können aber sogleich $2m + 1$ Koinzidenzpunkte angeben: die Punkte von A und B und den Punkt P. Demnach hat die Korrespondenz unendlich viele Koinzidenzpunkte. Das bedeutet aber, daß die Gruppen von J mit den Gruppen von J' identisch sind.

Nachdem wir hiermit den für unsere Betrachtungen grundlegenden Satz nochmals bewiesen haben, wenden wir uns insbesondere rationalen Involutionen 3. Ordnung auf einem Kreis zu. Wir wählen auf einem Kreis k zwei Gruppen $A = (A_1, A_2, A_3)$ und $B = (B_1, B_2, B_3)$ ohne gemeinsame Punkte. Da der Kreis eine rationale Kurve ist, sind A und B in jedem Fall äquivalente Gruppen. Es ist bekannt und durch den eingangs bewiesenen Satz verbürgt, daß die durch A und B auf k festgelegte rationale Involution J durch ein Kegelschnittbüschel erzeugt werden kann, von welchem genau ein Trägerpunkt T auf k liegt. Nach dem gleichen Satz darf T auf dem Kreis beliebig gewählt werden.

Wollen wir zu einem beliebigen Punkt C_1 des Kreises k die durch J zugeordneten Punkte C_2, C_3 bestimmen, so wählen wir den Punkt T auf k so, daß die Gruppen A und B sowie die zu konstruierende Gruppe C durch die drei Geradenpaare (a_1, a_2), (b_1, b_2), (c_1, c_2) des betreffenden Kegelschnittbüschels auf dem Kreis k ausgeschnitten werden. In Abb. 1 ist dieser Sachverhalt dargestellt. Die Geraden $A_1 A_2 = a_1$ und $B_1 B_2 =$

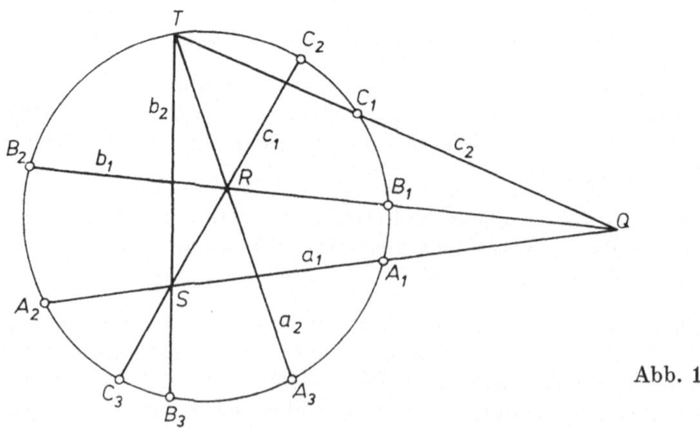

Abb. 1

$= b_1$ schneiden sich in einem Punkt Q. Nachdem wir den Punkt C_1 gewählt haben, verbinden wir diesen durch eine Gerade c_2 mit Q. Der zweite Schnittpunkt von c_2 mit dem Kreis ist der Punkt T. Die Geraden $a_2 = A_3 T$ und $b_2 = B_3 T$ schneiden b_1 und a_1 in den Punkten R bzw. S. Die Gerade $RS = c_1$ schneidet k in den gesuchten Punkten C_2, C_3 der Gruppe C. (Q, R, S, T sind die Trägerpunkte des Kegelschnittbüschels; R, S, T und damit auch das Kegelschnittbüschel sind mit C_1 beweglich.)

Es folgen nun Anwendungen dieser Konstruktion bei der Lösung bekannter elementarer Aufgaben.

1. Von einem Kegelschnitt seien fünf Punkte X_1, X_2, O, P, Q bekannt. Außerdem sei ein Kreis gegeben, welcher durch X_1 und X_2 hindurchgeht. Es seien die beiden restlichen Schnittpunkte X_3 und X_4 des Kegelschnitts mit dem Kreis zu konstruieren (Abb. 2).

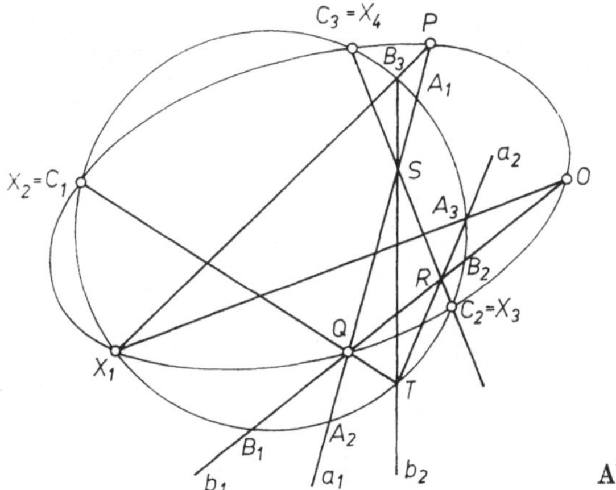

Abb. 2

Zur Lösung dieser Aufgabe betten wir den Kegelschnitt in ein Büschel mit den Trägerpunkten X_1, O, P, Q ein. Das Büschel erzeugt auf dem Kreis eine rationale Involution J 3. Ordnung. Die Geradenpaare X_1O, PQ und X_1P, OQ des Kegelschnittbüschels schneiden auf dem Kreis die Gruppen $A = (A_1, A_2, A_3)$ und $B = (B_1, B_2, B_3)$ der Involution J aus. Die Gruppe von J, welche der gegebene Kegelschnitt erzeugt, enthält den Punkt X_2. Wir setzen $X_2 = C_1$ und konstruieren nach der angegebenen Methode die zugehörigen Punkte C_2 und C_3. Diese sind zugleich die gesuchten Punkte X_3 und X_4.

Möglicherweise ist dies die kürzeste Konstruktion, die man zur Lösung dieser Aufgabe angeben kann.

2. Zwei Dreiseite $a_1a_2a_3$ und $b_1b_2b_3$ in einer Ebene bestimmen ein Büschel von Kurven 3. Ordnung. Außerdem sei ein Punkt P gegeben, welcher auf keinem der beiden Dreiseite liegt. Es seien beliebig viele Punkte der durch P gehenden Kurve c des Büschels zu konstruieren.
Zur Lösung dieser Aufgabe legen wir eine beliebige Gerade g durch P. Die Dreiseite $a_1a_2a_3$ und $b_1b_2b_3$ schneiden auf g die Punktgruppen $A = (A_1, A_2, A_3)$ und $B = (B_1, B_2, B_3)$ aus. Das Büschel von Kurven 3. Ordnung erzeugt auf g jene Involution J, die durch die Gruppen A und B bestimmt ist. Wir bezeichnen nun den Punkt P mit C_1 und suchen diejenigen Punkte C_2, C_3, die mit C_1 in einer Gruppe C von J liegen. (C_2, C_3 sind Punkte der Kurve c.)
Hierzu projizieren wir die Gerade g stereographisch auf einen beliebigen Kreis. Die Punktgruppen A' und B', welche man als Bilder von A und B auf dem Kreis erhält, bestimmen auf diesem wiederum eine Involution J'. Mit Hilfe der hergeleiteten Konstruktion können wir nun zu dem stereographischen Bild C_1' von C_1

die durch J' zugeordneten Punkte C_2' und C_3' finden. Anschließend projizieren wir die Punkte C_2' und C_3' zurück auf die Gerade g und erhalten die Punkte C_2 und C_3 der Kurve c. Legen wir nun eine andere Gerade durch P und wiederholen wir in bezug auf diese Gerade die beschriebene Konstruktion, so erhalten wir abermals Punkte der Kurve c.

Manuskripteingang: 1. 9. 1970

VERFASSER
R. Helmut Günther, Sektion Mathematik der Technischen Universität Dresden

Zur Lösung des Isotopieproblems der Rosettenknoten

Otto Krötenheerdt

Herrn Prof. Dr. O.-H. Keller zum 65. Geburtstag gewidmet

1. Einleitung und Resultate

Jeder *Knoten* k im 3-dimensionalen euklidischen Raum R^3 ist ein topologisches Bild eines Kreises mit einer gegebenen Orientierung. Zwei Knoten k_1 und k_2 werden *isotop* genannt, wenn es einen orientierungserhaltenden Homöomorphismus des R^3 auf sich gibt, der k_1 in k_2 überführt. In [3] wurde eine Klasse von Knoten betrachtet, die als

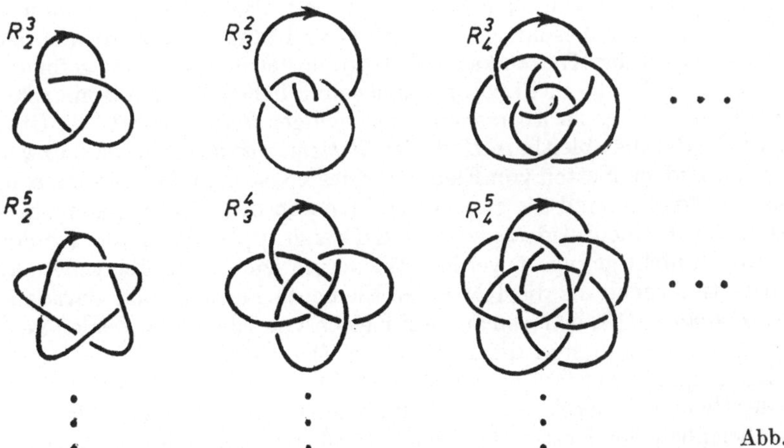

Abb. 1

Rosettenknoten n-ter Ordnung $R_n{}^m$ bezeichnet wurden. Diese Knoten können als geschlossene Zöpfe n-ter Ordnung angesehen werden, und als solche besitzen sie in der euklidischen Ebene R^2 eine *normierte reguläre Projektion* mit zentralsymmetrischer rosettenartiger Gestalt (vgl. Abb. 1); normiert und regulär wird jede Projektion genannt, in der es nur einfache Punkte und Doppelpunkte gibt und in der an jedem Doppelpunkt Überkreuzung und Unterkreuzung gekennzeichnet sind. Unter Verwendung der Artinschen Zopfschreibweise gestatten die Rosettenknoten n-ter Ordnung $R_n{}^m$ die Darstellung

$$R_n{}^m = (s_1 s_2^{-1}, \ldots, s_{n-2}^{-e} s_{n-1}^{+e})^m, \quad m \text{ und } n > 1, \quad (m, n) = 1$$

und $e = +1$ oder -1, je nachdem, ob n gerade oder ungerade ist; im Fall $m = 1$ liegt ein unverknoteter Kreis vor, im Fall nicht teilerfremder m und n ist $R_n{}^m$ eine Verkettung von mindestens zwei Kreisen. Aus jedem Rosettenknoten $R_n{}^m$ entsteht offensichtlich bei Umorientierung der Durchlaufrichtung ein isotoper Knoten. Wird in der normierten regulären Projektion K eines beliebigen Knotens k an jedem Doppelpunkt die Unterkreuzung zur Überkreuzung und damit auch die Überkreuzung zur Unterkreuzung abgeändert, so entsteht die normierte reguläre Projektion $\bar{K}$ eines Knotens $\bar{k}$; der Knoten $\bar{k}$ wird der spiegelbildliche Knoten von k genannt. Jeder Knoten k, der zu $\bar{k}$ isotop ist, heißt *amphicheiral*. Mit den Arbeiten [3] und [6] wurde bewiesen, daß jeder Rosettenknoten ungerader Ordnung amphicheiral ist und daß jeder Rosettenknoten gerader Ordnung nicht amphicheiral ist.

Die Isotopie zweier Knoten k_1 und k_2 kann bewiesen werden, wenn es gelingt, einen orientierungserhaltenden Homöomorphismus des R^3 auf sich anzugeben, der k_1 in k_2 überführt. Für den Nachweis der Nichtisotopie zweier Knoten k_1 und k_2 werden isotopieinvariante Knoteneigenschaften gesucht, welche sich aus den Knoten k_1 und k_2 oder aus normierten regulären Projektionen dieser Knoten bestimmen lassen. Es ist leicht, solche isotopieinvariante Knoteneigenschaften aufzuzählen; solch eine Eigenschaft aber für gegebene Knoten zu bestimmen bereitet im allgemeinen große, häufig sogar unüberwindliche Schwierigkeiten.

Isotope Knoten haben isomorphe *Knotengruppen*, d. h. isomorphe 1-dimensionale Homotopiegruppen der Knotenaußenräume; sind also für zwei Knoten k_1 und k_2 die Knotengruppen nicht isomorph, so sind k_1 und k_2 nicht isotop; aus der Isomorphie der Gruppen zweier Knoten kann die Isotopie der Knoten nicht gefolgert werden, denn es besitzen z. B. alle nichtisotopen spiegelbildlichen Knoten isomorphe Knotengruppen. Etwas leichter zu übersehen, aber weniger tiefliegend als die Gruppe eines Knotens ist die daraus ableitbare *Kette der Elementarideale*; gehören zu zwei Knotengruppen verschiedene Ketten von Elementaridealen, so sind die Knotengruppen nicht isomorph, und folglich sind die zugehörigen Knoten nicht isotop; aus der Gleichheit der Ketten der Elementarideale zweier Knotengruppen kann die Isomorphie der Knotengruppen nicht gefolgert werden. Wiederum leichter zu übersehen, aber ebenfalls weniger tiefliegend als die Kette der Elementarideale ist das daraus ableitbare *Alexander-Polynom $\Delta(t)$*; gehören zu zwei Ketten von Elementaridealen verschiedene Alexander-Polynome, so sind die Ketten der Elementarideale verschieden; folglich sind die Knotengruppen nicht isomorph, und die zugehörigen Knoten sind nicht isotop; aus der Gleichheit der Alexander-Polynome zweier Ketten von Elementaridealen kann die Gleichheit der Ketten der Elementarideale nicht gefolgert werden. In der vorliegenden Arbeit wird mit Hilfe der Alexander-Polynome bewiesen, daß je zwei Rosettenknoten gleicher Ordnung $R_n{}^m$ und $R_n{}^{m'}$ mit $m \neq m'$ und je zwei Rosettenknoten unterschiedlicher Ordnung $R_n{}^m$ und $R_{n'}{}^{m'}$ mit $n \neq n'$ nicht isotop sind. Die durchgeführten Untersuchungen, die sich wesentlich auf die Arbeit [4] von MURASUGI stützen, zeigen, daß die Kraft der Alexander-Polynome ausreicht, für alle Rosettenknoten die genannten Isotopieentscheidungen zu treffen; es ist noch nicht einmal die Kenntnis des gesamten Alexander-Polynoms $\Delta(t)$ für jeden Rosettenknoten $R_n{}^m$ erforderlich, sondern es genügt bereits, den Grad und den Koeffizienten vor der zweithöchsten t-Potenz von $\varDelta(t)$ für jeden Rosettenknoten $R_n{}^m$ zu kennen; entweder der Grad oder der Koeffizient vor der zweithöchsten t-Potenz von $\varDelta(t)$ reichen für die Entscheidungen nicht aus. Damit ist in Verbindung mit den Arbeiten [3] und [6] eine Lösung des Isotopieproblems für alle Rosettenknoten und ihre spiegelbildlichen Knoten gegeben.

2. Begriffsbildungen und Bezeichnungen

Um zu gewissen Aussagen über die Alexander-Polynome aller Rosettenknoten n-ter Ordnung $R_n{}^m$ für alle n und $m \geq 2$ mit $(m, n) = 1$ zu gelangen, bedienen wir uns der Begriffsbildungen und Bezeichnungen, die von MURASUGI in [4] für *alternierende* Knoten und Verkettungen verwendet wurden; Knoten und Verkettungen heißen alternierend, wenn sie normierte reguläre Projektionen besitzen, bei deren Durchlaufen abwechselnd Unterkreuzungen und Überkreuzungen auftreten. Rosettenknoten sind alternierende Knoten.

In jedem Doppelpunkt D einer normierten regulären Projektion K jedes alternierenden Knotens oder jeder alternierenden Verkettung k stoßen vier Gebiete $G_1, \ldots, G_4$ zusammen; Doppelpunkte, bei denen nicht alle vier Gebiete paarweise verschieden sind, können durch einfache isotope Veränderungen von k beseitigt werden und seien im folgenden ausgeschlossen. An jedem Doppelpunkt D werden zwei der vier zusammenstoßenden *Gebietsecken* mit einem Markierungspunkt versehen, und zwar diejenigen, die beim positiven Durchlaufen von K bei D links vom unterkreuzenden Bogen liegen.

Aus der normierten regulären Projektion K entstehen ein oder mehrere geschlossene Kurvenzüge, wenn beim positiven Durchlaufen von K beim Erreichen jedes Doppelpunktes D zum kreuzenden Bogen in positiver Durchlaufrichtung übergewechselt wird. Jeder solche geschlossene Kurvenzug L heißt *Standard-Schleife 1. Art*, wenn L der Rand genau eines derjenigen Gebiete ist, in die die Projektionsebene R^2 durch K zerlegt wird; andernfalls heißt L *Standard-Schleife 2. Art*. Standard-Schleifen besitzen keine Schnittpunkte, aber sie können sich in Doppelpunkten von K berühren. Jeder alternierende Knoten und jede alternierende Verkettung k heißt *spezial-alternierend*, wenn K keine Standard-Schleife 2. Art besitzt.

Für jedes k, welches nicht spezial-alternierend ist, werden in R^2 mit K durch die Standard-Schleifen 2. Art $C_1, \ldots, C_g$ $(g \geq 1)$ $g + 1$ *Gebietsvereinigungen* $E_1, \ldots, E_{g+1}$ so festgelegt, daß die Ränder $\dot{E}_i$ der E_i, $i = 1, \ldots, g + 1$, aus Standard-Schleifen 2. Art bestehen. Die Numerierung der C_i und E_i, $i = 1, \ldots, g$, kann so erfolgen, daß in $\dot{E}_i = C_{i_0} \cup C_{i_1} \cup \cdots \cup C_{i_h}$ stets $i_0 = i$ und $i_1, \ldots, i_h < i$ für $i = 1, \ldots, g$ gilt; das verbleibende Außengebiet wird mit E_{g+1} bezeichnet. Zur Abkürzung wird K_i für $(E_i \cup \dot{E}_i) \cap K$ verwendet. Jeder Doppelpunkt von K ist Doppelpunkt von genau einem K_i, und jedes K_i kann als normierte reguläre Projektion eines spezialalternierenden Knotens bzw. einer spezial alternierenden Verkettung k_i angesehen werden. Für jedes $i = 1, \ldots, g + 1$ gestatten die Gebiete, in die die Projektionsebene R^2 durch K_i zerlegt wird, eine Schwarz-Weiß-Färbung derart, daß längs jedes Bogens zwischen zwei benachbarten Doppelpunkten von K_i ein schwarzes und ein weißes Gebiet zusammenstoßen, daß jedes Gebiet aus E_i, welches einen auf $\dot{E}_i$ gelgenen Randbogen besitzt, weiß gefärbt ist und daß jedes schwarze Gebiet von einer Standard-Schleife 1. Art begrenzt wird. Die zu K_i gehörenden weißen Gebiete mögen mit $W_{i1}, \ldots, W_{ip}$ bezeichnet sein. Ist K selbst spezial-alternierend, so wird eine Schwarz-Weiß-Färbung der durch K in der Projektionsebene bestimmten Gebiete in entsprechender Weise vorgenommen; damit gelten die oben genannten Bezeichnungen auch für den Fall $g = 0$.

Jedem spezial-alternierenden Knoten und jeder spezial-alternierenden Verkettung k_i wird unter Verwendung von K_i eine Matrix $M_i = (a_{kl})$, k und $l = 1, \ldots, p_i$, zugeordnet, für die jedes a_{kk} gleich der halben Anzahl der Doppelpunkte von W_{ik} ist und für die $-a_{kl}$, $k \neq l$, gleich der Anzahl der mit Markierungspunkten versehenen Gebietsecken von W_{ik} an allen Doppelpunkten von $\dot{W}_{ik} \cap \dot{W}_{il}$ ist.

Jedem alternierenden Knoten und jeder alternierenden Verkettung k wird unter Verwendung von K und K_i, $i = 1, \ldots, g + 1$, eine Matrix $M = (M_{ij})$, i und $j = 1, \ldots,$ $g + 1$, zugeordnet. In dieser Matrix ist jede Teilmatrix M_{ii} gleich der Matrix M_i des spezial-alternierenden Knotens k_i. Für die Matrizen $M_{ij} = (b_{qr})$, $i \neq j$, ist $M_{ij} = M_{ji}$ gleich der Nullmatrix 0, falls $\dot{E}_i \cap \dot{E}_j$ leer ist oder nur aus Doppelpunkten von K besteht; ist $\dot{E}_i \cap \dot{E}_j = C_f$, dabei möge $f = \min(i, j)$ sein, so ist $M_{ij} = 0$, falls E_i beim positiven Durchlaufen von C_f rechts von C_f liegt, und liegt E_i links von C_f, so ist $b_{qr} = u - v$, wobei u die Anzahl der mit Markierungspunkten und v die Anzahl der nicht mit Markierungspunkten versehenen Gebietsecken von W_{iq} an allen Doppelpunkten von $\dot{W}_{iq} \cap \dot{W}_{jr}$ ist. M_{ij}^{I} sei die transponierte Matrix von M_{ij}, und M^T sei die Matrix

$$\begin{bmatrix} M'_{11} & -M'_{21} & \cdots & -M'_{g+1,1} \\ -M'_{12} & M'_{22} & \cdots & -M'_{g+1,2} \\ \cdots & \cdots & \cdots & \cdots \\ -M'_{1,\,g+1} & -M'_{2,\,g+1} & \cdots & M'_{g+1,g+1} \end{bmatrix}$$

Es sei außerdem

$$1 \leq s_1 \leq p_1, \quad p_1 + 1 \leq s_2 \leq p_1 + p_2, \quad \ldots,$$

$$p_1 + \cdots + p_g + 1 \leq s_{g+1} \leq p_1 + \cdots + p_{g+1}.$$

Streicht man in M und in M^T die s_1-te, s_2-te, $\ldots$, s_{g+1}-te Zeile und die s_1-te, s_2-te, $\ldots$, s_{g+1}-te Spalte, so mögen die dadurch entstehenden Matrizen mit $(\tilde{M}_1(s_1, s_2, \ldots, s_{g+1})$ bzw. $\tilde{M}^T(s_1, s_2, \ldots, s_{g+1})$ bezeichnet sein.

MURASUGI zeigte in [4], daß die Determinante der Matrix

$$\tilde{M}(s_1, s_2, \ldots, s_{g+1}) - t \cdot \tilde{M}^T(s_1, s_2, \ldots, s_{g+1}),$$

die in der beschriebenen Weise jedem alternierenden Knoten und jeder alternierenden Verkettung k zugeordnet werden kann, immer dann, wenn k ein Knoten ist, gleich dem Alexander-Polynom $\Delta(t)$ von k ist.

3. Ein Satz über die geschlossenen Zöpfe $R_n{}^m$

Wir wollen im folgenden die Bezeichnung $R_n{}^m$, n und $m > 1$, sowohl für die in Frage kommenden geschlossenen Zöpfe n-ter Ordnung als auch für deren normierte reguläre Projektionen verwenden; im Fall $(n, m) = 1$ ist $R_n{}^m$ ein alternierender Knoten, andernfalls eine alternierende Verkettung von mindestens zwei Kreisen. Bei geeigneter Übertragung des Verfahrens zur Konstruktion der Matrix $\tilde{M}(s_1, \ldots, s_{g+1}) - t \cdot \tilde{M}^T(s_1, \ldots, s_{g+1})$ für die geschlossenen Zöpfe $R_n{}^m$ zeigt sich, daß es möglich ist, für jedes $n \geq 2$ und jedes $m \geq 2$ diese Matrix, für die wir zur Abkürzung die Bezeichnung $M_n{}^m(t)$ verwenden wollen, in einer Form anzugeben, aus der für jeden Rosettenknoten $R_n{}^m$ wichtige Eigenschaften des Alexander-Polynoms $\Delta(t)$ von $R_n{}^m$ zu erkennen sind.

Wir denken uns $R_n{}^m$, n und $m > 1$, in der zentralsymmetrischen rosettenartigen Gestalt der normierten regulären Projektion gegeben (vgl. Abb. 1 für $(m, n) = 1$); die Orientierung von $R_n{}^m$ sei vom Mittelpunkt aus gesehen im Uhrzeigersinn festgelegt, und an jedem Doppelpunkt D von $R_n{}^m$ seien zwei der vier zusammenstoßenden Gebietsecken mit Markierungspunkten versehen, und zwar diejenigen, die beim positiven Durchlaufen von $R_n{}^m$ bei D links vom unterkreuzenden Bogen liegen. $R_n{}^m$ zerfällt in zwei Standard-Schleifen 1. Art und $g = n - 2$ Standard-Schleifen 2. Art; alle Standard-Schleifen besitzen m-zählige Zentralsymmetrie mit dem Zentrum im Mittelpunkt von $R_n{}^m$. Die Standard-Schleifen 2. Art werden vom Mittelpunkt von $R_n{}^m$ aus beginnend, nach außen fortschreitend, der Reihe nach mit $C_1, \ldots, C_{n-2}$ bezeichnet; in der gleichen Weise werden vom Zentrum von $R_n{}^m$ aus beginnend die durch $C_1, \ldots, C_{n-2}$ bestimmten Gebietsvereinigungen $E_1, \ldots, E_{n-1}$ und die dadurch festgelegten spezial-alternierenden Knoten bzw. Verkettungen $K_1, \ldots, K_{n-1}$ numeriert; im Fall $n = 2$ gibt es keine Standard-Schleifen 2. Art, das heißt, $R_2{}^m$ ist spezial-alternierend. Mit den Standard-Schleifen 1. und 2. Art besitzen auch alle E_i und K_i, $i = 1, \ldots,$

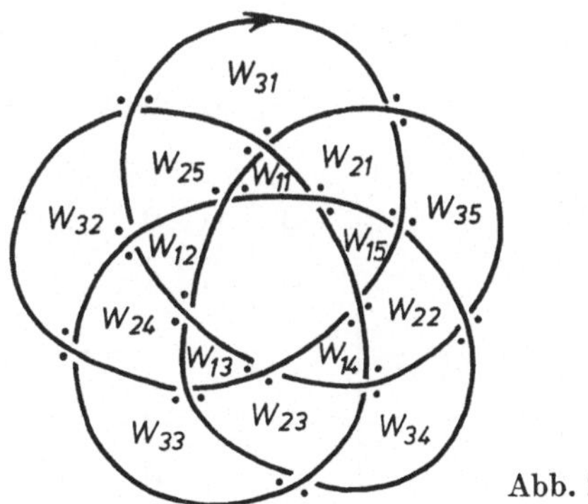

Abb. 2

$n - 1$, m-zählige Zentralsymmetrie; jedes K_i erweist sich als $R_2{}^m$ mit $p_i = m$ weißen Gebieten $W_{i1}, \ldots, W_{im}$ und zwei schwarzen Gebieten, von denen das eine den Mittelpunkt von K_i enthält, während sich das andere ins Unendliche der Projektionsebene erstreckt. Für die Numerierung der $W_{i1}, \ldots, W_{im}$ denken wir uns einen Strahl vom Mittelpunkt von $R_n{}^m$ aus in der Projektionsebene, der durch keinen Doppelpunkt von $R_n{}^m$ verläuft. Das für jedes i von diesem Strahl getroffene weiße Gebiet von K_i wird mit W_{i1} bezeichnet. Für jedes ungeradzahlige i numerieren wir die übrigen weißen Gebiete von K_i der Reihe nach entgegen dem Uhrzeigersinn von W_{i1} aus, und für jedes geradzahlige i erfolgt die Numerierung der übrigen weißen Gebiete von K_i der Reihe nach im Uhrzeigersinn von W_{i1} aus. Abb. 2 zeigt den geschlossenen Zopf 4. Ordnung $R_4{}^5$ mit den zwei Markierungspunkten an jedem Doppelpunkt und mit der Bezeichnung der Gebiete $W_{i1}, \ldots, W_{i5}$, $i = 1, 2, 3$.

Mit den angegebenen Bezeichnungen erhalten wir bei jedem geschlossenen Zopf $R_n{}^m$, n und $m > 1$, die quadratischen m-reihigen Matrizen

$$M_{ii} = \begin{bmatrix} 1 & -1 & 0 & \cdots & 0 \\ 0 & 1 & -1 & \cdots & 0 \\ \cdots & \cdots & \cdots & \cdots & \cdots \\ 0 & 0 & 0 & \cdots & -1 \\ -1 & 0 & 0 & \cdots & 1 \end{bmatrix}, \quad i = 1, \ldots, n-1,$$

und

$$M_{ij} = \begin{bmatrix} -1 & 0 & 0 & \cdots & 1 \\ 0 & 0 & 0 & \cdots & -1 \\ \cdots & \cdots & \cdots & \cdots & \cdots \\ 0 & 1 & -1 & \cdots & 0 \\ 1 & -1 & 0 & \cdots & 0 \end{bmatrix}, \quad i = j+1, j = 1, \ldots, n-2.$$

Alle Matrizen M_{ij}, i und $j = 1, \ldots, n-1$, mit $i < j$ oder $i > j+1$ sind quadratische m-reihige Nullmatrizen 0. Wählen wir nun beim Übergang zur Matrix

$$M_n{}^m(t) = \tilde{M}(s_1, \ldots, s_{n-1}) - t \cdot \tilde{M}^T(s_1, \ldots, s_{n-1})$$

die Zahlen $s_1 = 1, s_2 = m + 1, \ldots, s_{n-1} = (n-1) \cdot m + 1$, so erhalten wir mit den $(m-1)$-reihigen quadratischen Matrizen

$$F = \begin{bmatrix} 1 & -1 & 0 & \cdots & 0 \\ 0 & 1 & -1 & \cdots & 0 \\ \cdots & \cdots & \cdots & \cdots & \cdots \\ 0 & 0 & 0 & \cdots & -1 \\ 0 & 0 & 0 & \cdots & 1 \end{bmatrix} \quad \text{und} \quad G = \begin{bmatrix} 0 & \cdots & 0 & 1 & -1 \\ 0 & \cdots & 1 & -1 & 0 \\ \cdots & \cdots & \cdots & \cdots & \cdots \\ 1 & \cdots & 0 & 0 & 0 \\ -1 & \cdots & 0 & 0 & 0 \end{bmatrix},$$

die im Fall $m = 2$ die Gestalt $F = [1]$ und $G = [-1]$ annehmen, schließlich die $(n-1) \cdot (m-1)$-reihige quadratische Matrix $M_n{}^m(t) =$

$$\begin{bmatrix} F - t \cdot F' & t \cdot G & 0 & \cdots & 0 & 0 & 0 \\ G & F - t \cdot F' & t \cdot G & \cdots & 0 & 0 & 0 \\ 0 & G & F - t \cdot F' & \cdots & 0 & 0 & 0 \\ \cdots & \cdots & \cdots & \cdots & \cdots & \cdots & \cdots \\ 0 & 0 & 0 & \cdots & F - t \cdot F' & t \cdot G & 0 \\ 0 & 0 & 0 & \cdots & G & F - t \cdot F' & t \cdot G \\ 0 & 0 & 0 & \cdots & 0 & G & F - t \cdot F' \end{bmatrix},$$

die im Fall $n = 2$ die Gestalt $M_2{}^m(t) = [F - t \cdot F']$ besitzt. Es ist zum Beispiel

$$M_4{}^5(t) =$$

$$\left[\begin{array}{cccc|cccc|cccc}
1-t & -1 & 0 & 0 & 0 & 0 & t & -t & & & & \\
t & 1-t & -1 & 0 & 0 & t & -t & 0 & & & & \\
0 & t & 1-t & -1 & t & -t & 0 & 0 & & & 0 & \\
0 & 0 & t & 1-t & -t & 0 & 0 & 0 & & & & \\
\hline
0 & 0 & 1 & -1 & 1-t & -1 & 0 & 0 & 0 & 0 & t & -t \\
0 & 1 & -1 & 0 & t & 1-t & -1 & 0 & 0 & t & -t & 0 \\
1 & -1 & 0 & 0 & 0 & t & 1-t & -1 & t & -t & 0 & 0 \\
-1 & 0 & 0 & 0 & 0 & 0 & t & 1-t & -t & 0 & 0 & 0 \\
\hline
& & & & 0 & 0 & 1 & -1 & 1-t & -1 & 0 & 0 \\
& & & & 0 & 1 & -1 & 0 & t & 1-t & -1 & 0 \\
& 0 & & & 1 & -1 & 0 & 0 & 0 & t & 1-t & -1 \\
& & & & -1 & 0 & 0 & 0 & 0 & 0 & t & 1-t
\end{array}\right]$$

Satz 1. *Bezeichnet man mit $D_n{}^m(t)$ die Determinante von $M_n{}^m(t)$, m und $n \geqq 2$, so ist*

$$D_n{}^m(t) = (-t)^{(n-1)\cdot(m-1)} + \big((n-2)\cdot m + 1\big)\cdot(-t)^{(n-1)\cdot(m-1)-1} + C_n{}^m($$

wobei $C_n{}^m(t)$ ein Polynom in t von einem Grad $\leqq (n-1)\cdot(m-1) - 2$ bedeutet.

Beweis. Die höchste t-Potenz von $D_n{}^m(t)$ sei mit $A_n{}^m(t)$, die zweithöchste t-Potenz von $D_n{}^m(t)$ mit $B_n{}^m(t)$ bezeichnet. $A_n{}^m(t)$ entsteht aus dem Produkt der Elemente der Hauptdiagonale von $M_n{}^m(t)$, d. h. aus $(1-t)^{(n-1)\cdot(m-1)}$, und somit ist $A_n{}^m(t) = = (-t)^{(n-1)\cdot(m-1)}$ für alle n und $m \geqq 2$. Um die Gültigkeit von $B_n{}^m(t) = \big((n-2)\cdot m + 1\big)\cdot(-t)^{(n-1)\cdot(m-1)-1}$ für alle n und $m \geqq 2$ nachzuweisen, empfiehlt es sich in drei Schritten zunächst $B_2{}^m(j)$, dann $B_3{}^m(t)$ und schließlich $B_n{}^m(t)$ durch vollständige Induktion nach n zu bestimmen.

1. Schritt. Nachweis der Behauptung

$$B_2{}^m(t) = \big((2-2)\cdot m + 1\big)\cdot(-t)^{(2-1)\cdot(m-1)-1} = (-t)^{m-2}, \; m \geqq 2.$$

Aus $M_2{}^2(t) = [1-t]$ folgt $B_2{}^2(t) = 1 = (-t)^0$; und wenn wir annehmen,

$B_2^{m-1}(t) = (-t)^{m-3}$ sei bereits für $m \geq 3$ gezeigt, so folgt aus der $(m-1)$-reihigen quadratischen Matrix

$$M_2^m(t) = [F - t \cdot F']$$

$$= \begin{bmatrix}
1-t & -1 & 0 & 0 & \cdots & 0 & 0 \\
t & 1-t & -1 & 0 & \cdots & 0 & 0 \\
0 & t & 1-t & -1 & \cdots & 0 & 0 \\
\multicolumn{7}{c}{\cdots\cdots\cdots\cdots\cdots\cdots} \\
0 & 0 & 0 & 0 & \cdots & 1-t & -1 \\
0 & 0 & 0 & 0 & \cdots & t & 1-t
\end{bmatrix}$$

bei der Berechnung der Determinante $D_2^m(t)$ durch Entwicklung nach den Elementen der 1. Zeile

$$B_2^m(t) = 1 \cdot A_2^{m-1}(t) - t \cdot B_2^{m-1}(t) + 1 \cdot t \cdot A_2^{m-2}(t) = (-t)^{m-2} + (-t)^{m-2} - (-t)^{m-2},$$

$$B_2^m(t) = (-t)^{m-2}$$

und damit die Gültigkeit von $B_2^m(t) = (-t)^{m-2}$ für alle $m \geq 2$.

2. Schritt. Nachweis der Behauptung

$$B_3^m(t) = \big((3-2) \cdot m + 1\big) \cdot (-t)^{(3-1) \cdot (m-1)-1} = (m+1) \cdot (-t)^{2m-3},\ m \geq 2.$$

Es ist im Fall $m = 2$ die Matrix

$$M_3^m(t) = \begin{bmatrix} F - t \cdot F' & t \cdot G \\ G & F - t \cdot F' \end{bmatrix} = \begin{bmatrix} 1-t & -t \\ -1 & 1-t \end{bmatrix},$$

und daraus folgt $B_3^2(t) = 3 \cdot (-t)^1$; im Fall $m \geq 3$ ist $M_3^m(t)$ die $(2m-2)$-reihige quadratische Matrix

$$\left[\begin{array}{cccccc|cccccc}
1-t & -1 & 0 & \cdots & 0 & 0 & 0 & 0 & \cdots & 0 & t & -t \\
t & 1-t & -1 & \cdots & 0 & 0 & 0 & 0 & \cdots & t & -t & 0 \\
\multicolumn{12}{c}{\cdots\cdots\cdots\cdots\cdots\cdots\cdots\cdots\cdots\cdots} \\
0 & 0 & 0 & \cdots & 1-t & -1 & t & -t & \cdots & 0 & 0 & 0 \\
0 & 0 & 0 & \cdots & t & 1-t & -t & 0 & \cdots & 0 & 0 & 0 \\
\hline
0 & 0 & \cdots & 0 & 1 & -1 & 1-t & -1 & 0 & \cdots & 0 & 0 \\
0 & 0 & \cdots & 1 & -1 & 0 & t & 1-t & -1 & \cdots & 0 & 0 \\
\multicolumn{12}{c}{\cdots\cdots\cdots\cdots\cdots\cdots\cdots\cdots\cdots\cdots} \\
1 & -1 & \cdots & 0 & 0 & 0 & 0 & 0 & 0 & \cdots & 1-t & -1 \\
-1 & 0 & \cdots & 0 & 0 & 0 & 0 & 0 & 0 & \cdots & t & 1-t
\end{array}\right].$$

Aus dieser Matrix entsteht durch Addition

der $(2m-2)$-ten Zeile zur $(2m-3)$-ten Zeile,

der $(2m-3)$-ten Zeile zur $(2m-4)$-ten Zeile,

. . . .

der $(m+1)$-ten Zeile zur m-ten Zeile,

der $(m-1)$-ten Zeile zur $(m-2)$-ten Zeile,

der $(m-2)$-ten Zeile zur $(m-3)$-ten Zeile,

. . . .

der 2. Zeile zur 1. Zeile,

der $(m-2)$-ten Spalte zur m-ten Spalte,

der $(m-3)$-ten Spalte zur $(m+1)$-ten Spalte,

. . . .

der 1. Spalte zur $(2m-3)$-ten Spalte

schließlich die Matrix

$$\left[\begin{array}{cccccc|cccccc}
1 & 0 & 0 & \cdots & 0 & -t & 0 & \cdots & 0 & 0 & 1 & -t \\
t & 1 & 0 & \cdots & 0 & -t & 0 & \cdots & 0 & 1 & 0 & 0 \\
0 & t & 1 & \cdots & 0 & -t & 0 & \cdots & 1 & 0 & 0 & 0 \\
\multicolumn{12}{c}{\cdots\cdots\cdots\cdots\cdots\cdots\cdots\cdots} \\
0 & 0 & 0 & \cdots & 1 & -t & 1 & \cdots & 0 & 0 & 0 & 0 \\
0 & 0 & 0 & \cdots & t & 1-t & 0 & \cdots & 0 & 0 & 0 & 0 \\
\hline
0 & 0 & \cdots & 0 & 0 & -1 & 1 & 0 & 0 & \cdots & 0 & -t \\
0 & 0 & \cdots & 0 & -1 & 0 & t-1 & 1 & 0 & \cdots & 0 & -t \\
0 & 0 & \cdots & -1 & 0 & 0 & 0 & t-1 & 1 & \cdots & 0 & -t \\
\multicolumn{12}{c}{\cdots\cdots\cdots\cdots\cdots\cdots\cdots\cdots} \\
0 & -1 & \cdots & 0 & 0 & 0 & 0 & 0 & 0 & \cdots & 1 & -t \\
-1 & 0 & \cdots & 0 & 0 & 0 & 0 & 0 & 0 & \cdots & t-1 & 1-t
\end{array}\right]$$

Zur Bestimmung von $B_3{}^m(t)$ für $m \geqq 3$ denken wir uns die Determinante D der vorstehenden Matrix nach den $(m-1)$-reihigen Unterdeterminanten D_w der ersten $m-1$ Zeilen entwickelt, $w = 1, 2, \ldots, \binom{2m-2}{m-1}$. In der somit für D entstehenden Summe von $\binom{2m-2}{m-1}$ Produkten $D_w \cdot \overline{D}_w$ ($\overline{D}_w$ möge die komplementäre Determinante von D_w bedeuten) interessieren uns nur diejenigen Produkte, in denen einer der beiden Faktoren vom Grad $m-1$ in t und der andere vom Grad $m-2$ in t ist. Offensichtlich gibt es nur eine Determinante $\overline{D}_w$, welche in t vom Grad $m-1$ ist; sie sei mit $\overline{D}_1$ bezeichnet. Das Produkt aus der höchsten t-Potenz von $\overline{D}_1$ mit der zweithöchsten t-Potenz von D_1 ist

$$\left((-1)^m \cdot (-t) \cdot t^{m-2}\right) \cdot \left(1 \cdot (-1)^{m-1} \cdot (-t) \cdot t^{m-3}\right) = (-t)^{2m-3},$$

wobei wir uns D_1 nach den Elementen der 1. Zeile entwickelt denken; das Produkt aus der höchsten t-Potenz von D_1 mit der zweithöchsten t-Potenz von $\overline{D}_1$ ist

$$\left((-1)^m \cdot (-t) \cdot t^{m-2}\right) \cdot \left(1 \cdot (-1)^{m-1} \cdot (-t) \cdot t^{m-3} + (-1)^m \cdot (-t) \cdot (-(m-2)) \cdot t^{m-3}\right)$$
$$= (m-1) \cdot (-t)^{2m-3},$$

wobei wir uns $\overline{D}_1$ nach den Elementen der 1. Zeile entwickelt denken. Jede Unterdeterminante D_w, $w \neq 1$, mit einer t-Potenz vom Grad $m-1$ muß $m-2$ von den $m-1$ Spalten von D_1 in der durch D_1 gegebenen Reihenfolge enthalten, und die letzte Spalte jeder solchen Unterdeterminante D_w besteht aus der oberen Hälfte der letzten Spalte von D. Es gibt $m-1$ derartige Unterdeterminanten, die wir mit D_w, $w = 2, \ldots, m$, bezeichnen wollen, und dabei möge in D_w die $(w-1)$-te Spalte von D_1 nicht vorkommen. Von den komplementären Unterdeterminanten $\overline{D}_w$, $w = 2, \ldots, m$, ist für unsere Untersuchungen lediglich $\overline{D}_m$ von Interesse, weil für alle übrigen der Grad der höchsten t-Potenz kleiner als $m-2$ ist. Aus $D_m \cdot \overline{D}_m$ erhalten wir als Produkt der höchsten t-Potenz von D_m mit der höchsten t-Potenz von $\overline{D}_m$

$$\left((-1)^m \cdot (-t) \cdot t^{m-2}\right) \cdot \left((-1) \cdot t^{m-2}\right) = (-1)^{m-1} \cdot (-t)^{2m-3}.$$

Für die Berechnung von $B_3{}^m(t)$, $m \geq 3$, ist noch entsprechend der Vorzeichenregeln für die Entwicklung einer Determinante nach Unterdeterminanten zu beachten, daß der aus $D_m \cdot \overline{D}_m$ stammende Bestandteil mit

$$(-1)^{1+2\,+\,\cdots\,+\,(m-1)} \cdot (-1)^{1+2\,+\,\cdots\,+\,(m-2)\,+\,(2m-2)} = (-1)^{m-1}$$

und der aus $D_1 \cdot \overline{D}_1$ stammende Bestandteil mit

$$(-1)^{1+2\,+\,\cdots\,+\,(m-1)} \cdot (-1)^{1+2\,+\,\cdots\,+\,(m-1)} = 1$$

zu multiplizieren ist. Folglich ist auch für jedes $m \geq 3$

$$B_3{}^m(t) = (m+1) \cdot (-t)^{2m-3}.$$

3. Schritt. Nachweis der Behauptung

$$B_n{}^m(t) = \left((n-2) \cdot m + 1\right) \cdot (-t)^{(n-1)\,\cdot\,(m-1)}, \; m \geq 2 \text{ und } n \geq 4.$$

Wir nehmen an, es wäre $B_{n-1}^m(t) = \left((n-3) \cdot m + 1\right) \cdot (-t)^{(n-2)\,\cdot\,(m-1)-1}$ für $m \geq 2$ und $n \geq 4$ bereits gezeigt. Zur Bestimmung von $B_n{}^m(t)$ denken wir uns die Determinante von $M_n{}^m(t)$ nach den $(m-1)$-reihigen Unterdeterminanten der letzten $m-1$ Zeilen entwickelt. Einen Beitrag zu $B_n{}^m(t)$ erhalten wir durch das Produkt aus der höchsten t-Potenz der Unterdeterminante $|F - t \cdot F'|$ mit der zweithöchsten t-Potenz der komplementären Unterdeterminante, d. h. durch das Produkt $A_2{}^m(t) \cdot B_{n-1}^m(t)$. Weitere Beiträge zu $B_n{}^m(t)$, $n \geq 4$, können nur noch durch Produkte aus $(m-1)$-reihigen Unterdeterminanten der Matrix $[G \; F - t \cdot F']$ mit den entsprechenden komplementären Unterdeterminanten entstehen. Solche $(m-1)$-reihigen Unterdeterminanten von $[G \; F - t \cdot F']$ müssen vom Grad $m-2$ in t, und die entsprechenden komplementären Unterdeterminanten müssen vom Grad $(n-2) \cdot (m-1)$ in t sein. Mit Hilfe einer gedachten Entwicklung der Determinante von $M_n{}^m(t)$ nach den Elementen

der $(m-1)$-ten, $(m-2)$-ten, ..., 1., $(2m-2)$-ten, $(2m-3)$-ten, ..., m-ten, ...,
$((n-3) \cdot (m-1))$-ten, $((n-3) \cdot (m-1)-1)$-ten, ..., $((n-4) \cdot (m-1)+1)$-ten
Spalte finden wir die noch fehlenden Beiträge zu $B_n{}^m(t)$ durch den Ausdruck $B_3{}^m(t) \cdot$
$\cdot A_{n-2}^m(t)$. In $B_3{}^m(t) \cdot A_{n-2}^m(t)$ ist allerdings auch der Summand $A_2{}^m(t) \cdot B_2{}^m(t) \cdot$
$\cdot A_{n-2}^m(t)$ enthalten, der bereits durch $A_2{}^m(t) \cdot B_{n-1}^m(t)$ erfaßt und somit von $B_3{}^m(t) \cdot$
$\cdot A_{n-2}^m(t)$ zu subtrahieren ist. Wir erhalten also für $n \geq 4$ und $m \geq 2$ unter Berücksichtigung der oben gemachten Annahme und unter Berücksichtigung der in den
Schritten 1 und 2 gefundenen Ergebnisse

$$B_n{}^m(t) = A_2{}^m(t) \cdot B_{n-1}^m(t) + B_3{}^m(t) \cdot A_{n-2}^m(t) - A_2{}^m(t) \cdot B_2{}^m(t) \cdot A_{n-2}^m(t)$$

$$= (-t)^{m-1} \cdot \big((n-3) \cdot m + 1\big) \cdot (-t)^{(n-2) \cdot (m-1)-1}$$

$$+ (m+1) \cdot (-t)^{2m-3} \cdot (-t)^{(n-3) \cdot (m-1)}$$

$$- (-t)^{m-1} \cdot (-t)^{m-2} \cdot (-t)^{(n-3) \cdot (m-1)},$$

$$B_n{}^m(t) = \big((n-2) \cdot m + 1\big) \cdot (-t)^{(n-1) \cdot (m-1)-1}.$$

Damit ist Satz 1 bewiesen.

4. Lösung des Isotopieproblems für Rosettenknoten $R_n{}^m$

Auf Grund der Murasugischen Untersuchungen in [4] stimmt für jeden alternierenden
Knoten k die Determinante der Matrix $\tilde{M}(s_1, ..., s_{g+1}) - t \cdot \tilde{M}^T(s_1, ..., s_{g+1})$ mit dem
Alexander-Polynom $\varDelta(t)$ von k überein. Für die von uns betrachteten geschlossenen
Zöpfe ist somit in den Fällen teilerfremder m und n, also für Rosettenknoten $R_n{}^m$, die
Determinante $D_n{}^m(t)$ von $R_n{}^m$ gleich dem Alexander-Polynom $\varDelta(t)$ von $R_n{}^m$. Das Alex-
ander-Polynom jedes Knotens k ist invariant gegenüber isotopen Veränderungen von
k. Wir kennen nach Satz 1 zwar nicht das ganze Alexander-Polynom jedes Rosettenknotens $R_n{}^m$, aber die Kenntnis des Grades $g_n{}^m$ des Alexander-Polynoms und des Koeffizienten $b_n{}^m$ vor der zweithöchsten t-Potenz reichen bereits aus, von je zwei Rosettenknoten zu entscheiden, ob sie isotop sind oder nicht. Wir beweisen den folgenden Satz.

Satz 2. *Je zwei Rosettenknoten gleicher Ordnung $R_n{}^m$ und $R_n{}^{m'}$ mit $m \neq m'$ und je
zwei Rosettenknoten unterschiedlicher Ordnung $R_n{}^m$ und $R_{n'}{}^{m'}$ mit $n \neq n'$ sind nicht
isotop.*

Beweis. Wir zeigen zunächst, daß je zwei Rosettenknoten gleicher Ordnung $R_n{}^m$ und
$R_n{}^{m'}$ mit $m \neq m'$ nicht isotop sind. Die Grade der beiden Alexander-Polynome sind

$$g_n{}^m = (n-1) \cdot (m-1), \quad g_n{}^{m'} = (n-1) \cdot (m'-1),$$

und folglich sind $R_n{}^m$ und $R_n{}^{m'}$ für $m \neq m'$ nicht isotop.
Zum Nachweis der Nichtisotopie zweier Rosettenknoten unterschiedlicher Ordnung
genügt es nicht, die Gradzahlen der Alexander-Polynome zu kennen, denn diese
können übereinstimmen; zum Beispiel ist $g_5{}^4 = g_3{}^7 = 12$. Auch die Kenntnis der
Koeffizienten $b_n{}^m$ und $b_{n'}{}^{m'}$ der Alexander-Polynome zweier Rosettenknoten unterschied-

licher Ordnung reicht nicht aus, die Nichtisotopie zu beweisen, weil diese Koeffizienten ebenfalls übereinstimmen können; zum Beispiel ist $b_7{}^2 = b_4{}^5 = -11$. Mit beiden Kriterien gemeinsam gelingt der gewünschte Nachweis.

Nehmen wir an, es gäbe zwei Rosettenknoten unterschiedlicher Ordnungen $R_n{}^m$ und $R_{n'}^{m'}$, $n \neq n'$, für die gleichzeitig $g_n{}^m = g_{n'}^{m'}$ und $b_n{}^m = b_{n'}^{m'}$, d. h.

$$(n - 1) \cdot (m - 1) = (n' - 1) \cdot (m' - 1)$$

und
$$(n - 2) \cdot m + 1 = (n' - 2) \cdot m' + 1$$

gelten würde. Aus diesen beiden Relationen würde

$$m - n = m' - n'$$

folgen, und das ist für $n \neq n'$ ein offensichtlicher Widerspruch zu $g_n{}^m = g_{n'}^{m'}$. Damit ist Satz 2 bewiesen.

Bemerkung 1. Satz 2 ergibt zusammen mit den Ergebnissen von [3] und [6], wonach jeder Rosettenknoten ungerader Ordnung amphicheiral und jeder Rosettenknoten gerader Ordnung nicht amphicheiral ist, eine Lösung des Isotopieproblems für alle Rosettenknoten und ihre spiegelbildlichen Knoten.

Bemerkung 2. Die von TROTTER in [9] als Isotopieinvariante nachgewiesene Knotensignatur wurde von MURASUGI in [6] mit Erfolg für Isotopieuntersuchungen spiegelbildlicher Rosettenknoten verwendet; die Signatur ist eine der wenigen berechenbaren Isotopieinvarianten, die nicht aus der 1-dimensionalen Homotopiegruppe des Knotenaußenraumes abgeleitet werden können. Für die Lösung des Isotopieproblems der Rosettenknoten reicht jedoch die Kenntnis der Signatur jedes Rosettenknotens nicht aus. Da jeder geschlossene Zopf $R_n{}^m$ nach [6] ein gewisses Produkt von $n - 1$ Torusknoten vom Typ $(2, m)$ ist, bereitet die Berechnung der Signatur $\sigma(R_n{}^m)$ keine Schwierigkeiten. Die Berechnung ergibt

$$\sigma(R_n{}^m) = m - 1 \text{ für geradzahliges } n,$$

$$\sigma(R_n{}^m) = 0 \text{ für ungeradzahliges } n.$$

Daraus kann lediglich gefolgert werden, daß je zwei Rosettenknoten derselben geradzahligen Ordnung $R_n{}^m$ und $R_n{}^{m'}$ mit $m \neq m'$ nicht isotop sind.

LITERATUR

[1] ARTIN, E.: Theorie der Zöpfe. Abh. math. Semin. Hamburg. Univ. *4* (1926) 47—72.
[2] CROWELL, R. H., and R. H. FOX: Introduction to knot theory. Ginn and Company Boston, 1963.
[3] KRÖTENHEERDT, O.: Über einen speziellen Typ alternierender Knoten. Math. Ann. *153* (1964) 270 bis 284.
[4] MURASUGI, K.: On alternating knots. Osaka Math. J. *12* (1960) 277—303.
[5] MURASUGI, K.: On the definition of the knot matrix. Proc. Japan. Acad. *37* (1961) 220—221.
[6] MURASUGI, K.: Remarks on rosette knots. Math. Ann. *158* (1965) 290—292.

[7] MURASUGI, K.: On a certain numerical invariant of link types. Trans. Amer. Math. Soc. *117* (1965) 387—422.

[8] REIDEMEISTER, K.: Knotentheorie. Springer, Berlin 1932.

[9] TROTTER, H. F.: Homology of group systems with applications to knot theory. Ann. Math. *76* (1962) 464—498.

Manuskripteingang: 25. 9. 1970

VERFASSER:
OTTO KRÖTENHEERDT, Sektion Mathematik der Martin-Luther-Universität Halle—Wittenberg

Zwei elementargeometrische Zerlegungssätze

Ludwig Stammler

Herrn Prof. Dr. O.-H. Keller zum 65. Geburtstag gewidmet

Einleitung

Die beiden Zerlegungssätze, die in dieser Arbeit dargestellt werden sollen, weisen einige Gemeinsamkeiten auf, so daß es gestattet sei, sie unter einer Überschrift aufzuführen.

Die Aussagenstruktur beider Sätze ist folgende: Gefordert sei für gewisse Zerlegungen (eines Rechtecks bzw. eines Dreiecks) eine Eigenschaft (Enklavenfreiheit bzw. Kongruenz), deren Definition ihrem unmittelbaren Wortlaut nach keine Angaben zur Konstruktion enthält. Behauptet wird, daß Zerlegungen mit der geforderten Eigenschaft nur „trivial" (Vorliegen einer zerlegenden Geraden) existieren können, so daß also doch eine — sogar besonders einfache — Konstruktionsvorschrift resultiert.

Beide Sätze gehören zu denjenigen Sachverhalten in der Elementargeometrie, deren Inhalt leicht erfaßbar ist, deren Beweis aber genauere Überlegungen erfordert. Allerdings erweisen sich hier die Beweise dann doch nicht als wesentlich tiefliegend (wie es in anderen Fällen ja vorkommt). Die Schwierigkeit liegt mehr in der technischen Frage der Darstellung, wie man die Einzelschritte der Beweise hinreichend vollständig beschreibt, um ihrer Lückenlosigkeit sicher zu sein. Auch kann man Fallunterscheidungen und für auszuschließende Fälle den Weg zum Widerspruch noch verschieden wählen, wobei sich zuweilen im Vergleich verschiedener Wege bezüglich Kürze und Übersichtlichkeit Vor- und Nachteile die Waage halten. Es seien wenigstens für einen Beweisschritt zum zweiten Satz (s. unten II. 2. 2.2.4., Bem. 2) zwei Wege angegeben, weil sich daran noch weitere Bemerkungen anschließen lassen. Beim ersten Satz kann man in der Wahl „anschaulicher" Formulierungen von Beweisschritten großzügiger sein, während der zweite Satz wegen der größeren Abstraktheit seiner Voraussetzungen mehr methodische Strenge verlangt.

Die Anregung zu beiden Sätzen ergab sich bei der Kritik von Aufgabenentwürfen zur Olympiade Junger Mathematiker. Für den ersten Satz läßt sich dies leicht vorstellen; den zweiten Satz veranlaßte die Beschreibung eines Dreiecks mit den Winkeln $30°$, $60°$, $90°$ als „ein halbes gleichseitiges Dreieck". Nach üblichem Sprachgebrauch („halbieren" = „in zwei gleiche Figuren zerlegen" und dabei „gleich" = „flächengleich") ist diese

Beschreibung nicht ausreichend; soll sie aber dadurch verteidigt werden, daß hier „gleich" = „kongruent" gemeint sei, so entsteht die Frage nach Satz 2.

Die Sätze dürfen vielleicht auch hinsichtlich der Frage nach ihrer Verallgemeinerungsmöglichkeit als interessant gelten. Einige naheliegende Versuche — zum ersten Satz etwa die Dimensionserhöhung von 2 (Rechtecksfläche) und 1 (zerlegende Gerade) auf n (> 2) und $n - 1$, zum zweiten Satz vgl. II.2.2.2.4., Bem. 1, — ergeben allerdings nicht zutreffende Aussagen. Aber bei Beachtung des ursprünglichen Aussagecharakters, z. B. von Satz 1 als einer im wesentlichen kombinatorischen Aussage, wird man doch auf allgemeinere Aspekte stoßen, in die sich die hier genannten Sätze einordnen. Doch sei dies späterer Gelegenheit vorbehalten.

I. Ein Zerlegungssatz für Rechtecke

Satz 1. *Jede enklavenfreie Zerlegung eines Rechtecks in endlich viele (aber mindestens 2) Rechtecke gestattet eine zerlegende Gerade.*

Dabei heiße eine Zerlegung Z eines Rechtecks[1]) $\mathfrak{R}$ in Teilrechtecke[1]) $\mathfrak{T}_1$, ..., $\mathfrak{T}_n$ *enklavenfrei*, wenn jedes $\mathfrak{T}_i$ mit dem Rand von $\mathfrak{R}$ gemeinsame (Rand-)Punkte besitzt. Ferner bedeute die Aussage, Z gestatte eine Gerade $\mathfrak{g}$ als *zerlegende Gerade*, daß jeder Punkt von $\mathfrak{g} \cap \mathfrak{R}$ Randpunkt (mindestens) zweier $\mathfrak{T}_i$ ist.

Es sei angemerkt, daß als hauptsächliche Anwendung von Satz 1 nicht nur für einzelne Zerlegungen die erwähnte Vereinfachung entsteht, sondern zur Auffindung *aller* topologisch verschiedenen *enklavenfreien* Zerlegungen in n Teilrechtecke ein Algorithmus resultiert, der gegenüber der Aufgabe, *alle* topologisch verschiedenen Zerlegungen in n Teilrechtecke zu finden, wesentlich handlicher ausfällt.

Beweis.

1. Für $n = 2$ ist die Behauptung richtig. Allgemeiner ist sie auch dann richtig, wenn eine Seite von $\mathfrak{R}$ keinen Teilpunkt (d. h. keinen gemeinsamen Randpunkt zweier $\mathfrak{T}_i$) besitzt.

2. Besitze nun jede Seite von $\mathfrak{R}$ einen Teilpunkt. Mit $\mathfrak{a}$, $\tilde{\mathfrak{a}}$ sei ein Paar Gegenseiten von $\mathfrak{R}$ bezeichnet und jeweils mit $\mathfrak{a}_i$, $\tilde{\mathfrak{a}}_i$ das Paar zu $\mathfrak{a}$, $\tilde{\mathfrak{a}}$ paralleler Gegenseiten von $\mathfrak{T}_i$, wobei $\mathfrak{a}_i$ näher als $\tilde{\mathfrak{a}}_i$ an $\mathfrak{a}$ liege. Sodann sei h der *bei allen an $\mathfrak{a}$ angrenzenden $\mathfrak{T}_i$ kleinste* Abstand zwischen $\tilde{\mathfrak{a}}_i$ und $\mathfrak{a}_i$ ($\subset \mathfrak{a}$).

Wir löschen aus $\mathfrak{R}$ (und allen betroffenen $\mathfrak{T}_i$) den Parallelstreifen aller Punkte, deren Abstand von $\mathfrak{a}$ kleiner als h ist. Danach verbleibt ein Rechteck $\mathfrak{R}^*$ mit einer enklavenfreien Zerlegung Z^* in Rechtecke, deren Anzahl kleiner als n, aber immer noch mindestens 2 ist, da $\tilde{\mathfrak{a}}$ einen Teilpunkt besitzt. Als Induktionsvoraussetzung können wir annehmen, daß Z^* eine zerlegende Gerade $\mathfrak{g}^*$ gestattet.

2.1. Verläuft eine solche parallel zu $\mathfrak{a}$, so ist die Behauptung für Z richtig. Dasselbe gilt, wenn die Verlängerung von $\mathfrak{g}^*$ in den soeben gelöschten Streifen hinein eine zerlegende Gerade von Z ergibt.

2.2. Nunmehr werde angenommen, daß für jede zerlegende Gerade $\mathfrak{g}^*$ von Z^* keine der beiden Möglichkeiten aus 2.1. zutrifft. Die neue (zu $\mathfrak{a}$ im Abstand h parallele) Seite von

---

[1]) Entartungen der $\mathfrak{R}$, $\mathfrak{T}_i$ zu Strecken oder Punkten seien nicht zugelassen; $\mathfrak{R}$ und jedes $\mathfrak{T}_i$ habe also innere Punkte. — Statt mit Rechtecken ließe sich der Satz natürlich auch sogleich allgemeiner mit seitenparallelen Parallelogrammen formulieren.

$\Re^*$ sei mit $\mathfrak{a}^*$ bezeichnet. Jede zerlegende Gerade $\mathfrak{g}^*$ von Z^* trifft dann wegen der Minimalität von h die Gerade $\mathfrak{a}^*$ in einem Punkt P, der innerer Punkt einer Seite $\tilde{a}_i$ eines vollständig gelöschten $\mathfrak{T}_i$ ist und daher gemeinsame Ecke zweier vollständig erhalten gebliebener $\mathfrak{T}_j$, $\mathfrak{T}_k$ sein muß (Abb. 1). Für $\mathfrak{T}_j$ gibt es nun zwei Möglichkeiten:

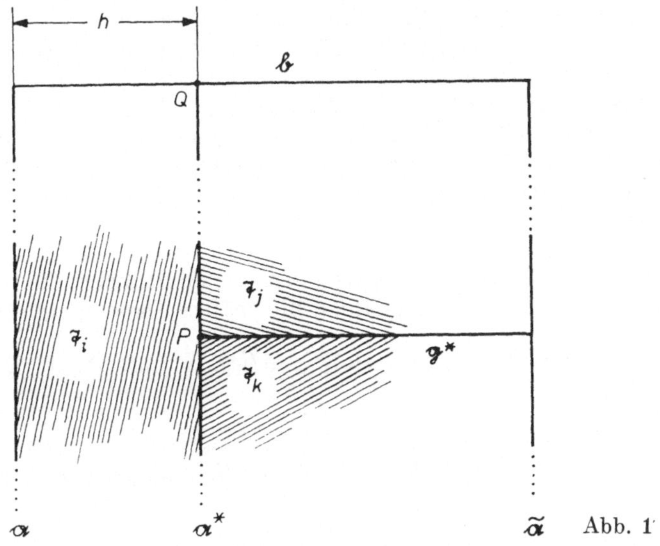

Abb. 1

2.2.1. Erstreckt sich $\mathfrak{T}_j$ bis zu einer Seite $\mathfrak{b}$ von $\Re$, die nicht parallel zu $\mathfrak{a}$ ist, so sind alle Punkte der Strecke zwischen P und $Q = \mathfrak{a}^* \cap \mathfrak{b}$ Randpunkte von $\mathfrak{T}_j$ und je (mindestens) einem (gelöschten, also von $\mathfrak{T}_j$ verschiedenen) Teilrechteck aus Z.

2.2.2. Erstreckt sich $\mathfrak{T}_j$ nicht bis zu einer solchen Seite $\mathfrak{b}$, so muß $\mathfrak{T}_j$ bis zu $\tilde{\mathfrak{a}}$ hin verlaufen und folglich eine zu $\mathfrak{g}^*$ parallele Seite ($\neq \mathfrak{g}^*$) besitzen, die ebenfalls zerlegende Gerade $\mathfrak{g}^{*\prime}$ von Z^* ist. Damit ergibt sich für $P' = \mathfrak{a}^* \cap \mathfrak{g}^{*\prime}$, für ein $\mathfrak{T}_j{}' (\neq \mathfrak{T}_j)$, für $\mathfrak{T}_j$ und für ein $\mathfrak{T}_{i'} (= \mathfrak{T}_i$ oder $\neq \mathfrak{T}_i)$ dieselbe Situation wie oben (Abb. 1) für P, $\mathfrak{T}_j$, $\mathfrak{T}_k$ und $\mathfrak{T}_i$. Auch sind alle Punkte der Strecke PP' Randpunkte von $\mathfrak{T}_j$ und je (mindestens) einem Teilrechteck ($\neq \mathfrak{T}_j$) aus Z.

2.3. Da es nicht unendlich viele $\mathfrak{T}_{j'}$, $\mathfrak{T}_{j''}$, ... gibt, gelangt man nach endlich vielen Schritten 2.2.2. über Punkte P', P'', ..., $P^{(m)}$ schließlich zu einem $\mathfrak{T}_{j(m+1)}$, für das 2.2.1. zutrifft. Dann aber ergibt sich aus 2.2.2. für PP', ..., $P^{(m-1)}P^{(m)}$ und aus 2.2.1. für $P^{(m)}Q$ auch die Schlußfolgerung von 2.2.1. für PQ selbst.

2.4. Schließlich gelten die in 2.2. und 2.3. mit $\mathfrak{T}_j$ und $\mathfrak{b}$ durchgeführten Überlegungen auch für $\mathfrak{T}_k$ und die Gegenseite $\bar{\mathfrak{b}}$ von $\mathfrak{b}$. Damit ist insgesamt $\mathfrak{a}^*$ als zerlegende Gerade der Zerlegung Z nachgewiesen.

II. Ein Zerlegungssatz für Dreiecke

Satz 2. *Wird ein Dreieck $\mathfrak{D} = ABC$ durch eine Jordankurve $\mathfrak{k}$ (die mit dem Rand von $\mathfrak{D}$ genau ihre beiden, möglicherweise miteinander zusammenfallenden Endpunkte P, Q gemeinsam hat und sonst ganz im Innern von $\mathfrak{D}$ verläuft) in zwei kongruente Figuren $\mathfrak{F}$, $\mathfrak{F}^+$ zerlegt, so ist ($\mathfrak{D}$ gleichschenklig und) $\mathfrak{k}$ halbierende Höhe des Dreiecks $\mathfrak{D}$.*

3*

Vorbereitungen zum Beweis. Alle Kurven und zweidimensionalen Figuren werden stets, wenn nicht ausdrücklich das Gegenteil gesagt ist, einschließlich ihrer End- bzw. Randpunkte verstanden. Für alle auftretenden *Polygone* sei stets vorausgesetzt, daß in ihnen keine drei aufeinanderfolgenden Ecken kollinear sind; für *Streckenzüge* sei eine derartige Voraussetzung nicht verlangt; jedoch wird bei *Strecken* stets die Verschiedenheit ihrer beiden Endpunkte voneinander vorausgesetzt.

Die Ausdrucksweise, zwei *Streckenzüge* $X_1 X_2 X_3 \ldots$ und $Y_1 Y_2 Y_3 \ldots$ seien einander kongruent, bedeute stets zugleich auch, daß X_i und Y_i homologe Ecken seien ($i = 1, 2, 3, \ldots$). Wird dagegen von kongruenten *Polygonen* $X_1 X_2 X_3 \ldots$ und $Y_1 Y_2 Y_3 \ldots$ gesprochen, so sei damit noch keine Festlegung über homologe Ecken verbunden. Mit v bezeichnen wir eine nach Voraussetzung existierende Bewegung der Ebene, die $\mathfrak{F}$ in $\mathfrak{F}^+$ überführt. Ist allgemein $\mathfrak{G}$ irgend eine Figur in der Ebene, so setzen wir kurz $v(\mathfrak{G}) = \mathfrak{G}^+$ und $v^{-1}(\mathfrak{G}) = \mathfrak{G}^-$.

Wir formulieren nun als Hilfssätze einige später auftretende Schlüsse, die im Beweis häufiger wiederkehren oder deren Vorwegnahme die spätere Darstellung erleichtert.

Hilfssatz 1. *Gehört ein Punkt X zu $\mathfrak{F}$ (oder zu $\mathfrak{F}^+$), so liegt X^+ (bzw. X^-) in $\mathfrak{D}$.*

Beweis. X^+ liegt in $\mathfrak{F}^+$ (bzw. X^- in $\mathfrak{F}$).

Hilfssatz 2. *Gehört ein Punkt X zum Rand von $\mathfrak{F}$ und liegt X^+ im Innern von $\mathfrak{D}$, so iegt X^+ auf $\mathfrak{k}$.*

Beweis. X^+ gehört zum Rand von $\mathfrak{F}^+$, aber nicht von $\mathfrak{D}$.

Hilfssatz 3. *Gehört eine Strecke $X Y$ zum Rand von $\mathfrak{F}$ und liegt ein Punkt der Strecke $X^+ Y^+$ im Innern von $\mathfrak{D}$, so gehört die Strecke $X^+ Y^+$ zu $\mathfrak{k}$.*

Beweis. Nach Hs. 1 liegt die Strecke $X^+ Y^+$ in $\mathfrak{D}$. Jeder innere Punkt von $X^+ Y^+$ ist also innerer Punkt von $\mathfrak{D}$ und liegt folglich nach Hs. 2 auf $\mathfrak{k}$.

Hilfssatz 4. *Liegt ein Punkt X in $\mathfrak{F}$ und ist X^+ ein ebenfalls zu $\mathfrak{F}$ gehörender Punkt des Randes von $\mathfrak{D}$, so fällt X^+ mit P oder Q zusammen.*

Beweis. X^+ gehört auch zu $\mathfrak{F}^+$, also zu $\mathfrak{k}$.

Hilfssatz 5. *Ist X einer der Punkte P, Q oder eine zu $\mathfrak{F}$ gehörende Ecke von $\mathfrak{D}$ und liegt X^+ auf dem Rand von $\mathfrak{D}$, so ist X^+ einer der Punkte P, Q oder eine zu $\mathfrak{F}^+$ gehörende Ecke von $\mathfrak{D}$.*

Beweis. Der Rand von $\mathfrak{F}$ geht durch X, verläuft aber in X nicht geradlinig. Also gilt dasselbe für $\mathfrak{F}^+$ und X^+.

Hilfssatz 6. *Ist das Dreieck $\mathfrak{D}^+$ ganz in $\mathfrak{D}$ gelegen, so stimmt das Tripel (A^+, B^+, C^+) bis auf die Reihenfolge mit dem Tripel (A, B, C) überein.*

Beweis. Andernfalls enthielte mindestens eine der Strecken $A^+ B^+$, $B^+ C^+$, $C^+ A^+$ innere Punkte von $\mathfrak{D}$ und zerlegte daher, genügend verlängert, $\mathfrak{D}$ in zwei Polygone $\mathfrak{P}$, $\mathfrak{Q}$ mit positiven Flächeninhalten p, q. Der dritte, nicht auf dieser Strecke gelegene Eckpunkt von $\mathfrak{D}^+$ müßte in genau einem dieser Polygone, etwa in $\mathfrak{P}$, liegen. Der Flächeninhalt von $\mathfrak{D}^+$ wäre dann mindestens um q kleiner als der von $\mathfrak{D}$.

Durchführung des Beweises.

1. *Es gebe eine Seite des Dreiecks $\mathfrak{D}$, die beide Punkte P, Q enthält.*

Die Seite AB enthalte etwa beide Punkte P, Q. Diejenige der beiden Figuren $\mathfrak{F}, \mathfrak{F}^+$, der C angehört, enthält dann auch A und B; es sei dies etwa $\mathfrak{F}$.
Nach Hs. 1 liegen nun A^+, B^+, C^+ in $\mathfrak{D}$; nach Hs. 6 stimmt folglich C mit einem der Punkte A^+, B^+, C^+ überein und müßte somit nach Hs. 4 (angewandt auf $X = C^-$) mit P oder Q zusammenfallen, was unmöglich ist.

2. *Es gebe keine Seite des Dreiecks $\mathfrak{D}$, die beide Punkte P, Q enthält.*

In diesem Fall kann durch geeignete Wahl der Bezeichnungen erreicht werden, daß P im Innern der Strecke AB liegt und Q entweder mit C zusammenfällt oder im Innern der Strecke BC liegt. Eine der beiden Figuren $\mathfrak{F}, \mathfrak{F}^+$, etwa $\mathfrak{F}$, enthält dann auf ihrem Rande die Strecken PA, AC und (falls $Q \neq C$ ist) CQ, die andere Figur $\mathfrak{F}^+$ die Strecken QB und BP.
Nach Hs. 1 liegen nun A^+ und C^+ in $\mathfrak{D}$; daher sind folgende Möglichkeiten zu untersuchen:

2.1. *Die Punkte A^+, C^+ liegen nicht beide auf dem Rand von $\mathfrak{D}$.* Nach Hs. 3 gehört die Strecke A^+C^+ zu $\mathfrak{k}$. Liegt nun etwa einer der Punkte A^+, C^+ auf dem Rand von $\mathfrak{D}$, so fällt er also mit P oder Q zusammen. Daher gilt in jedem Fall $A^+ \neq B$ und $C^+ \neq B$. Die Strahlen BA^+ und BC^+ verlaufen im Winkelraum des $\sphericalangle ABC$, mindestens einer von ihnen sogar im Innern.
Außerdem folgt noch $A \neq B^-$ und $C \neq B^-$. Nach Hs. 1 liegt aber B^- in $\mathfrak{D}$. Somit ergibt sich $\sphericalangle AB^-C \geqq \sphericalangle ABC > \sphericalangle A^+BC^+$ im Widerspruch zur Kongruenz der Streckenzüge AB^-C und A^+BC^+.

2.2. *Die Punkte A^+, C^+ liegen beide auf dem Rand von $\mathfrak{D}$.*

2.2.1. *Es gebe keine Seite des Dreiecks $\mathfrak{D}$, die beide Punkte A^+, C^+ enthält.*
Nach Hs. 3 gehört die Strecke A^+C^+ zu $\mathfrak{k}$. Da sie in $\mathfrak{D}$ von Rand zu Rand verläuft, ist sie folglich sogar die gesamte Kurve $\mathfrak{k}$ und stimmt demnach schließlich mit der Strecke PQ überein. Daher scheidet zunächst der Fall $Q \neq C$ aus; denn in ihm wäre $\mathfrak{F}$ das Viereck $APQC$ und $\mathfrak{F}^+$ das Dreieck PQB im Widerspruch zu ihrer Kongruenz.
Ist nun aber $Q = C$, so folgt $AC = A^+C^+ = PC$ und daher

$$\sphericalangle PBC, \quad \sphericalangle PCB < \sphericalangle APC < 90° < \sphericalangle BPC,$$

was ebenfalls der Kongruenz von $\mathfrak{F} = APC$ und $\mathfrak{F}^+ = PCB$ widerspricht.

2.2.2. *Es gebe eine Seite des Dreiecks $\mathfrak{D}$, die beide Punkte A^+, C^+ enthält.*
Entweder müssen A^+, C^+ beide der Strecke QB oder beide der Strecke BP angehören denn sonst gäbe es Punkte der Strecke A^+C^+, die zugleich innere Punkte einer de Strecken PA, AC und (falls $Q \neq C$ ist) CQ wären, was nach Hs. 4 auf den Wider spruch führt, daß sie gleichzeitig noch mit P oder Q zusammenfallen müßten.
Nunmehr folgt nach Hs. 5 sogar, daß die Strecke A^+C^+ mit einer der Strecken QB, BP genau zusammenfallen muß. Fällt insbesondere A^+C^+ auch mit einer gesamten Seite des Dreiecks $\mathfrak{D}$ zusammen, so muß ($Q = C$ und) dies die Seite ($QB =$) CB sein. Hiernach kann durch geeignete Wahl der Bezeichnungen einer der folgenden Fälle erreicht werden:

2.2.2.1. $A^+ = Q = C; C^+ = B$.
Wegen $AC = CB$ ist $\mathfrak{D}$ gleichschenklig.

Nach Hs. 1 liegt P^+ in $\mathfrak{D}$. Auf der Strecke CB liegt P^+ nicht, da P nicht auf AC liegt. Im Innern der Strecke AC oder in A kann P^+ ebenfalls nicht liegen, da dies nach Hs. 4 auf den Widerspruch führt, daß P^+ gleichzeitig noch mit P oder Q zusammenfallen müßte.

Folglich ist P^+ derjenige im Innern von $\mathfrak{D}$ oder von AB gelegene Punkt, für den die Streckenzüge CAP und BCP^+ kongruent sind. Hiernach ergibt Hs. 3, daß die Strecke CP^+ zu $\mathfrak{k}$ gehört. Ebenso folgt unter Vertauschung von $\mathfrak{F}$ und $\mathfrak{F}^+$, daß P^- im Innern von $\mathfrak{D}$ oder von AB liegt, daß die Streckenzüge CBP und ACP^- kongruent sind sowie daß die Strecke CP^- zu $\mathfrak{k}$ gehört.

Da jedoch von C aus nicht zwei auf verschiedenen Geraden liegende, zu $\mathfrak{k}$ gehörende Strecken in das Innere von $\mathfrak{D}$ hineinführen können, erhalten wir insgesamt

$$\sphericalangle ACP^- = \sphericalangle CBP = \sphericalangle CAP = \sphericalangle BCP^+ = 45°.$$

Wäre nun $AP > BP$, so läge P^+ außerhalb $\mathfrak{D}$; wäre $AP < BP$, so P^-. Also ist $AP = BP$, und $\mathfrak{k}$ ist die halbierende Höhe CP.

2.2.2.2. $C^+ = Q = C$; $A^+ = B$.

Wegen $AC = BC$ ist $\mathfrak{D}$ gleichschenklig.

Nach Hs. 1 liegt P^+ in $\mathfrak{D}$; wegen der Kongruenz der Streckenzüge CAP und CBP^+ liegt folglich P^+ auf AB so, daß $AP = BP^+$ gilt. Nach Hs. 5 ist genauer $P^+ = P$. Die Bewegung v ist folglich die Spiegelung an CP.

Für jeden Punkt X auf $\mathfrak{k}$ gehört auch X^+ zu $\mathfrak{k}$. Dies folgt, wenn X innerer Punkt von $\mathfrak{D}$ ist, aus Hs. 2; für die Endpunkte C, P von $\mathfrak{k}$ folgt es aus $C^+ = C$; $P^+ = P$.

Es sei nun $X = X(t)$ $(0 \leq t \leq 1)$ eine stetige eineindeutige Parameterdarstellung von $\mathfrak{k}$. Wir nehmen an, $\mathfrak{k}$ wäre nicht die halbierende Höhe CP. Dann gibt es ein r mit $0 < r < 1$, so daß $X(r)$ nicht auf CP liegt. Die offene, durch die Gerade CP begrenzte Halbebene, in der $X(r)$ liegt, sei mit $\mathfrak{H}$ bezeichnet.

Aus der Stetigkeit von $X(t)$ folgt dann weiter die Existenz zweier Zahlen g, h $(0 \leq g < < r < h \leq 1)$, so daß $X(g)$ und $X(h)$ auf CP liegen, aber alle $X(t)$ $(g < t < h)$ in $\mathfrak{H}$. Schließlich ergibt sich der Widerspruch, daß die beiden Teilbögen $X(t)$ $(g \leq t \leq h)$ und $\left(X(t)\right)^+$ $(g \leq t \leq h)$ von $\mathfrak{k}$ ein Flächenstück $\mathfrak{U}$ einschließen, das, nur mit eventueller Ausnahme der Punkte $X(g)$, $X(h)$, ganz im Innern von $\mathfrak{D}$ liegt.

2.2.2.3. $A^+ = P$; $C^+ = B$.

Nach Hs. 1 liegt P^+ in $\mathfrak{D}$, so daß die Lage von P^+ durch die Kongruenz der Streckenzüge CAP und BPP^+ bestimmt ist. Nach Hs. 3 gehört die Strecke PP^+ zu $\mathfrak{k}$.

Gehören für ein $n = 1, 2, \ldots$ bereits die Strecken

$$PP^+,\ P^+P^{++},\ \ldots,\ P^{(n-1)}P^{(n)}$$

zu $\mathfrak{k}$, dann liegt nach Hs. 1 auch $P^{(n+1)}$ in $\mathfrak{D}$. Aus der Kongruenz der Streckenzüge

$$CAPP^+ \ldots \text{ und } BPP^+P^{++} \ldots$$

schließen wir nun:

Einerseits sind die Geraden $P^{(i-1)}P^{(i)}$ $(i = 1, \ldots, n+1)$ abwechselnd parallel (aber nicht gleich) zu den Geraden AC bzw. AB; also ist auch auf die Strecke $P^{(n)}P^{(n+1)}$ wieder Hs. 3 anwendbar, weswegen sie ebenfalls zu $\mathfrak{k}$ gehört. Andererseits ergeben sich $A, P^+, P^{(3)}, \ldots$ und $P, P^{++}, P^{(4)}, \ldots$ als zwei Folgen äquidistanter Punkte auf dem Strahl AP^+ bzw. dem hierzu parallelen Strahl PP^{++}. Für genügend großes n liegt somit $P^{(n+1)}$ nicht mehr in $\mathfrak{D}$; Widerspruch.

2.2.2.4. $C^+ = P$; $A^+ = B$.

Nach Hs. 1 liegt P^+ in $\mathfrak{D}$. Auf der Geraden BP liegt P^+ nicht, da P nicht auf der Geraden AC liegt. Im Innern der Strecke AC oder im Innern von $\mathfrak{D}$ kann P^+ ebenfalls nicht liegen, da nach Hs. 3 die Strecke BP^+ dann zu $\mathfrak{k}$ gehören, also B mit P oder Q zusammenfallen müßte. Folglich ist P^+ derjenige Punkt der Strecke BC, für den $AP = BP^+$ gilt. Hieraus ergibt sich einerseits $BP^+ = AB - PB = AB - CA < BC$, d. h., P^+ liegt im Innern der Strecke BC und fällt folglich nach Hs. 5 mit Q zusammen. Andererseits folgt aus $\sphericalangle PAC = \sphericalangle P^+BP$, daß $\mathfrak{D}$ gleichschenklig ist mit $AC = BC$ (vgl. Abb. 2).

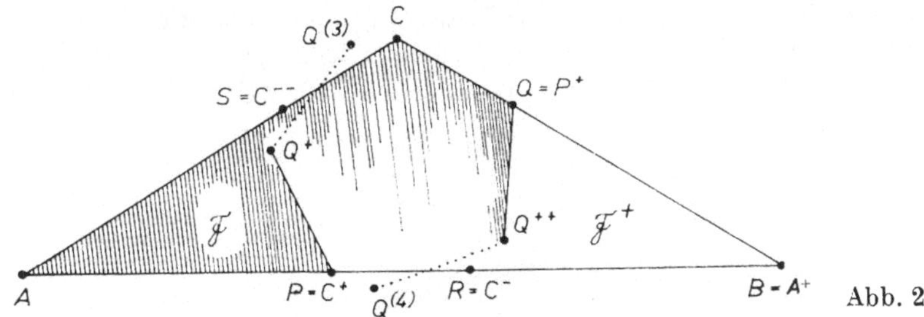

Abb. 2

Nach Hs. 1 liegt Q^+ in $\mathfrak{D}$, so daß die Lage von Q^+ durch die Kongruenz der Streckenzüge ACQ und BPQ^+ bestimmt ist. Nach Hs. 3 gehört die Strecke PQ^+ zu $\mathfrak{k}$.
Es seien für ein $n = 1, 2, \ldots$ bereits die Strecken

$$PQ^+, QQ^{++}, \ldots, Q^{(n-2)}Q^{(n)}$$

zu $\mathfrak{k}$ gehörig. Dann liegt einerseits die Strecke $Q^{(n-1)} Q^{(n+1)}$ nach Hs. 1 in $\mathfrak{D}$ und gehört, wenn sie nicht auf dem Rand von $\mathfrak{D}$ liegt, nach Hs. 3 auch wieder zu $\mathfrak{k}$. Andererseits erhalten wir für die Lage der $Q^{(i)}$ folgende Aussagen:
Die Kongruenz der Streckenzüge

$$A P Q^+ Q^{(3)} \ldots \quad \text{und} \quad B Q Q^{++} Q^{(4)} \ldots$$

sowie die Kongruenz der Streckenzüge

$$A C Q Q^{++} \ldots \quad \text{und} \quad B P Q^+ Q^{(3)} \ldots,$$

sukzessive abwechselnd angewandt, ergeben zunächst, daß $\mathfrak{z} = PQ^+Q^{(3)}\ldots$ und $\mathfrak{z}^+ = QQ^{++}Q^{(4)}\ldots$ Sehnenzüge in je einem Kreis $\mathfrak{c}$ bzw. $\mathfrak{c}^+$ sind, bestehend aus Sehnen der Länge CQ, von denen je zwei aufeinanderfolgende einen Winkel $= \sphericalangle ACQ$ einschließen.[1]
Verfolgt man $\mathfrak{z}$ und $\mathfrak{z}^+$ rückwärts, so führt die Kongruenz der Streckenzüge Q^+PC^- und $Q^{++}QC$ sowie die Kongruenz der Streckenzüge QCC^{--} und Q^+PC^- zu denjenigen Punkten $R = C^-$ und $S = C^{--}$ auf den Strecken PB bzw. CA, für die ebenfalls $PR = CS = CQ$ ist. Die Dreiecke RPQ^+ und SCQ haben $\mathfrak{c}$ bzw. $\mathfrak{c}^+$ als Umkreis.
Es wird nun $AP = BQ = AS = BR$ und somit $AR = BP = AC = BC$. Folglich sind $CRPS$ und $PCQR$ gleichschenklige Trapeze, also auch QPQ^+C. Die Umkreise dieser drei Trapeze fallen zusammen; demnach erhalten wir $\mathfrak{c} = \mathfrak{c}^+$.
Für genügend großes n haben daher die Strecken $Q^{(n-1)} Q^{(n+1)}$ und SC nichtleeren Durchschnitt sowie gleichfalls die Strecken $Q^{(n)} Q^{(n+2)}$ und RP, während alle vorange-

---

[1] An diese Stelle des Beweises schließt die Fortsetzung in Bem. 2 an.

henden Punkte von $\mathfrak{s}$ bzw. $\mathfrak{s}^+$ bis zurück zu den Anfangspunkten P bzw. Q (diese selbst ausgenommen) innere Punkte von $\mathfrak{D}$ sind. Die zu $\mathfrak{k}$ gehörenden Teile von $\mathfrak{s}$ und $\mathfrak{s}^+$ zerlegen hiernach $\mathfrak{D}$ bereits in drei Flächenstücke; Widerspruch.

Bemerkung 1. Man betrachte den Fall $Q^{(n-1)} = S, Q^{(n)} = R$ (oder auch nur in genügender Näherung $Q^{(n-1)} \approx S, Q^{(n)} \approx R$) und ändere $\mathfrak{s}$, $\mathfrak{s}^+$ so ab, daß zwei in genügend engem Abstand spiralenförmig umeinanderlaufende, im Mittelpunkt von $\mathfrak{c}$ zusammentreffende Streckenzüge entstehen (Abb. 3). Damit erkennt man, daß *der bewiesene Satz nicht etwa folgende Veränderung zuläßt*: Statt Kongruenz von $\mathfrak{F}$, $\mathfrak{F}^+$ wird nur *Fast-Kongruenz* vorausgesetzt (d. h., der Rand von $\mathfrak{F}^+$ liegt für genügend kleines $\delta > 0$ im δ-Streifen um $v(\mathfrak{r})$, wo v eine Bewegung und $\mathfrak{r}$ der Rand von $\mathfrak{F}$ ist); statt trivialer Zerlegung wird nur *fast-triviale* Zerlegung behauptet (d. h., $\mathfrak{k}$ liegt für vorgegebenes kleines $\varepsilon > 0$ im ε-Streifen um eine Höhe und zugleich im ε-Streifen um eine Seitenhalbierende).

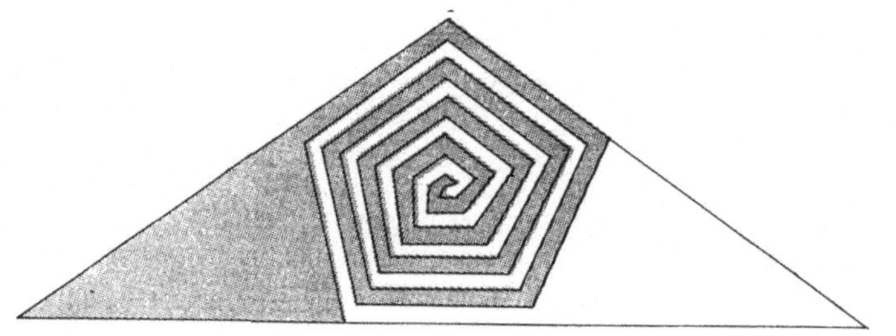

Abb. 3

Bemerkung 2. Will man im obigen Beweis 2.2.2.4, nachdem die Lage der $Q^{(i)}$ auf $\mathfrak{c}$ und $\mathfrak{c}^+$ hergeleitet ist, nicht nochmals zur Gewinnung von $\mathfrak{c} = \mathfrak{c}^+$ (und damit insbesondere zum Anschließen der Bem. 1) „globale Kongruenz"betrachtungen (nämlich für Strecken $> CQ$) vornehmen, so kann man stattdessen den Beweis kürzer zu Ende führen, indem man mit Motiven auskommt, die auch in dem Sinne einfacher sind, daß sie mehr „nur topologischer" Natur sind:

Die Sehnenzüge $\mathfrak{s}$ und $\mathfrak{s}^+$ laufen, genügend lange fortgesetzt, jeder in sich zurück. Also ergibt sich (unabhängig davon, ob $\mathfrak{s}$ und $\mathfrak{s}^+$ nun aus anderen Gründen vorher auf Seiten des Dreiecks treffen oder einander begegnen oder nicht) jedenfalls ein Teil von $\mathfrak{k}$ als ein Streckenzug, der in $\mathfrak{D}$ von Rand zu Rand verläuft und folglich bereits die gesamte Kurve $\mathfrak{k}$ sein muß; d. h., diese ist von der Form eines *Streckenzuges* $P X_1 X_2 \ldots X_m Q$ Dann aber hat $\mathfrak{F} = A P X_1 \ldots X_m Q C$ eine Ecke mehr als $\mathfrak{F}^+ = P X_1 \ldots X_m Q B$.

Manuskripteingang: 25. 9. 1970

VERFASSER:

Ludwig Stammler, Sektion Mathematik der Martin-Luther-Universität Halle—Wittenberg

Über Matrizengeometrie

Gerhard Geise

Herrn Prof. Dr. O.-H. Keller zum 65. Geburtstag gewidmet

1. Einleitung

Matrizengeometrie bedeute, die Matrizen eines festen Formats mit Elementen aus einem gegebenen Körper als Punkte eines geometrischen (affinen oder projektiven) Raumes aufzufassen und geometrische Untersuchungen dieses Raumes unter Verwendung insbesondere der über Matrizen bekannten Sätze durchzuführen; durch das (verallgemeinerte) Übertragungsprinzip von Stephanos besteht ein natürlicher Zusammenhang zu „gewöhnlichen" affinen und projektiven Räumen.

Der Begriff „Matrizengeometrie" dürfte auf Burau [5, 6][1]) zurückgehen. Wenn im folgenden — ohne Vollständigkeit anzustreben — Beiträge zur Matrizengeometrie genannt werden, dann ist das im weiteren, nicht in dem engen Sinn der Erklärung zu verstehen, da es sich oft mehr um „gewöhnliche" projektive Geometrie handelt (so bei Bertini, Horniaček, Medek, Weiss).

Bei Burau [5], S. 92, wird eine naheliegende Abbildung der projektiven $2 \cdot 2$-Matrizen — oder also der projektiven Abbildungen einer Geraden in sich — auf die Punkte eines dreidimensionalen projektiven Raumes angegeben, jedoch nur sehr kurz behandelt. Diese als *Übertragungsprinzip* von Stephanos bekannte Abbildung ist schon 1883 von C. Stephanos [24] untersucht worden, der mit ihrer Hilfe die Drehungen des euklidischen Raumes um einen festen Punkt beschreibt. [Diese Abbildung findet sich an vielen Stellen — auch der Lehrbuchliteratur — in verschiedener Gestalt (insbesondere mit Verwendung genormter Hamiltonscher Quaternionen anstelle projektiver $2 \cdot 2$-Matrizen) in den Grundzügen angegeben, so bei F. Klein [14], E. A. Weiss [25][2]), K. Kommerell [15], W. Blaschke [4], H. R. Müller [20], E. Cartan [7], H. S. M. Coxeter [8][3]). Die Stephanossche Abbildung ist von V. Medek [16, 18, 19] und

---

[1]) Durch Ziffern in eckigen Klammern wird auf die entsprechende Arbeit des Literaturverzeichnisses am Ende dieses Artikels verwiesen.

[2]) Weiss erwähnt die Stephanossche Abbildung merkwürdigerweise in [26] nicht, wohl aber in [25] und spricht hier von „einer interessanten Multiplikation der Bildpunkte" im P^3, die der Zusammensetzung zweier projektiver Verwandtschaften einer Geraden entspricht.

[3]) Coxeter spricht von der *Cartan-Stephanosschen Abbildung*; so auch Bachmann [1].

J. Horniaček [13] sozusagen wiederentdeckt worden, sie ist in dem Vortrag [3] von S. Bilinski enthalten und findet sich schließlich in den geometrischen Betrachtungen über den Gruppenraum einer elliptischen Bewegungsgruppe bei F. Bachmann [1] und H. Schütte [21]. Eine durch die oben zitierte Stelle bei Burau veranlaßte „matrizengeometrische" Fassung dieser Abbildung lief auf die Untersuchung [10] des Raumes der projektiven 2 · 2-Matrizen hinaus.

Jene Untersuchungen von G. Veronese und C. Segre, die bei Bertini [2], S. 355 bis 362, dargestellt bzw. zitiert werden (und auf die immer durch Bertini [2] verwiesen werde; vgl. auch C. Segre [23]) gehören zur Geometrie der projektiven Matrizen beliebigen Formats. Sie haben in der Arbeit [22] von B. Segre eine Fortführung gefunden. Bei E. A. Weiss [26] findet man Beiträge zur Geometrie der projektiven 2 · 2-, 2 · 3- und 2 · 4-Matrizen. Differentialgeometrisch (-metrischer) Natur sind die Untersuchungen von E. Cartan [7] zur Geometrie der projektiven 2 · 2- und 4 · 4-Matrizen. Die Arbeit [17] von V. Medek gehört zur Untersuchung der projektiven 3 · 3-Matrizen, gelangt jedoch nicht wesentlich über Aussagen hinaus, die in anderer Gestalt schon bei Bertini [2], Nrn. 29 und 30, und Burau (5], S. 92 ff., nachzulesen sind. Diese zuletzt erwähnte Stelle bei Burau hat die matrizengeometrischen Betrachtungen des Verfassers angeregt.

Affine Geometrie der quadratischen Matrizen ist in dem Artikel [11] und den dort zitierten Arbeiten von M. Gerstenhaber enthalten. Sie haben den modernen Standpunkt der algebraischen Geometrie nach A. Weil, der hier nicht eingenommen wird, zur Grundlage; insofern gibt es keine Berührungspunkte mit den Gerstenhaberschen Beiträgen zur Matrizengeometrie.

Die beiden Bücher [5, 6] von Burau schließen an die klassische projektive Geometrie an und stellen Beziehungen zur modernen Geometrie her bzw. behandeln Gegenstände derselben auf eigene Weise (z. B. Spinorengeometrie, symplektische Geometrie), soweit es sich um Geometrie über dem komplexen oder reellen Zahlkörper handelt. In dieses der algebraischen Geometrie vorgelagerte „Zwischengebiet" ist vorliegende Arbeit ebenfalls einzuordnen. Burau legt Wert darauf, „möglichst viele Schlüsse synthetisch, d. h. ohne Rechnung, durchzuführen, wo dies ohne allzuviel Zwang möglich ist" ([6], S. 6). Im übrigen werden nur landläufige Kenntnisse aus der Theorie der Vektorräume und Matrizen verwendet, wie sie etwa in den ersten beiden Semestern eines Mathematikstudiums vermittelt werden. Verfasser möchte zeigen, daß mit diesen elementaren Mitteln in wesentlich weitergehender Weise als bei Burau im eingangs definierten Sinn Matrizengeometrie betrieben werden kann. Am stärksten wirkt sich dabei der bekannte Satz aus, daß jede Matrix als Produkt aus einer (nicht eindeutig bestimmten) spalten- und einer zeilenregulären Matrix dargestellt werden kann (Hilfssatz 1).

Es zeigt sich, daß die matrizenalgebraische Methode in der Matrizengeometrie natürlich und recht fruchtbar ist und eine stärkere Beachtung als bisher geschehen zu verdienen scheint. Dabei sind keineswegs auch nur annähernd die Anregungen und Beziehungen ausgenutzt worden, die den Arbeiten von Bertini, Weiss, B. Segre und Burau zu entnehmen sind; insbesondere ist der von E. Cartan gepflegte Standpunkt der Riemannschen Geometrie überhaupt nicht berücksichtigt worden. Mit einem Blick auf dieses Werk von E. Cartan [7] sowie auf die erwähnten Arbeiten von Gerstenhaber liegt hier sozusagen ein elementarer Teil der projektiven Matrizengeometrie in ihren Anfängen vor.

Nach Bereitstellung einiger Sätze aus der Matrizenlehre werden die projektiven Matrizenräume und ihre Rangmannigfaltigkeiten eingeführt (hierzu vgl. Bertini [2],

S. 355 ff., BURAU [5], S. 91—99, [6], S. 138—141). In einem nachfolgenden Artikel wird ein spezieller Raum, der der projektiven $3 \cdot 3$-Matrizen, über BERTINI, MEDEK und BURAU hinaus näher untersucht.

2. Abkürzungen und Bezeichnungen

P^n: n-dimensionaler projektiver Raum

$a, b, c, \ldots$: Punkte von P^n

$\hat{a}, \hat{b}, \hat{c}, \ldots$: Hyperebenen von P^n

Koordinatenvektoren, die diese Punkte oder Hyperebenen angeben, werden genau so bezeichnet, sofern nicht eine besondere Verabredung getroffen wird.

$\hat{P}^n$: der zu P^n duale Raum, d. i. der Raum der Hyperebenen von P^n. Der dem (Punkt-) Raum dual entsprechende Begriff ist (im Anschluß an BERTINI [2], S. 31) das (Hyperebenen)Bund: das 1- bzw. 2-dimensionale Bund heißt auch Büschel bzw. Bündel.

$U \cap V$ bzw. $\langle U, V \rangle$: Durchschnitt bzw. Erzeugnis der Unterräume U und V von P^n

Matrizen, die nicht notwendig keine Zeilen- oder Spaltenmatrizen sind, werden mit lateinischen Großbuchstaben bezeichnet.

pq-Matrix: Matrix mit p Zeilen und q Spalten (auch $p \cdot q$-Matrix)

A: Matrix

A^{T}: die zu A transportierte (gestürzte) Matrix

a_i: i-te Spalte von A

a^j: j-te Zeile von A

$$A = \begin{bmatrix} | & & | \\ a_1 & \ldots & a_q \\ | & & | \end{bmatrix}: \text{ die durch ihre Spalten angegebene Matrix } A$$

$$A = \begin{bmatrix} - a^1 - \\ \vdots \\ - a^p - \end{bmatrix}: \text{ die durch ihre Zeilen angegebene Matrix } A$$

x: Spaltenvektor $= p\,1$-Matrix

x^{T}:   Zeilenvektor $= 1\,p$-Matrix

$|A|$:   Determinante von A (falls A quadratisch)

$\operatorname{Sp} A$:   Spur der Matrix A (falls A quadratisch)

$\operatorname{rg} A$:   Rang der Matrix A

rg-r-pq-Matrix: pq-Matrix vom Rang r.

Zahlen des Grundkörpers werden mit lateinischen oder griechischen Buchstaben bezeichnet; wann natürliche Zahlen gemeint sind, möchte dem Zusammenhang entnommen werden.

0: Null(zahl)

O: Nullmatrix

o: Nullvektor

Im folgenden werden $(m + 1)(n + 1)$-Matrizen $A, B, \ldots$ betrachtet, wobei m, n (> 0) fest bleiben und die Elemente einer Matrix nach folgendem Beispiel indiziert werden:

$$A = \begin{bmatrix} a_{00} & a_{01} & \cdots & a_{0n} \\ a_{10} & a_{11} & \cdots & a_{1n} \\ \vdots & \vdots & & \vdots \\ a_{m0} & a_{m1} & \cdots & a_{mn} \end{bmatrix} \tag{1}$$

3. Hilfssätze aus der Matrizenalgebra

In Zusammenhang mit Aussagen über den Rang einer Matrix werden (durchweg ohne Beweis) Sätze über das Produkt und die Summe von Matrizen bzw. über die Zerlegung einer Matrix in ein Produkt oder eine Summe zusammengestellt.

Hilfssatz 1. ([27], S. 92 f.). a) *Das Produkt AB einer* rg-r-pr-*Matrix A mit einer* rg-r-rq-*Matrix B ist eine* rg-r-pq-*Matrix.*

b) *Es sei A eine pq-Matrix mit* rg $A = r > 0$. *Dann gibt es eine* rg-r-pr-*Matrix B und eine* rg-r-qr-*Matrix C, die nicht eindeutig bestimmt sind, so daß A in das Produkt*

$$A = BC^{\mathsf{T}} \tag{2}$$

zerlegbar ist. Bei festem A ist B durch C bzw. C durch B eindeutig festgelegt. Sämtliche Zerlegungen der Matrix A in rg-r-*Matrizen nach* (2) *werden durch*

$$A = (BR)(CR^{\mathsf{T}-1})^{\mathsf{T}} \tag{2'}$$

angegeben, wo $A = BC^{\mathsf{T}}$ eine beliebige Zerlegung von A ist und R alle regulären rr-Matrizen durchläuft. (Im Fall $r = 1$ reduziert sich die Matrix R auf einen von Null verschiedenen Skalar.)

Hilfssatz 2 ([27], S. 94). a) *Das Produkt einer* rg-r-pr-*Matrix mit einer* rg-s-rq-*Matrix ist eine* rg-s-pq-*Matrix. Das Produkt einer* rg-s-pr-*Matrix mit einer* rg-r-rq-*Matrix ist eine* rg-s-pq-*Matrix.*

b) *Das Produkt einer* rg-r-rp-*Matrix mit einer* rg-s-pq-*Matrix ist eine* rg-t-pq-*Matrix mit* Max $(0, r + s - p) \leqq t \leqq$ Min (r, s).

c) *Das Produkt einer* rg-r-pp-*Matrix mit einer* rg-s-pp-*Matrix ist eine* rg-t-pp-*Matrix mit* Max $(0, r + s - p) \leqq t \leqq$ Min (r, s).

Hilfssatz 3. ([27], S. 22). *Es sei B eine* rg-r-pq-*Matrix mit $r > 0$ und C eine qt-Matrix, A eine sp-Matrix.*

a) *Genau dann folgt $A = 0$ aus $AB = 0$, wenn B zeilenregulär, d. h. wenn $r = p$ ist.*

b) *Genau dann folgt $C = 0$ aus $BC = 0$, wenn B spaltenregulär, d. h. wenn $r = q$ ist.*

Hilfssatz 4. *Es sei A eine* rg-r-pq-*Matrix mit $0 < r <$ Min (p, q) und $A = BC^{\mathsf{T}}$ eine Zerlegung von A in* rg-r-*Matrizen.*

a) *Ist D eine qs-Matrix mit $AD = O$, dann ist schon $C^{\mathsf{T}}D = O$. Bedeutet y eine variable q 1-Matrix, dann ist jede Spalte von D ein Lösungsvektor des Gleichungssystems*

$C^{\mathsf{T}} y = o$, *ist also aus beliebigen $q - r$ linear unabhängigen Lösungen dieses Systems kombinierbar; demnach ist* $\operatorname{rg} D \leqq q - r$.

b) *Ist F eine pt-Matrix mit $F^{\mathsf{T}} A = O$, dann gilt schon $F^{\mathsf{T}} B = O$. Es ist $\operatorname{rg} F \leqq p - r$. Im Raum der Zahlen-$p$-tupel ist der von den Spalten von B erzeugte Raum orthogonal zu dem von den Spalten von F erzeugten Raum.*

Hilfssatz 5. a) [[27], S. 26 f.) *Eine rg-r-pq-Matrix ist als Summe (Linearkombination) von r linear unabhängigen (nicht eindeutig bestimmten) rg-1-pq-Matrizen darstellbar. Ist*

$$A = B C^{\mathsf{T}} = \begin{bmatrix} | & & | \\ b_1 & \cdots & b_r \\ | & & | \end{bmatrix} \begin{bmatrix} - c^1 - \\ \vdots \\ - c^r - \end{bmatrix}$$

eine Zerlegung von A in rg-r-Matrizen, dann ist $A = b_1 c^1 + \cdots + b_r c^r$ solch eine Darstellung. Die Summe von irgend $s (\leqq r)$ dieser Summanden ist eine rg-s-pq-Matrix.

b) *Sind $A_1 = b_1 c^1, \ldots, A_s = b_s c^s$ rg-1-pq-Matrizen, für die r der kleinere der Ränge der Matrizen*

$$B := \begin{bmatrix} | & & | \\ b_1 & \cdots & b_s \\ | & & | \end{bmatrix} \quad und \quad C^{\mathsf{T}} := \begin{bmatrix} - c^1 - \\ \vdots \\ - c^s - \end{bmatrix}$$

ist, dann ist $A_1 + \cdots + A_s = : A$ eine pq-Matrix höchstens vom Rang r.

c) *Sind A und B zwei pq-Matrizen und ist r der kleinere der Ränge der $p \cdot 2q$-Matrix $[A \mid B]$ und der $2p \cdot q$-Matrix $\left[\dfrac{A}{B}\right]$, dann ist $A + B$ eine pq-Matrix höchstens vom Rang r.*

Hilfssatz 6. *Sind A und B reguläre oder singuläre quadratische Matrizen gleichen Formats, dann gilt*

$$\operatorname{adj}(AB) = \operatorname{adj} A \cdot \operatorname{adj} B.$$

Hilfssatz 7 ([27], S. 116 ff.). *Es sei A eine rg-r-pr-Matrix mit $p > r\ (\geqq 1)$. Es sei E_{rr} die rr-Einheitsmatrix. Dann gibt es eine nicht eindeutig bestimmte rg-r-rp-Matrix $\tilde{A}$ mit $\tilde{A} A = E_{rr}$; es heißt $\tilde{A}$ eine Halb-Linksinverse von A. Ferner gibt es eine nicht eindeutig bestimmte reguläre Matrix A^* mit*

$$A^* A = \left[\dfrac{E_{rr}}{O}\right],$$

wo O die $(p - r)\,r$-Nullmatrix ist.

Beweis. Nach Hilfssatz 1 ist $A^{\mathsf{T}} A$ eine rg-r-rr-Matrix und daher $(A^{\mathsf{T}} A)^{-1} A^{\mathsf{T}} = : \tilde{A}$ eine Halb-Linksinverse von A (die überdies idempotent und symmetrisch ist). — Das Gleichungssystem $x^{\mathsf{T}} A = o^{\mathsf{T}}$ hat eine $(n - r)$-dimensionale Lösungsmannigfaltigkeit. Es sei B eine rp-Matrix mit von Null verschiedenem Rang, deren Zeilen Lösungen dieses Gleichungssystems sind. Dann ist auch $\tilde{A} + B$ eine Halb-Linksinverse von A. — Nun sei $\underset{\sim}{A}$ eine $(p - r)\,p$-Matrix, deren Zeilen beliebige linear unabhängige Lösungen von $x^\mathsf{T} A = o^\mathsf{T}$ sind. Dann ist

$$A^* := \left[\frac{\tilde{A}}{\underset{\sim}{A}}\right]$$

eine reguläre pp-Matrix mit der angegebenen Eigenschaft.

Folgerung. *Es sei A eine* rg-r-pq-*Matrix und* $A = BC^\mathsf{T}$ *eine Zerlegung von A in* rg-r-*Matrizen. Dann gibt es jeweils wenigstens eine reguläre pp-Matrix M und eine reguläre qq-Matrix N, so daß* ·

$$MAN^\mathsf{T} = \left[\begin{array}{c|c} E_{rr} & O \\ \hline O & O \end{array}\right]$$

gilt, wo auf der rechten Seite eine pq-Matrix steht, die in der angedeuteten Weise aus E_{rr} und Nullmatrizen passenden Formats zusammengesetzt ist.

4. Projektive Matrizenräume und ihre Rangmannigfaltigkeiten

4.1. Matrizenräume

Die $(m+1)(n+1)$-Matrizen bilden einen Vektorraum der Dimension $(m+1)(n+1)$. Als Basis kommen insbesondere beliebige $(m+1)(n+1)$ linear unabhängige Matrizen vom Rang 1 in Frage, speziell die Matrizen $E_{ik}(i=0,\ldots,m; k=0,\ldots,n)$, die an der Stelle (i,k) eine 1, sonst nur Nullen stehen haben. Dieser Vektorraum werde der *Matrizenraum* $M_{(m+1)(n+1)}$ genannt und kurz (da m und n fest zu denken sind) mit M_* bezeichnet.

Definition 1. Für die Matrizen $A, B \in M_*$ heiße die durch

$$(A, B) := \operatorname{Sp} A^\mathsf{T} B \tag{3}$$

definierte Zahl das *innere Produkt* von A und B.

Es ist zu erkennen, daß diese Definition die übliche Definition des inneren Produktes zweier Spaltenvektoren umfaßt und daß

$$(A, B) = (B, A), \quad (A + B, C) = (A, C) + (B, C)$$

gilt. Die linearen Abbildungen des Matrizenraumes M_* in sich werden durch die Elemente jenes Vektorraumes geliefert, der aus den „Übermatrizen" folgender Bauart besteht:

$$\tilde{M} := [M_{ik}] \text{ mit } M_{ik} \in M_* \quad (i=0,\ldots,m; k=0,\ldots,n); \tag{4}$$

$\tilde{M}$ ist also eine $(m+1)(n+1)$-Matrix, deren Elemente dem Matrizenraum M_* angehören. Mittels (3) wird die Anwendung von $\tilde{M}$ auf $A \in M_*$ durch

$$\tilde{M} \cdot A := [(M_{ik}, A)] \tag{5}$$

erklärt. — Werden die Elemente von M_* von links oder rechts in gewöhnlicher Weise mit einer (festen) Matrix geeigneten Formats multipliziert, dann wird ebenfalls eine lineare Abbildung von M_* in sich erhalten; die zugehörige Matrix $\tilde{M}$ ist leciht aufzustellen[1]). Aber nicht jede lineare Abbildung von M^* in sich läßt sich so angeben. Diese speziellen linearen Abbildungen von M_* spielen jedoch eine besondere Rolle und gehören wesentlich zum Gegenstand der Betrachtungen (vgl. insbesondere Abschnitt 26).[2])[3])

4.2. Projektive Matrizenräume

Mit Hilfe des Begriffs der projektiven Gleichheit wird aus M_* ein projektiver Matrizenraum hergestellt:

Definition 2. a) Zwei Matrizen A und B aus M_*, von denen keine die Nullmatrix ist, heißen *projektiv-gleich*, in Zeichen: $A \doteq B$, wenn sie linear abhängig sind.

b) Eine Matrix, die bis auf einen Skalarfaktor $\varrho \neq 0$ eindeutig festgelegt ist, heiße *projektiv-eindeutig (bestimmt)*.

Im wesentlichen soll das Zeichen $\doteq$ daran erinnern, daß in einer Gleichheit ein von Null verschiedener (sogenannter Proportionalitäts-)Faktor unterdrückt wurde, der in gewissen Fällen jedoch sehr wohl zu berücksichtigen ist.

Unter den Matrizen von M_* wird durch die projektive Gleichheit eine Äquivalenzrelation eingeführt, denn die Gesetze der Reflexivität, Symmetrie und Transitivität sind offenbar erfüllt. Die Nullmatrix bildet eine Äquivalenzklasse für sich (Nullklasse).

Definition 3. Die von der Nullklasse verschiedenen Klassen projektiv-gleicher Matrizen des Matrizenraumes $M_* = M_{(m+1)(n+1)}$ bilden den *projektiven Matrizenraum* $\mathfrak{M}_* = \mathfrak{M}_{(m+1)(n+1)}$. Jedes Element des projektiven Matrizenraumes heiße ein *Punkt* von $\mathfrak{M}_*$ oder auch eine *projektive Matrix* (vom Format $(m+1)(n+1)$).

Verabredung. Ist $A \in M_*$, $A \neq O$, ein Repräsentant einer Klasse projektiv-gleicher Matrizen, so werde diese Klasse einfachheitshalber (und wohl auch unmißverständlich) mit A bezeichnet und A eine *Koordinatenmatrix* der so angegebenen projektiven Matrix genannt.

Im Fall $m = 0$ oder $n = 0$ ist statt „projektiver Matrizenraum" einfach „(gewöhnlicher) projektiver Raum" zu sagen; man spricht dann nicht von „Koordinatenmatrix", sondern von „Koordinatenvektor". Der projektive Matrizenraum $\mathfrak{M}_*$ ist ein im gewöhnlichen Sinne projektiver Raum der Dimension $d = (m+1)(n+1) - 1$, und der Zusammenhang zu einem solchen Raum, zum Raum der projektiven Zahlen-$(d+1)$-tupel ist einfach dadurch gegeben, daß man die $d+1$ Stellen dieser Zahlenreihen entweder mit $(m+1)$-adischen (wenn $m \geq n$) oder mit $(n+1)$-adischen (wenn $n \geq m$) Zahlen indiziert, wie sie durch die Darstellung (1) einer $(m+1)(n+1)$-

---

[1]) Für Übermatrizen (4) wird sich in Verallgemeinerung des gewöhnlichen Matrizenproduktes unter Beachtung der Definitionen (3) und (5) eine „Komponierbarkeit" erklären lassen, die für quadratische Übermatrizen $(m = n)$ mit einer Determinantentheorie versehen werden könnte. Es dürfte sich dabei um eine komplizierte Umschreibung der gewöhnlichen Matrizenmultiplikation und Determinantentheorie handeln, die aber in Zusammenhang mit den von Burau [6], S. 141, erwähnten Hypermatrizen von Interesse sein könnte. Hier wird solch ein Kalkül nicht benötigt.

[2]) Es wäre reizvoll, die Elemente von M_* unmittelbar als Punkte eines geometrischen Raumes aufzufassen und „affine Matrizengeometrie" zu betreiben, wobei insbesondere im Anschluß an das innere Produkt die Frage der Einführung von Metriken untersucht werden könnte.

[3]) Die nicht zu $\mathfrak{M}_*$ gehörende Nullklasse könnte nach Burau [6], S. 38, der „Unpunkt" von $\mathfrak{M}_*$ genannt werden.

Matrix angeregt wird. Dies ist der Inhalt des *Übertragungsprinzipes von* Stephanos in einer naheliegenden Verallgemeinerung.

Die Begriffe Rang einer Matrix sowie — für quadratische Matrizen — singulär, regulär bzw. verschwindende und nicht verschwindende Determinante übertragen sich in natürlicher Weise auf projektive Matrizen.

4.3. Rangmannigfaltigkeiten

Definition 4. Es sei r eine feste ganze Zahl mit $0 < r \leq \mathrm{Min}\,(m + 1, n + 1)$. Die projektiven Matrizen von $\mathfrak{M}_*$ mit dem Rang $s \leq r$ bilden die *Rang-r-Mannigfaltig-keit* (*rg-r-Mannigfaltigkeit*) $\mathfrak{M}_*^{\,r}$ von $\mathfrak{M}_*$. Die rg-1-Mannigfaltigkeit wird *Segresche Mannigfaltigkeit* genannt.[1]

Ist $r_0 = \mathrm{Min}\,(m + 1, n + 1)$, dann ist die rg-$r_0$-Mannigfaltigkeit offenbar $\mathfrak{M}_*$ selber. Daher sei im folgenden $0 < r < r_0$ vorausgesetzt. — Jede rg-r-Mannigfaltigkeit ist eine algebraische Mannigfaltigkeit. Setzt man nämlich in der Matrix

$$Z = \begin{bmatrix} z_{00} \cdots z_{0n} \\ \vdots \qquad \vdots \\ z_{m0} \cdots z_{mn} \end{bmatrix}$$

mit unbestimmten Elementen z_{ik} alle $(r + 1)$-reihigen Unterdeterminanten gleich Null, so erhält man Gleichungen vom Grad $r + 1$, die die Mannigfaltigkeit beschreiben.

Es dürfte nicht leicht sein, einen allgemeinen Punkt einer Rangmannigfaltigkeit anzu-geben. Als günstig erweist sich folgende Darstellung: Ist X eine variable $(m + 1)r$-Matrix und Y eine variable $(n + 1)\,r$-Matrix (im Fall $r = 1$ werde x statt X und y statt Y geschrieben), dann ist

$$Z = X\,Y^\mathsf{T} \quad (\text{im Fall } r = 1\colon \ Z = xy^\mathsf{T}) \tag{6}$$

eine Art Parameterdarstellung der rg-r-Mannigfaltigkeit; zu verschiedener Wahl der Variablenreihen $x_{00}, \ldots, x_{m,r-1}$ und $y_{00}, \ldots, y_{n,r-1}$ kann der gleiche Punkt Z gehö-ren. Im Fall $r = 1$ ist die Darstellung (6) projektiv eindeutig. (6) werde eine *Quasi-Parameterdarstellung* der rg-r-Mannigfaltigkeit $\mathfrak{M}_*^{\,r}$ genannt.

Man erkennt nun recht einfach die Gültigkeit folgender Aussagen. Aus der bekannten Operation des Transponierens von Matrizen folgt

Satz 1a. *Die Räume* $\mathfrak{M}_{(m+1)(n+1)} = \mathfrak{M}_*$ *und* $\mathfrak{M}_{(n+1)(m+1)} = \mathfrak{M}_*^\mathsf{T}$ *sind isomorph.*

Damit ergibt sich die projektive Gleichwertigkeit auch der Rangmannigfaltigkeiten $\mathfrak{M}_*^{\,r}$ und $\mathfrak{M}_*^{\mathsf{T}r}$, und es könnte o.B.d.A. etwa $m \leq n$ angenommen werden.

Satz 1b. *Es gilt* $\mathfrak{M}_*^{\,1} \subset \mathfrak{M}^{*2} \subset \cdots \subset \mathfrak{M}_*^{\,r_0-1} \subset \mathfrak{M}_*^{\,r_0} = \mathfrak{M}_*.$

In der rg-1-Mannigfaltigkeit $\mathfrak{M}_*^{\,1}$ kommen auch die Punkte E_{ik} vor, die die zu Beginn von Abschnitt 4.1. erwähnten Matrizen als Koordinatenmatrizen besitzen:

---

[1] Vgl. die in der Einleitung genannte Literatur. Es werde hervorgehoben, daß hier die rg-1-Man-nigfaltigkeit mit der Segreschen Mannigfaltigkeit identifiziert wird, die sonst allgemeiner defi-niert ist (z. B. Burau [5], S. 56 ff, [6], S. 110 ff), es liegt hier lediglich eine Darstellung der Segreschen Mannigfaltigkeit vor.

Satz 1 c. *Der kleinste lineare Unterraum von* $\mathfrak{M}_*$, *in dem* $\mathfrak{M}_*^1$ *oder irgendeine* $\mathfrak{M}_*^r$ *liegt, ist* $\mathfrak{M}_*$ *selbst: Irgendeine Rangmannigfaltigkeit erzeugt den ganzen Raum* $\mathfrak{M}_*$.

Den in Satz 1c angegebenen Sachverhalt kann man genauer noch so beschreiben: Ist $P \in \mathfrak{M}_*$ und $\operatorname{rg} P = r = r_1 + r_2$ $(r_1 > 0, r_2 > 0)$, dann liegt P auf der Verbindungsgeraden (wenigstens) eines Punktes von $\mathfrak{M}_*^{r_1}$ mit (wenigstens) einem Punkt von $\mathfrak{M}_*^{r_2}$, denn die Koordinatenmatrix P läßt sich als Summe zweier (nicht eindeutig bestimmter) Matrizen vom Rang r_1 und r_2 angeben. Da umgekehrt die Summe zweier Matrizen mit den Rängen r_1 und r_2 eine Matrix mit dem Höchstrang $r_1 + r_2$ ist, gilt

Satz 1d. *Die Punkte der Geraden, die durch Verbinden der Punkte von* $\mathfrak{M}_*^{r_1}$ *und* $\mathfrak{M}_*^{r_2}$ *entstehen,*[1]) *erfüllen die* $\mathfrak{M}_*^r$ *mit* $r = \operatorname{Min}(r_0, r_1 + r_2)$. *Dabei ist etwa* $r_1 \leqq r_2$, *also* $\mathfrak{M}_*^{r_1} \subseteq \mathfrak{M}_*^{r_2}$.

Die Definition der Rangmannigfaltigkeiten ist einerseits, nämlich von der Bezeichnung her, geometrisch insofern nicht befriedigend, als der Rang eines Punktes von $\mathfrak{M}_*$ keine Invariante gegenüber allgemeinen linearen Transformationen (5) ist, obwohl natürlich die geometrischen (projektiven) Eigenschaften einer Rangmannigfaltigkeit bei einer solchen Operation erhalten bleiben. Andererseits kann die Definition wieder als vernünftig betrachtet werden, indem $\mathfrak{M}_*$ als ein Bild des Raumes oder gleich als Raum der projektiven Abbildungen eines gewöhnlichen projektiven Raumes P^n der Dimension n in einen anderen, Q^m, der Dimension m anzusehen ist. Denn ist A eine Koordinatenmatrix einer projektiven Abbildung $\alpha : P^n \xrightarrow{\alpha} Q^m$, also die Darstellung der Abbildung bezüglich bestimmter Koordinatensysteme von P^n und Q^m durch eine projektive Matrix (Abbildungsmatrix), so wird ein Wechsel dieser Koordinatensysteme durch Transformation von A in eine äquivalente (d. i. ranggleiche) Matrix MAN^{T} angezeigt, wo M und N reguläre quadratische Matrizen passenden Formats sind. Damit ist aber begrifflich klar, daß auf diese Weise im wesentlichen schon sämtliche linearen Transformationen von M_* angegeben sind, bei denen die Rangmannigfaltigkeiten auf sich abgebildet werden, und es erhellt sich, warum die durch gewöhnliche Matrizenmultiplikation zu erhaltenden linearen Abbildungen (5) von $\mathfrak{M}_*$, wie schon erwähnt, eine besondere Rolle spielen. — Daß durch gewöhnliche Multiplikation der Elemente von $\mathfrak{M}_*$ von rechts und von links mit regulären Matrizen geeigneten Formats wesentlich alle geläufigen (als linear zu bezeichnenden) und rangerhaltenden Umformungen einer Matrix beschreibbar sind, ist bekannt und ergibt sich hier erneut, weil bei Operationen dieser Art die rg-1-Matrizen in ebensolche übergehen müssen, was durch die angegebenen Transformationen gewährleistet wird, und aus der rg-1-Mannigfaltigkeit alle höheren Rangmannigfaltigkeiten linear erzeugt werden können. In anderer Formulierung kann man zusammenfassend und ergänzend sagen:

Satz 2. *Ist* G_1 *die Gruppe der regulären* $(m + 1)$-*reihigen und* G_2 *die Gruppe der regulären* $(n + 1)$-*reihigen quadratischen projektiven Matrizen, so ist die Gruppe der Autokollineationen von* $\mathfrak{M}_*$, *die die Rangmannigfaltigkeiten fest läßt,*

a) *im Fall* $m \neq n$ *isomorph zu dem direkten Produkt* $G_1 \times G_2$,

b) *im Fall* $m = n$ *isomorph zu dem Erzeugnis dieser Gruppe* $G_1 \times G_2$ *und der Gruppe* T *von der Ordnung 2, die der rangerhaltenden Operation des Matrizentransportierens entspricht.*

---

[1]) Es wird also nicht das Erzeugnis aus beiden Mannigfaltigkeiten gebildet; man könnte von der Menge der Sekanten der beiden Mannigfaltigkeiten sprechen.

Ist $A \in G_1, B \in G_2$ und Z ein beliebiger Punkt (Koordinatenmatrix) aus $\mathfrak{M}_*$, dann ist

$$Z'' = A Z B \quad (Z \in \mathfrak{M}_*)$$

die Anwendung des Elementes $(A, B) \in G_1 \times G_2$ auf $\mathfrak{M}_*$. Im Fall $m = n$ kann noch die Abbildung

$$Z' = Z^\mathsf{T} \text{ vorher}$$

oder

$$Z''' = Z''^\mathsf{T} \text{ danach}$$

ausgeübt werden; im allgemeinen wird dabei $(A Z B)^\mathsf{T}$ von $A Z^\mathsf{T} B$ verschieden sein. Es liegt eine treue Darstellung vor.

Die spezielle Abbildung

$$\begin{aligned} Z' &= A Z &&(Z \in \mathfrak{M}_*; A \text{ fest}) \\ Z'' &= Z B &&(Z \in \mathfrak{M}_*; B \text{ fest}) \end{aligned} \right\} \text{ heiße eine } \left\{ \begin{aligned} &\textit{Rechtsschiebung} &&(7') \\ &\textit{Linksschiebung} &&(7'') \end{aligned} \right.$$

von $\mathfrak{M}_*$; dies in Analogie zu den Rechts- und Linksschiebungen des Raumes der projektiven $2 \cdot 2$-Matrizen. Eine aus Rechts- und Linksschiebungen zusammengesetzte Abbildung werde kurz eine *Schiebung* von $\mathfrak{M}_*$ genannt.

Wesentlich ist die Bemerkung, daß es in der (gemeinsamen) Autokollineationsgruppe der Rangmannigfaltigkeiten immer wenigstens eine Transformation gibt, die einen gegebenen Punkt vom Rang r in einen beliebigen anderen Punkt des gleichen Ranges überführt (Transitivität der Autokollineationen von $\mathfrak{M}_*{}^r$), wovon gelegentlich vorteilhaft Gebrauch zu machen ist. (Vgl. Folgerung aus Hilfssatz 7.)

4.4. Lineare Räume auf Rangmannigfaltigkeiten

Es sei P ein Punkt von $\mathfrak{M}_*$ und $\operatorname{rg} P = r < r_0$. Dann kann P einmal als Punkt von $\mathfrak{M}_*{}^r$, ein anderes Mal als Punkt von $\mathfrak{M}_*{}^{r_1}$ mit $r_1 > r$ (falls es solche Zahlen r_1 gibt) betrachtet werden.

Von den möglichen Zerlegungen der Matrix P in ein Produkt aus rg-r-Matrizen sei eine herausgegriffen:

$$P = A B^\mathsf{T}.$$

Man erkennt:

Satz 3. *Bei festgehaltenem* $\left\{ \begin{aligned} A \\ B \end{aligned} \right.$ *und Ersetzen von* $\left\{ \begin{aligned} B \\ A \end{aligned} \right.$ *durch eine (gleichformatige) variable Matrix* $\left\{ \begin{aligned} Y \\ X \end{aligned} \right.$ *durchläuft der Punkt* $\left\{ \begin{aligned} Z &= A Y^\mathsf{T} \\ Z &= X B^\mathsf{T} \end{aligned} \right.$ *einen linearen Unterraum* $\left\{ \begin{aligned} M \\ N \end{aligned} \right.$ *der Dimension* $\left\{ \begin{aligned} m' &= r(n+1) - 1 \\ n' &= r(m+1) - 1 \end{aligned} \right.$, *der ganz auf* $\mathfrak{M}_*{}^r$ *liegt und den Punkt P enthält.*

Auf $M_*{}^r$ liegen also zwei verschiedene Arten linearer Räume, die *erzeugende Räume 1. und 2. Art* oder *linke und rechte erzeugende Räume* von $\mathfrak{M}_*{}^r$ heißen sollen gemäß folgender Verabredung:

$$\left\{ \begin{aligned} M \\ N \end{aligned} \right. \text{ sei ein erzeugender Raum } \left\{ \begin{aligned} &1. \\ &2. \end{aligned} \right. \text{ Art oder } \left\{ \begin{aligned} &\text{linker} \\ &\text{rechter} \end{aligned} \right. \text{ erzeugender Raum;}$$

in seiner Parameterdarstellung $\begin{cases} Z = A\,Y^{\mathsf{T}} \\ Z = X\,B^{\mathsf{T}} \end{cases}$ ist der $\begin{cases} \text{,,erste oder linke Faktor`` } A \\ \text{,,zweite oder rechte Faktor`` } B \end{cases}$

fest. Es heiße $\begin{cases} A \\ B \end{cases}$ eine *mögliche Koordinatenmatrix* von $\begin{cases} M \\ N \end{cases}$.

Es folgt weiter die Gültigkeit von

Satz 4. $\begin{cases} Z = A_1\,Y^{\mathsf{T}} \ (A_1 \text{ feste rg-}r\text{-}(m+1)\ r\text{-Matrix}) \\ Z = X\,B_1{}^{\mathsf{T}} \ (B_1 \text{ feste rg-}r\text{-}(n+1)\ r\text{-Matrix}) \end{cases}$ *beschreibt genau dann denselben*

$\begin{cases} linken \\ rechten \end{cases}$ *erzeugenden Raum* $\begin{cases} M: Z = A\,Y^{\mathsf{T}} \\ N: Z = X\,B^{\mathsf{T}} \end{cases}$ (aus Satz 3), *wenn eine Beziehung*

$\begin{cases} A_1 = A\,R \\ B_1 = B\,S \end{cases}$ *mit regulärer* $r\,r$-*Matrix* $\begin{cases} R \\ S \end{cases}$ *besteht* (d. h. *wenn* $\begin{cases} A_1 \ und\ A \\ B_1 \ und\ B \end{cases}$ *rechtsäquivalent*

sind).

Damit ist der Begriff ,,mögliche Koordinatenmatrix`` motiviert und der Zusammenhang zwischen zwei verschiedenen möglichen Koordinatenmatrizen eines erzeugenden Raumes geklärt.

Durch jeden Punkt P vom Rang r der $\mathfrak{M}_*{}^r$ gibt es genau einen rechten und genau einen linken erzeugenden Raum. Aber natürlich können sowohl die rechten als auch die linken erzeugenden Räume verschiedener Punkte vom Rang r auf $\mathfrak{M}_*{}^r$ dieselben sein. Über erzeugende Räume gleicher und verschiedener Art geben die folgenden Sätze Auskunft.

Satz 5. *Zwei erzeugende Räume* M *und* N *verschiedener Art von* $\mathfrak{M}_*{}^r$ *spannen einen Raum* $\langle M, N \rangle = : T$ *der Dimension* $r[(m+1) + (n+1) - r] - 1$ *auf. Genau dann ist* T *eine Hyperebene, wenn* $m = n = r$ *gilt.*

Beweis. M und N seien die erzeugenden Räume durch den Punkt P vom Rang r. Durch eine geeignete Schiebung kann erreicht werden, daß P (unter Beibehaltung dieser Bezeichnung) die Gestalt

$$P = \left[\begin{array}{ccc|c} 1 & & & \\ & \ddots & & O \\ & & 1 & \\ \hline & O & & O \end{array}\right] = \left[\begin{array}{ccc} 1 & & \\ & \ddots & \\ & & 1 \\ \hline & O & \end{array}\right]\left[\begin{array}{ccc|c} 1 & & & \\ & \ddots & & O \\ & & 1 & \end{array}\right] \tag{8}$$

annimmt. Dann gilt

$$M: Z = \left[\begin{array}{ccccc} y_{00} & \cdots & y_{0,\,r-1} & \cdots & y_{0n} \\ \vdots & & \vdots & & \vdots \\ y_{r-1,0} & \cdots & y_{r-1,\,r-1} & \cdots & y_{r-1,n} \\ \hline & & O & & \end{array}\right], \tag{9'}$$

$$N: Z = \left[\begin{array}{ccc|c} x_{00} & \cdots & x_{0,\,r-1} & \\ \vdots & & \vdots & \\ x_{r-1,0} & \cdots & x_{r-1,\,r-1} & O \\ \vdots & & \vdots & \\ x_{m0} & \cdots & x_{m,\,r-1} & \end{array}\right]. \tag{9''}$$

Aus (9') und (9'') erkennt man unmittelbar, daß $\langle M, N \rangle = T$ die Parameterdarstellung

$$T:\ Z = \begin{bmatrix} z_{00} & \cdots & z_{0,r-1} & \cdots & z_{0n} \\ \vdots & & \vdots & & \vdots \\ z_{r-1,0} & \cdots & z_{r-1,r-1} & \cdots & z_{r-1,n} \\ \vdots & & \vdots & & \\ z_{m0} & \cdots & z_{m,r-1} & & O \end{bmatrix} \tag{10}$$

und also die angegebene Dimension besitzt.

Aus den Sätzen 3 und 5 folgt sofort

Satz 6. *Zwei erzeugende Räume M und N verschiedener Art von $\mathfrak{M}_*{}^r$ haben einen Raum $M \cap N = : S$ der Dimension $r^2 - 1$ gemeinsam. Sind M und N die erzeugenden Räume des rg-r-Punktes $P \in \mathfrak{M}_*{}^r$ und ist $P = A B^\mathsf{T}$ eine Zerlegung von P in rg-r-Matrizen, dann ist*

$$M \cap N = S:\ \ Z = A Q B^\mathsf{T}$$

eine Parameterdarstellung von S, wobei Q alle (regulären und singulären) rr-Matrizen durchläuft.

Definition 5. Ist P ein Punkt von $\mathfrak{M}_*$ mit $\operatorname{rg} P = r < r_0$ und sind M und N die beiden erzeugenden Räume verschiedener Art von $\mathfrak{M}_*{}^r$ durch P, so heiße der von M und N erzeugte Raum T der *Tangentialraum* von $M_*{}^r$ in P.

In den Fällen $r = 1$ und $m = n = r$ ist diese Definition geläufig. Zur Rechtfertigung der Definition werde nun gezeigt, daß jede Gerade durch P, die $\mathfrak{M}_*{}^r$ in P im üblichen Sinne der algebraischen Wurzelzählung (vgl. BERTINI [2], S. 180) von mindestens zweiter Ordnung trifft, dem Raum T angehört.

Es sei Q ein (zunächst) beliebiger Punkt von $\mathfrak{M}_*$, $Q \neq P$. Die Gerade $PQ : Z = \xi P + \eta Q$ oder

$$PQ:\ Z = \begin{bmatrix} \xi + \eta q_{00} & \eta q_{01} & \cdot & \cdot & \cdot & \cdot & \cdot & \eta q_{0n} \\ \eta q_{10} & \cdot & & & & & & \cdot \\ & \cdot & & & & & & \cdot \\ & \cdot & & \xi + \eta q_{r-1,r-1} & & & & \cdot \\ & \cdot & & \eta q_{rr} & & & & \cdot \\ & \cdot & & & & \cdot & & \cdot \\ & \cdot & & & & & \cdot & \cdot \\ \eta q_{m0} & \cdot & \cdot & \cdot & \cdot & \cdot & \cdot & \eta q_{mn} \end{bmatrix} \tag{11}$$

ist Tangente an $\mathfrak{M}_*{}^r$, wenn sie Tangente an jede der Hyperflächen ist, die die Rangmannigfaltigkeit $\mathfrak{M}_*{}^r$ definieren (vgl. S. 48). In jeder aus der Matrix (11) herausgegriffenen $(r + 1)$-reihigen Unterdeterminante D kommt ein Term vor, der ξ in der größtmöglichen Potenz t enthält: $D = a \cdot \xi^t \eta^{r-t+1} + \cdots$ mit $0 \leq t \leq r$ und einer gewissen Konstanten a, so daß die übrigen Glieder η in einer höheren Potenz als

$r - t + 1$ besitzen. Gilt $t < r$, dann ist $r - t + 1 \geqq 2$, und es kann η in mindestens zweiter Potenz aus D herausgezogen werden, d. h., der durch die Parameter (ξ, η) $= (1, 0)$ gekennzeichnete Punkt P ist mindestens zweimal als Schnittpunkt der Geraden PQ mit $\mathfrak{M}_*^r$ zu zählen. Im Fall $t = r$ ist der Koeffizient a in der Darstellung von D eine Zahl q_{ik} „aus der unteren rechten Ecke" der Matrix (11) (d. h. $r \leqq i \leqq m$, $r \leqq k \leqq n$). Damit auch jetzt der Punkt P wenigstens zweimal als Schnittpunkt gezählt werden kann, muß $q_{ik} = 0$ für die angegebenen Indizes gelten oder also, gemäß (10), Q ein Punkt des Tangentialraum von P genannten Raumes sein.

Dies motiviert

Definition 6. Die rg-s-Punkte der rg-r-Mannigfaltigkeit $\mathfrak{M}_*^r$ mit $s = r$ heißen *reguläre*, die mit $s < r$ heißen *singuläre Punkte* von $\mathfrak{M}_*^r$.

Die rg-1-Mannigfaltigkeit $\mathfrak{M}_*^1$ (Segresche Mannigfaltigkeit) besteht nur aus regulären Punkten. Ist $r > 1$, dann sind die singulären Punkte von $\mathfrak{M}_*^r$ (wie üblich) dadurch gekennzeichnet, daß sie keinen eindeutig bestimmten Tangentialraum besitzen. Während der Tangentialraum eines Punktes P der rg-1-Mannigfaltigkeit diese Mannigfaltigkeit genau in den erzeugenden Räumen durch P trifft („Einzigkeit" der erzeugenden Räume Segrescher Mannigfaltigkeiten nach Burau [6], S. 127), gilt eine entsprechende Aussage für rg-r-Mannigfaltigkeiten mit $r > 1$ nicht. Dies erkennt man aus (10). Zum Beispiel können auf der Nebendiagonalen durch die Stelle (r, r) rechts und links von dieser Stelle insgesamt r Einsen gewählt und alle anderen Stellen der Matrix mit 0 besetzt werden. Dann erhält man die Koordinatenmatrix eines Punktes vom Rang r, der weder dem linken noch dem rechten erzeugenden Raum von P angehört. Allgemeiner gilt folgender

Satz 7. *Der Tangentialraum der Mannigfaltigkeit* $\mathfrak{M}_*^r$ *im rg-r-Punkt P besteht aus rg-r-Punkten mit* $s \leqq \mathrm{Min}\,(r_0, 2r)$, *d. h., im Fall $2r < r_0$ gehört der Tangentialraum von P ganz der rg-$2r$-Mannigfaltigkeit* $\mathfrak{M}_*^{2r}$ *an.*

Beweis. In der Matrix Z aus der Parameterdarstellung (10) des Tangentialraumes T von $\mathfrak{M}_*^r$ in P werden zunächst die Elemente wie folgt gewählt, wobei o.B.d.A. $m \leqq n$ sei:

a) Im Fall $2r < r_0 = m + 1$ b) im Fall $2r = r_0 = m + 1$

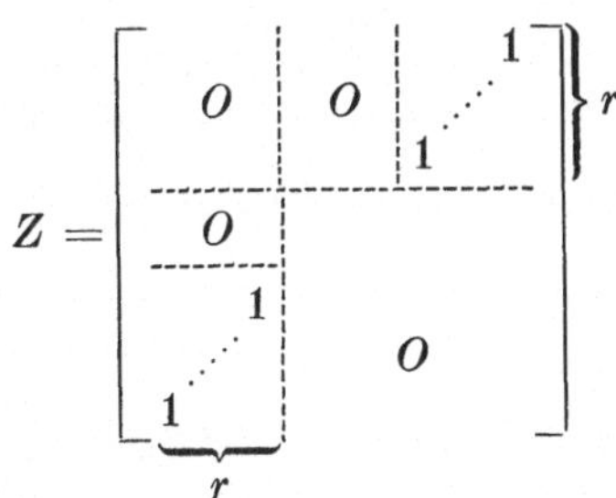 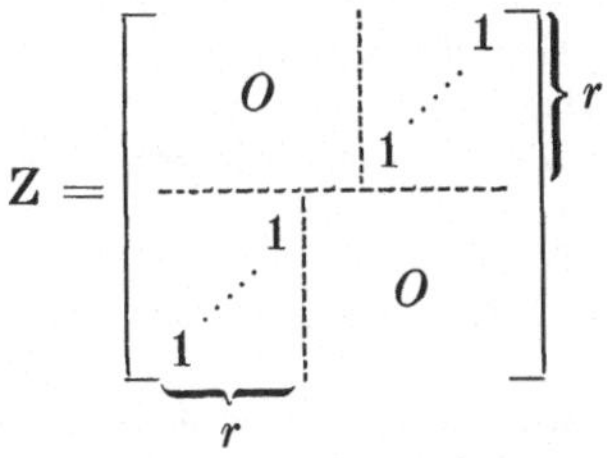

Man erkennt, daß jeweils ein Punkt Z mit $\mathrm{rg}\,Z = \mathrm{Min}\,(2r, r_0)$ angegeben wurde. Der Fall b) ist damit erledigt. Im Fall a) werde nun eine beliebige $(2r + 1)$-reihige Unterdeterminante aus der Matrix (10) herausgegriffen und nach dem Laplaceschen Entwicklungssatz nach den letzten $r + 1$ Spalten entwickelt. Jede aus diesen Spalten herausgegriffene $(r + 1)$-reihige Unterdeterminante besitzt wenigstens eine Zeile aus Nullen; demnach ist jede $(2r + 1)$-reihige Unterdeterminante aus (10) gleich Null.

Für erzeugende Räume gleicher Art gilt

Satz 8. *Zwei verschiedene erzeugende Räume der gleichen Art von* $\mathfrak{M}_*{}^r$ *haben keinen Punkt vom Rang* r *gemeinsam. Zwei erzeugende Räume* $\begin{cases} 1.\ Art \\ 2.\ Art \end{cases}$ *von* $\mathfrak{M}_*{}^r$ *schneiden sich in einem erzeugenden Raum* $\begin{cases} 1.\ Art \\ 2.\ Art \end{cases}$ *von* $\mathfrak{M}_*{}^\varrho$ *mit* $\begin{cases} \mathrm{Max}\,(0, 2r - m - 1) \leqq \varrho \leqq r - 1 \\ \mathrm{Max}\,(0, 2r - n - 1) \leqq \varrho \leqq r - 1 \end{cases}$, *wobei* $\varrho = 0$ *im Fall windschiefer Räume zu setzen ist.*
Letzteres $(\varrho = 0)$ *trifft sicher zu für* $r = 1$, *also für erzeugende Räume gleicher Art einer Segreschen Mannigfaltigkeit. — Außer im Fall* $r = 1$ *liegt* ϱ *nur noch bei* $\begin{cases} r = m \\ r = n \end{cases}$ *von vornherein fest.*

Der Beweis kann etwa so geführt werden, daß man zeigt: Sind A_1, A_2 mögliche Koordinatenmatrizen der betrachteten erzeugenden Räume gleicher Art von $\mathfrak{M}_*{}^r$, dann ist ϱ die Dimension des Durchschnitts der aus den Spalten von A_1 einerseits und von A_2 andererseits erzeugten Vektorräume, und unter Verwendung des Austauschsatzes von STEINITZ und des Hilfssatzes 1 folgt die Aussage des Satzes.

4.5. Abschließende Bemerkung

Die Untersuchung des Matrizenraumes $\mathfrak{M}_* = \mathfrak{M}_{(m+1)(n+1)}$ soll für allgemeines m und n abgebrochen und nur für $m = n = 2$ fortgeführt werden. Eine Reihe der folgenden Betrachtungen ließe sich jedoch ohne weiteres auf allgemeine projektive Matrizenräume übertragen, so daß die Ausführungen über den speziellen Raum $\mathfrak{M}_{3.3}$ in gewissem Maße stellvertretend für den „allgemeinen Fall" stehen.

LITERATUR

[1] BACHMANN, F.: Aufbau der Geometrie aus dem Spiegelungsbegriff. Springer-Verlag, Berlin—Göttingen—Heidelberg 1959.
[2] BERTINI, E.: Einführung in die projektive Geometrie mehrdimensionaler Räume. Verlag von L. W. Seidel & Sohn, Wien 1924.
[3] BILINSKI, S.: Eine Interpretation der ebenen hyperbolischen Geometrie der Geraden. Zusammenfassung in Internat. Math. Nachr. Nr. 79, Wien 1965, S. 42.
[4] BLASCHKE, W.: Projektive Geometrie. 3. Auflage, Birkhäuser-Verlag, Basel—Stuttgart 1954.
[5] BURAU, W.: Grundmannigfaltigkeiten der projektiven Geometrie. Collectanea Mathematica III, V, VI, Barcelona 1950—53.
[6] BURAU, W.: Mehrdimensionale projektive und höhere Geometrie. VEB Deutscher Verlag der Wissenschaften, Berlin 1961.
[7] CARTAN, É.: Leçons sur la géométrie projective complexe. Gauthier-Villars, Paris 1950.
[8] COXETER, H. S. M.: Non euclidean geometry. 5. Auflage, Toronto University Press, Toronto 1965.
[9] GANTMACHER, F. R.: Matrizenrechnung I. 2. Auflage, VEB Deutscher Verlag der Wissenschaften, Berlin 1965 (Übersetzung aus dem Russischen).
[10] GEISE, G.: Elementares aus der höheren Geometrie. Math. Nachrichten *34* (1967) 361—376.
[11] GERSTENHABER, M.: On semicommutative matrices. Math. Z. *83* (1964) 250—260.
[12] HODGE, W. V. D., and D. PEDOE: Methods of algebraic geometry II. Cambridge University Press, Cambridge 1952.
[13] HORNIAČEK, J.: Die Abbildung des Produktes der Projektivitäten auf einer Geraden (tschechisch; russische u. deutsche Zusammenfassung). Mat.-Fyz. Časopis Sloven. Akad. Vied *11* (1961) 45—66. Ref.: Zentralblatt *100*, S. 352.

[14] KLEIN, F.: Vorlesungen über Nicht-Euklidische Geometrie. Springer, Berlin 1928.

[15] KOMMERELL, K.: Vorlesungen über Analytische Geometrie des Raumes. 2. Auflage, Koehler & Amelang, Leipzig 1949.

[16] MEDEK, V.: Lineare Systeme projektiver Transformationen einer Geraden (tschechisch; deutsche Zusammenfassung). Mat.-Fyz. Časopis Sloven. Akad. Vied *6* (1956) 98—108. Ref.: Math. Reviews *18*, S. 329.

[17] MEDEK, V.: Einige lineare Systeme von singulären Kollineationen. Mat.-Fyz. Časopis Sloven. Akad. Vied *7* (1957) 83—93.

[18] MEDEK, V.: Über die Zerlegung der Projektivitäten einer Geraden (russisch; deutsche Zusammenfassung), Mat.-Fyz. Časopis Sloven. Akad. Vied *11* (1961) 99—112. Ref.: Math. Revies 25—3401.

[19] MEDEK, V.: Die Zerlegung der Bündel von projektiven Verwandtschaften (russisch; deutsche Zusammenfassung). Mat.-Fyz. Časopis Sloven. Akad. Vied *11* (1961) 229—238. Ref.: Math. Reviews 25—3402.

[20] MÜLLER, H. R.: Sphärische Kinematik. VEB Deutscher Verlag der Wissenschaften, Berlin 1962.

[21] SCHÜTTE, K.: Der projektiv erweiterte Gruppenraum der ebenen Bewegungen. Math. Ann. *134* (1957) 62—92.

[22] SEGRE, B.: Geometria della matrici quadrate di dato ordine. Ann. Mat. pura appl., IV. Ser., *57* (1962) 1—36.

[23] SEGRE, C.: Mehrdimensionale Räume. Encyklopädie d. Math. Wiss., Artikel III C 7, Nrn. 9, 10, 38.

[24] STÉPHANOS, C.: Mémoire sur la représentation des homographies binaires par des points de l'espace avec application à l'étude des rotationes sphériques. Math. Ann. *22* (1883) 299—367.

[25] WEISS, E. A.: Die geschichtliche Entwicklung von der Geraden-Kugel-Transformation II. Dt. Math. *1* (1936) 125—145.

[26] WEISS, E. A.: Punktreihengeometrie, B. G. Teubner, Leipzig—Berlin 1939.

[27] ZURMÜHL, R.: Matrizen und ihre technischen Anwendungen. 3. Auflage, Springer-Verlag, Berlin—Göttingen—Heidelberg 1961.

Manuskripteingang: 27. 9. 1970

VERFASSER:

GERHARD GEISE, Sektion Mathematik der Technischen Universität Dresden

Perfekte Ideale und Vektormoduln über noetherschen Ringen

Günther Eisenreich

Herrn Prof. Dr. O.-H. Keller zum 65. Geburtstag gewidmet

1. Wir wollen im folgenden zeigen, daß sich die in [1] bewiesenen Zusammenhänge zwischen Perfektheit und Syzygienkette (Dualitätssatz, Umkehrbarkeit der Syzygienkette) von Idealen und Vektormoduln über Polynomringen und regulären Stellenringen weitgehend auf beliebige (kommutative) noethersche Ringe (mit Einselement) verallgemeinern lassen, wenn man einen geeigneten Perfektheitsbegriff zugrunde legt.

Mit den Bezeichnungen schließen wir uns an die Arbeiten [1, 4] an. A sei durchweg ein noetherscher Ring. Die sukzessiven Syzygienmatrizen eines (k-reihigen) Vektormoduls $\mathfrak{a}$ über A (der aus k-reihigen Vektoren mit Komponenten aus A besteht) werden mit $\beta^0, \beta^1, \ldots$ bezeichnet, wobei insbesondere die Zeilenvektoren von β^0 eine Basis von $\mathfrak{a}$ bilden sollen. $\varDelta(\mathfrak{a})$ („Diagonalideal") sei das Ideal aller $\alpha \in A$ mit $\alpha \cdot A^{(k)} \subset \mathfrak{a}$ ($A^{(k)}$ direkte Summe von k Exemplaren A) oder, was auf dasselbe hinausläuft, der Annulator des Restklassenmoduls $A^{(k)}/\mathfrak{a}$.

2. Nach Rees [8, 9] verstehen wir unter einem *allgemeinen Ideal* (general ideal) der Höhe g ein Ideal der Höhe g, das eine aus g Elementen $\alpha_1, \ldots, a_g$ bestehende Basis besitzt, für die

$$(\alpha_1, \ldots, \alpha_{i-1}) : (\alpha_i) = (\alpha_1, \ldots, \alpha_{i-1}) \text{ für } i = 1, \ldots, g$$

ist, also ein spezielles Hauptklassenideal. Die Syzygienkette eines solchen Ideals hat dieselbe Bauart wie die eines Ideals der Hauptklasse in einem Polynomring oder regulären Stellenring (vgl. [6], Nr. 22, oder [7]); sie bricht also mit der Matrix β^{g-1} ab, die nur aus einer Zeile besteht, welche die mit gewissen Vorzeichen versehenen α_i enthält, und spiegelt man alle Syzygienmatrizen und betrachtet sie in umgekehrter Reihenfolge, so erhält man wiederum eine Syzygienkette (vgl. [6], Nr. 24).

In Anlehnung an eine Definition von Rees sagen wir, der Vektormodul $\mathfrak{a}$ habe den *Grad* (grade) g, wenn $\varDelta(\mathfrak{a})$ ein allgemeines Ideal der Höhe g, aber keines von größerer

Höhe enthält.[1]) Offensichtlich gilt stets

$$\text{Grad } \mathfrak{a} \leqq \text{Höhe } \mathfrak{a}.$$

Für jedes zu $\mathfrak{a}$ gehörige Primideal $\mathfrak{p}$ ist trivialerweise Grad $\mathfrak{p} \geqq$ Grad $\mathfrak{a}$, und daher besteht wie in [1], Nr. 76, zwischen homologischer Dimension und Grad die Ungleichung

$$\text{hd } \mathfrak{a} \geqq \text{Grad } \mathfrak{p} - 1 \geqq \text{Grad } \mathfrak{a} - 1.$$

$\mathfrak{a}$ heiße *perfekt*, wenn in dieser Ungleichung das Gleichheitszeichen gilt, also

$$\text{hd } \mathfrak{a} = \text{Grad } \mathfrak{a} - 1$$

ist. Ein perfekter Vektormodul ist also notwendig dem Grad nach ungemischt, im Fall eines U-Rings sogar schlechthin (d. h. der Höhe nach) ungemischt.

3. Die Syzygienkette $\beta^0, \beta^1, \ldots, \beta^l$ heiße *umkehrbar*, wenn jeder Spaltenvektor β mit Elementen aus A, für den $\beta^{i+1}\beta = 0$ ist, bereits Linearkombination der Spalten von β^i mit Koeffizienten aus A ist. Wir wollen dann auch sagen, die Matrizen $\beta^l, \beta^{l-1}, \ldots$ bilden eine *rechtsseitige Syzygienkette* von β^l.

Wichtiges Beweishilfsmittel für die Umkehrbarkeit von Syzygienketten ist folgender Hilfssatz aus [1], Nr. 73, dessen Beweis in einem beliebigen noetherschen Ring gültig bleibt:

Ist $\mathfrak{a}$ ein k-reihiger Vektormodul mit den Syzygienmatrizen β^l, so gibt es zu jedem $\alpha \in \Delta(\mathfrak{a})$ und jedem t Matrizen η_t mit Elementen aus A, so daß

$$\eta_t \beta^t + \beta^{t-1} \eta_{t-1} = \alpha \cdot E$$

gilt, wo E eine Einheitsmatrix entsprechender Reihenzahl bedeutet. (In den Grenzfällen sind nichtdefinierte η-Matrizen durch 0 zu ersetzen.)
Insbesondere kann es im Fall eines Vektormoduls $\mathfrak{a}$ vom Grad $\geqq 1$ keine nichttriviale Relation $\beta^0 \beta = 0$ mit einem Spaltenvektor β geben, denn hieraus würde $\alpha \cdot \beta = 0$ folgen, wo α Erzeugende eines in $\Delta(\mathfrak{a})$ enthaltenen allgemeinen Ideals, also Nichtnullteiler ist.

4. Damit können wir beweisen: $\mathfrak{a}$ *sei Vektormodul über A mit Grad $\mathfrak{a} = g \geqq 1$. Dann ist der Teil $\beta^0, \beta^1, \ldots, \beta^{g-1}$ der Syzygienkette von $\mathfrak{a}$ umkehrbar.*

Beweis. Von Interesse ist nur der Fall $g \geqq 2$. Es sei $\beta^{t+1}\beta = 0$ ($t \leqq g - 2$). Wegen Grad $\mathfrak{a} = g$ enthält $\Delta(\mathfrak{a})$ ein allgemeines Ideal $\mathfrak{b}$ der Höhe g, das von den Elementen $\alpha_1, \ldots, \alpha_g$ erzeugt werden möge. Nach Nr. 3 gibt es Matrizen η_{ji} mit

$$\eta_{t+1,i} \, \beta^{t+1} + \beta^t \eta_{ti} = \alpha_i \cdot E,$$

wo E eine Einheitsmatrix passender Reihenzahl ist. Multiplikation dieser Gleichung mit β führt für $t \geqq 0$ auf

$$\alpha_i \beta = \beta^t \eta_{ti} \beta. \tag{*}$$

(Für $t + 1 = 0$ muß ohnehin $\beta = 0$ sein.)

---

[1]) Um den Anschluß an die Reessche Definition zu gewinnen, wäre statt des k-reihigen Vektormoduls $\mathfrak{a}$ der Restklassenmodul $A^{(k)}/\mathfrak{a}$ zu betrachten. Für den Zusammenhang mit der homologischen Algebra vgl. REES [8, 9]. Man beachte, daß REES in [9] mit einem Wert der homologischen Dimension arbeitet, der um Eins größer als der von uns mit hd bezeichnete ist.

I. Wir betrachten zunächst den Fall $t = 0$. Dann folgt insbesondere

$$\beta^0(\eta_{02}\alpha_1 - \eta_{01}\alpha_2)\beta = 0,$$

durch Multiplikation mit η_{0i} wegen $\eta_{0i}\beta^0 = \alpha_i \cdot E$ also

$$\alpha_i(\eta_{02}\alpha_1 - \eta_{01}\alpha_2)\beta = 0$$

und somit, da α_i nicht Nullteiler ist,

$$(\eta_{02}\beta)\alpha_1 = (\eta_{01}\beta)\alpha_2.$$

Da α_1, α_2 ein allgemeines Ideal erzeugen, ist mithin

$$\eta_{01}\beta = \eta\alpha_1,$$

$$\eta_{02}\beta = \eta\alpha_2$$

mit einer Matrix η mit Elementen aus A. Die demnach aus (*) resultierende Gleichung $\alpha_1\beta = \beta^0\eta\alpha_1$ zieht dann mit $\beta = \beta^0\eta$ die Behauptung nach sich.

II. Wir führen den weiteren Beweis durch Induktion nach t, nehmen also an, die Syzygienkette $\beta^0, \beta^1, \ldots, \beta^t$ $(t \geq 1)$ sei umkehrbar, und beweisen hieraus für $t + 1 \leq g - 1$ die Umkehrbarkeit von $\beta^0, \beta^1, \ldots, \beta^t, \beta^{t+1}$. Gleichung (*) besagt für den Fall, daß β nicht bereits Linearkombination der Spalten von β^t ist, daß zu dem von diesen Spalten erzeugten Vektormodul ein Primideal mit einem Grad $\geq g$ gehört. Auf Grund der Induktionsvoraussetzung ist $\beta^t, \beta^{t-1}, \ldots, \beta^0$ eine rechtsseitige Syzygienkette hiervon, die mit β^0 abbricht, was zum Widerspruch führt, da die Länge einer solchen Kette mindestens gleich $g - 1$ sein muß. Damit ist alles bewiesen.

5. Korollar. *Ist $\mathfrak{a}$ perfekter Vektormodul über A, so ist seine Syzygienkette umkehrbar.*

In der Tat bricht dann nämlich die Syzygienkette von $\mathfrak{a}$ mit der Matrix β^{g-1} mit $g = \mathrm{Grad}\,\mathfrak{a}$ ab (genauer: β^{g-1} gehört zu einem projektiven Modul).

Auch sonst soll, wenn von der Umkehrbarkeit einer Syzygienkette gesprochen wird, diese Kette nur so weit betrachtet werden, bis zum ersten Mal ein projektiver Modul auftritt.

6. Wie in [1], Nr. 96, sieht man, daß jeder A-Homomorphismus eines k'-reihigen A-Moduls $\mathfrak{a}'$ der homologischen Dimension ≥ 1 mit umkehrbarer Syzygienkette in einen k-reihigen A-Modul $\mathfrak{a}$ durch eine Zuordnung der Form

$$\beta'^0 \to \beta'^0 C_0 = C_1\beta^0$$

gegeben wird, wo C_0 und C_1 geeignete Matrizen mit Elementen aus A sind, und umgekehrt definiert jedes Paar von Matrizen C_0, C_1, das dieser Gleichung genügt, einen A-Homomorphismus von $\mathfrak{a}'$ in $\mathfrak{a}$. (β^0 und β'^0 bezeichnen dabei je eine nullte Syzygienmatrix von $\mathfrak{a}$ bzw. $\mathfrak{a}'$.) Die Menge dieser A-Homomorphismen bildet einen A-Modul $\mathrm{Hom}\,(\mathfrak{a}', \mathfrak{a})$, während die Menge der „trivialen" Homomorphismen, für die die Zeilen von C bereits in $\mathfrak{a}$ liegen, einen A-Untermodul $\mathrm{Hom}\,(\mathfrak{a}', \mathfrak{a})_0$ hiervon bilden.
Unter der Voraussetzung, daß $\mathfrak{a}$ und $\mathfrak{a}'$ die gleiche homologische Dimension besitzen und $\dot{\mathfrak{a}}$, $\dot{\mathfrak{a}}'$ die von den (als Zeilen geschriebenen) Spalten einer letzten Syzygienmatrix von $\mathfrak{a}$ bzw. $\mathfrak{a}'$ erzeugten A-Moduln bezeichnen, haben wir in [1], Nr. 97, die Isomorphie

$$\mathrm{Hom}\,(\mathfrak{a}', \mathfrak{a})/\mathrm{Hom}\,(\mathfrak{a}', \mathfrak{a})_0 \cong \mathrm{Hom}\,(\dot{\mathfrak{a}}, \dot{\mathfrak{a}}')/\mathrm{Hom}\,(\dot{\mathfrak{a}}, \dot{\mathfrak{a}}')_0$$

bewiesen.

Wir wollen dies anwenden, um eine Umkehrung von Nr. 5 zu beweisen:

7. *Ist die Syzygienkette des Vektormoduls* $\mathfrak{a}$ *umkehrbar und* $\mathrm{Grad}\ \mathfrak{a} \geq 1$, *so ist* $\mathfrak{a}$ *perfekt.*

Beweis. I. Es sei $\mathrm{Grad}\ \mathfrak{a} = g$ und $\alpha_1, \ldots, \alpha_g$ Basis eines allgemeinen Ideals $\mathfrak{b}$ der Höhe g, das in $\varDelta(a)$ enthalten ist. Wir zeigen zunächst, daß es einen Spaltenvektor β mit Elementen aus $\mathfrak{b}$ gibt, der wohl in dem von den Spalten von β^0 erzeugten Modul $\mathfrak{a}^\mathsf{T}$, aber nicht in $\mathfrak{b} \cdot \mathfrak{a}^\mathsf{T}$ liegt.

Dazu sei $\mathfrak{b} = \mathfrak{q} \cap \mathfrak{q}_1 \cap \cdots \cap \mathfrak{q}_r$ die Primärzerlegung von $\mathfrak{b}$ in Primärideale des Grads g, und die Numerierung sei so gewählt, daß das zu $\mathfrak{q}$ gehörige Primideal $\mathfrak{p}$ zugleich Primideal von $\mathfrak{a}$ ist. Da der $\mathfrak{p}$-Rang von β^0 kleiner als k ist, können wir nicht durchweg in $\mathfrak{p}$ liegende Koeffizienten γ_i finden, so daß die Linearkombination

$$\gamma_1 \beta_1{}^0 + \cdots + \gamma_k \beta_k{}^0 = \beta'$$

der Spalten $\beta_i{}^0$ von β^0 ein Vektor ist, dessen Elemente in $\mathfrak{p}$ liegen. Indem wir bei $\mathfrak{q} \neq \mathfrak{p}$ nötigenfalls mit einem $p \in \mathfrak{p}$ mit $p \notin \mathfrak{q}$ multiplizieren (bei $\mathfrak{q} = \mathfrak{p}$ sei $p = 1$), können wir erreichen, daß alle Elemente von $p\beta'$ in $\mathfrak{q}$ enthalten sind. Multiplizieren wir schließlich noch mit einem nicht zu $\mathfrak{p}$ gehörigen $p' \in \mathfrak{q}_1 \cap \cdots \cap \mathfrak{q}_r$, so erhalten wir in $\beta = pp'\beta'$ einen Vektor der gewünschten Art. Dieser Vektor liegt in der Tat nicht schon in $\mathfrak{b} \cdot \mathfrak{a}^\mathsf{T}$, weil wegen $g \geq 1$ die Darstellung von β

$$\beta = \gamma_1 p p' \beta_1{}^0 + \cdots + \gamma_k p p' \beta_k{}^0$$

eindeutig ist (vgl. die Bemerkung zum Schluß von Nr. 3), aber nicht sämtliche Koeffizienten in $\mathfrak{b}$ enthalten sind.

II. Wir wenden jetzt die Isomorphie von Nr. 6 an, indem wir den dortigen Modul $\mathfrak{a}$ mit dem von den Spalten von β^{g-1} erzeugten Modul $\mathfrak{a}'$ und den dortigen Modul $\mathfrak{a}'$ mit dem Ideal $\mathfrak{b}(=\dot{\mathfrak{b}})$ identifizieren; dem dortigen Modul $\dot{\mathfrak{a}}$ entspricht dann der Modul $\mathfrak{a}^\mathsf{T}$. Nach dem unter *I.* Bewiesenen ist somit $\mathfrak{a}':\mathfrak{b} = \mathfrak{a}'$; es gibt also einen Spaltenvektor β', der nicht selbst, aber dessen α_i-faches $(i = 1, \ldots, g)$ aus den Spalten von β^{g-1} linear kombinierbar ist. Wäre $\mathfrak{a}$ nicht perfekt, würde also die Syzygienkette nicht mit β^{g-1} abbrechen, so müßte, da α_i nicht Nullteiler ist, indessen $\beta^g \beta' = 0$ gelten, was der Umkehrbarkeit der Syzygienkette widerspricht. Damit ist alles bewiesen.

8. Wie in [1], Nr. 20, wollen wir zwei Vektormoduln $\mathfrak{a}$, $\mathfrak{a}'$ *äquivalent* nennen ($\mathfrak{a} \sim \mathfrak{a}'$), wenn es — als Vektormoduln aufgefaßte — direkte Summen $\mathfrak{b} = \mathfrak{a} \oplus A \oplus \cdots \oplus A$ und $\mathfrak{b}' = \mathfrak{a}' \oplus A \oplus \cdots \oplus A$ sowie Matrizen C und C' mit Elementen aus A gibt, so daß die Abbildung $b \to b \cdot C$ $(b \in \mathfrak{b})$ einen Isomorphismus von $\mathfrak{b}$ auf $\mathfrak{b}'$ und die Abbildung $b' \to b'C'$ $(b' \in \mathfrak{b}')$ den hierzu inversen Isomorphismus von $\mathfrak{b}'$ auf $\mathfrak{b}$ bewirkt.

Ist A Stellenring mit dem maximalen Primideal $\mathfrak{P}$, so werde unter der $\mathfrak{P}$-*Länge* $l_\mathfrak{P}(\mathfrak{a})$ von $\mathfrak{a}$ die maximale Länge l einer $\mathfrak{a}$ mit $\bar{\mathfrak{a}} = \lim_{\nu \to \infty} \mathfrak{a}:\mathfrak{P}^\nu$ verbindenden echten Teilerkette

$$\mathfrak{a} = \mathfrak{a}_0 \subset \mathfrak{a}_1 \subset \cdots \subset \mathfrak{a}_{l-1} \subset \mathfrak{a}_l = \bar{\mathfrak{a}}$$

verstanden; im Fall eines Primideals $\mathfrak{P}$ eines beliebigen Ringes A sei $l_\mathfrak{P}(\mathfrak{a})$ die $\mathfrak{P}$-Länge des von $\mathfrak{a}$ in der Lokalisierung $A_\mathfrak{P}$ von A erzeugten Moduls. Diese Definition steht mit der in [1] gegebenen in Einklang; insbesondere ist $l_\mathfrak{P}(\mathfrak{a}) = \left(\dfrac{\mathfrak{a}}{\bar{\mathfrak{a}}}\right)$. Man schließt dann leicht aus der Definition der Äquivalenz, daß äquivalente Moduln dieselbe $\mathfrak{P}$-Länge besitzen. (Sollte $\mathfrak{a}$ Primärmodul zum Primideal $\mathfrak{P}$ sein, so ist natürlich $\bar{\mathfrak{a}} = A^{(k)}$.)

9. Einem Vektormodul $\mathfrak{a}$ mit $g = \mathrm{Grad}\ \mathfrak{a} \geq 1$ werde als *quasidualer Modul* $\mathring{\mathfrak{a}}$ der von den (als Zeilen geschriebenen) Spalten der Syzygienmatrix β^{g-1} von $\mathfrak{a}$ erzeugte Vektormodul zugeordnet. Dieser Vektormodul ist bis auf Äquivalenz bestimmt. Ferner gilt:

Ist $\mathfrak{a}$ Vektormodul eines Stellenrings S und primär zum maximalen Primideal $\mathfrak{P}$ von S und dabei Höhe $\mathfrak{a} = \mathrm{Grad}\ \mathfrak{a} = g \geq 1$, so ist die $\mathfrak{P}$-Länge von $\mathfrak{a}$ gleich der $\mathfrak{P}$-Länge von $\mathring{\mathfrak{a}}$.

Beweis. I. Die $\mathfrak{P}$-Länge ist stets endlich. Wir zeigen zunächst, daß im Fall $g \geq 2$ aus

$$\mathfrak{b} \subset \mathfrak{a}, \quad \left(\frac{\mathfrak{b}}{\mathfrak{a}}\right) = 1 \quad \text{die Beziehung } l_{\mathfrak{P}}(\mathring{\mathfrak{b}}) = l_{\mathfrak{P}}(\mathring{\mathfrak{a}}) + m \text{ folgt, wo } m \text{ die } \mathfrak{P}\text{-Länge von } \mathfrak{P} \text{ ist.}$$

Es ist sicher $\mathrm{Grad}\ \mathfrak{b} = \mathrm{Grad}\ \mathfrak{a}$. Bezeichnen wir die Syzygienmatrizen von $\mathfrak{a}$ mit β, die von $\mathfrak{b}$ mit β' und die von $\mathfrak{P}$ mit $\bar{\beta}$, so folgt wie in [4], Nr. 4 III, daß β'^{g-1} im Fall $g > 2$ in der Form

$$\beta'^{g-1} = \begin{pmatrix} \bar{\beta}^{g-1} & 0 \\ \gamma_{g-1} & \beta^{g-1} \end{pmatrix}$$

wählbar ist mit Matrizen γ mit $\gamma_{g-1}\bar{\beta}^{g-2} + \beta^{g-1}\gamma_{g-2} = 0$. In derselben Weise wie in [4] schließt man hieraus, daß $l_{\mathfrak{P}}(\mathring{\mathfrak{b}}) = l_{\mathfrak{P}}(\mathring{\mathfrak{a}}) + l_{\mathfrak{P}}(\mathfrak{P})$ ist, und dieses Ergebnis gilt auch noch im Fall $g = 2$, in dem die Form der oben angegebenen Matrix geringfügig zu modifizieren ist (vgl. [4], Gl. (+)).

II. Hieraus folgt (zunächst im Fall $g \geq 2$), daß stets $l_{\mathfrak{P}}(\mathring{\mathfrak{a}}) = m \cdot l_{\mathfrak{P}}(\mathfrak{a})$ ist, und wir haben zu zeigen, daß $m = 1$ ist. Nun enthält $\mathfrak{P}$ nach Voraussetzung ein allgemeines Ideal $\mathfrak{b}$ mit $\mathrm{Grad}\ \mathfrak{b} = \mathrm{Höhe}\ \mathfrak{P} = g$ und endlicher Kettenlänge $\left(\dfrac{\mathfrak{b}}{\mathfrak{P}}\right)$, es ist also auch $l_{\mathfrak{P}}(\mathring{\mathfrak{b}}) = m \cdot l_{\mathfrak{P}}(\mathfrak{b})$. Andererseits ist $\mathfrak{b}$ perfekt, $\mathrm{hd}\ \mathfrak{b} = \mathrm{Grad}\ \mathfrak{b} - 1$ und daher $\mathring{\mathfrak{b}} = \mathring{\mathfrak{b}}$; $\mathfrak{b}$ ist aber selbstdual ($\mathring{\mathfrak{b}} = \mathfrak{b}$). Daher muß $m = 1$ sein.

III. Um dieses Ergebnis auch noch im Fall $g = 1$ zu beweisen, wenden wir einen Kunstgriff an. Wir gehen von S zu dem Polynomring $R = S[x]$ über, in dem $\bar{\mathfrak{P}} = \mathfrak{P} \cdot R + x \cdot R$ ein Primideal mit Höhe $\bar{\mathfrak{P}} = \mathrm{Grad}\ \bar{\mathfrak{P}} = 2$ darstellt. Dem k-reihigen Vektormodul $\mathfrak{a}$ mit $\mathrm{Grad}\ \mathfrak{a} = 1$ werde der Modul $\bar{\mathfrak{a}} = \mathfrak{a} \cdot R + x \cdot R^{(k)}$ mit $\mathrm{Grad}\ \bar{\mathfrak{a}} = 2$ zugeordnet.

Bezeichnen wir jetzt die zu $\bar{\mathfrak{a}}$ gehörigen Syzygienmatrizen durch Überstreichen, so gilt

$$\bar{\beta}^0 = \begin{pmatrix} x \\ \beta^0 \end{pmatrix}, \qquad \bar{\beta}^1 = \begin{pmatrix} \beta^0 & -x \cdot E \\ 0 & \beta^1 \end{pmatrix}.$$

Offensichtlich ist die $\bar{\mathfrak{P}}$-Länge von $\bar{\mathfrak{a}}$ gleich der $\mathfrak{P}$-Länge von $\mathfrak{a}$, und nach II. gilt somit $l_{\bar{\mathfrak{P}}}(\mathring{\bar{\mathfrak{a}}}) = l_{\bar{\mathfrak{P}}}(\bar{\mathfrak{a}}) = l_{\mathfrak{P}}(\mathfrak{a})$.

Es ist aber auch $l_{\bar{\mathfrak{P}}}(\mathring{\bar{\mathfrak{a}}}) = l_{\mathfrak{P}}(\mathring{\mathfrak{a}})$. Ist nämlich

$$\mathfrak{b}_0 \subset \mathfrak{b}_1 \subset \cdots \subset \mathfrak{b}_1 \quad \text{mit } l = l_{\mathfrak{P}}(\mathring{\mathfrak{a}})$$

eine feine unverkürzbare S-Modulkette, wobei $\mathfrak{b}_0$ der von den Spalten von β^0 aufgespannte S-Modul und

$$\mathfrak{b}_{i+1} = \mathfrak{b}_i + \beta_{i+1} \cdot S, \qquad \beta_{i+1} \notin \mathfrak{b}_i, \qquad \beta_{i+1} \cdot \mathfrak{P} \subset \mathfrak{b}_i$$

mit einem Spaltenvektor β_i ist, so erhält man hieraus eine feine unverkürzbare R-Modulkette

$$\bar{\mathfrak{b}}_0 \subset \bar{\mathfrak{b}}_1 \subset \cdots \subset \bar{\mathfrak{b}}_1$$

mit

$$\overline{\mathfrak{b}}_{i+1} = \overline{\mathfrak{b}}_i + \overline{\beta}_{i+1} \cdot R, \qquad \overline{\beta}_{i+1} \nsubseteq \overline{\mathfrak{b}}_i, \qquad \overline{\beta}_{i+1} \cdot \mathfrak{P} \subset \overline{\mathfrak{b}}_i,$$

indem man unter $\overline{\mathfrak{b}}_0$ den von den Spalten der Matrix $\overline{\beta}^1$ aufgespannten Vektormodul versteht und sinngemäß $\overline{\beta}_i = \left(\dfrac{\beta_i}{0}\right)$ setzt.

Die Unverkürzbarkeit dieser Kette ist unmittelbar klar; wir haben zu zeigen, daß sie fein ist. Dazu bedarf nur die Inklusion $\overline{\beta}_{i+1} \cdot x \in \overline{\mathfrak{b}}_i$ eines Beweises. Ist u Erzeugende eines in $\mathfrak{P}$ enthaltenen allgemeinen Ideals der Höhe 1, so ist $u^i \beta_{i+1} \in \mathfrak{b}_0$, es ist also $u^i \beta^1 \beta_{i+1} = 0$ und daher auch $\beta^1 \beta_{i+1} = 0$. Es ist also in der Tat

$$x \cdot \overline{\beta}^{i+1} = \overline{\beta}^1 \cdot \begin{pmatrix} 0 \\ -\beta^{i+1} \end{pmatrix}.$$

Die angegebene Modulkette läßt sich auch nicht nach oben verlängern. Anderenfalls müßte es nämlich noch einen Spaltenvektor $\overline{\beta}_{l+1}$ der Form $\begin{pmatrix} 0 \\ \beta \end{pmatrix}$ geben mit $\overline{\beta}_{l+1} \nsubseteq \overline{\mathfrak{b}}_l$, $\overline{\beta}_{l+1} \cdot \mathfrak{P} \subset \overline{\mathfrak{b}}_l$. Insbesondere wäre dann

$$\overline{\beta}_{l+1} \cdot x u^l = \begin{pmatrix} \beta^0 & -x \cdot E \\ 0 & \beta^1 \end{pmatrix} \begin{pmatrix} \gamma \\ \delta \end{pmatrix} = \begin{pmatrix} \beta^0 \gamma - x \cdot \delta \\ \beta^1 \delta \end{pmatrix},$$

also $\beta^0 \gamma = x \cdot \delta$ und daher $\delta = \beta^0 \gamma'$ mit einer Matrix γ', woraus $\beta^1 \delta = \beta^1 \beta^0 \gamma' = 0$ und damit auch $\beta = 0$ folgt im Widerspruch zur Voraussetzung. (Wir hätten uns auch mit der Ungleichung $l_{\mathfrak{P}}(\mathring{\mathfrak{a}}) \geqq l_{\mathfrak{P}}(\mathring{\mathfrak{a}})$ begnügen und dann wie in *II.* weiterschließen können.)
Damit ist alles bewiesen.

10. Indem wir wie in [1] die (schwachen) Syzygienketten von $\mathfrak{a}$ stets so wählen, daß sie mit der Matrix β^l ($l = \mathrm{hd}\,\mathfrak{a}$) abbrechen (was bei $\mathrm{hd}\,\mathfrak{a} = 1$ stets möglich ist [[1], Nr. 71], während wir im Fall $\mathrm{hd}\,\mathfrak{a} = 0$ und eines beliebigen Ringes nötigenfalls $\mathfrak{a}$ durch einen äquivalenten Modul ersetzen müssen), können wir daher wie in [1], Nr. 92, schließen:

Jedem k-reihigen A-Vektormodul $\mathfrak{a}$ mit Grad $\mathfrak{a} \geq 1$ *und mit endlicher homologischer Dimension läßt sich bis auf Äquivalenz eindeutig ein k-reihiger A-Modul $\mathring{\mathfrak{a}}$ mit* Grad $\mathring{\mathfrak{a}} \geq 1$ *zuordnen, der von den Zeilen der transponierten Matrix einer letzten Syzygienmatrix β^l von $\mathfrak{a}$ erzeugt wird. Diese Abbildung ist genau dann involutorisch,*

$$\mathring{\mathring{\mathfrak{a}}} \sim \mathfrak{a},$$

wenn $\mathfrak{a}$ perfekt ist. In diesem Fall ist auch $\mathring{\mathfrak{a}}$ perfekt, $l + 1$ ist gleich Grad $\mathfrak{a}$, *und es gilt*

$$\mathrm{hd}\,\mathring{\mathfrak{a}} = \mathrm{hd}\,\mathfrak{a}, \quad \mathrm{Grad}\,\mathring{\mathfrak{a}} = \mathrm{Grad}\,\mathfrak{a}, \quad \mathrm{Höhe}\,\mathring{\mathfrak{a}} = \mathrm{Höhe}\,\mathfrak{a}, \quad \Delta(\mathring{\mathfrak{a}}) = \Delta(\mathfrak{a}).$$

Außerdem gehören dann zu $\mathfrak{a}$ und $\mathring{\mathfrak{a}}$ dieselben Primideale $\mathfrak{P}_i$, und die $\mathfrak{P}_i$-Länge von $\mathfrak{a}$ ist gleich der $\mathfrak{P}_i$-Länge von $\mathring{\mathfrak{a}}$.
Die Gleichheit Grad $\mathring{\mathfrak{a}} = $ Grad $\mathfrak{a}$ *ist zugleich auch hinreichend für die Perfektheit von $\mathfrak{a}$.*

Dasselbe Ergebnis bleibt bestehen, wenn wir die Voraussetzung fallen lassen, die Syzygienkette so zu wählen, daß β^l einem freien Modul entspricht, wenn wir nur der Definition der Primärzerlegung eines k-reihigen Vektormoduls $\mathfrak{a}$ nicht $A^{(k)}$ als maximalen Obermodul zugrunde legen, sondern den Modul $A^{(k)'}$ der Vektoren $x \in A^{(k)}$, für die $x \cdot \alpha \in \mathfrak{a}$ mit einem gewissen Nichtnullteiler α gilt. In diesem Sinne wäre z. B. das Diagonalideal $\varDelta(\mathfrak{a})$ zu modifizieren zu $\varDelta'(\mathfrak{a})$, der Menge der $\alpha \in A$ mit $\alpha \cdot A^{(k)'} \subset \mathfrak{a}$.

11. Wie in [1] oder [7] kann man beweisen:

Ist $\mathfrak{a}$ perfekter k-reihiger Vektormodul mit Grad $\mathfrak{a} = g$ *und* $\alpha \in A$ *prim zu* $\mathfrak{a}$, *so ist auch* $\mathfrak{b} = \mathfrak{a} + \alpha \cdot A^{(k)}$, *falls* $\neq A^{(k)}$, *perfekt und* Grad $\mathfrak{b} = g + 1$, *und umgekehrt folgt aus der Perfektheit von* $\mathfrak{b} = \mathfrak{a} + \alpha \cdot A^{(k)}$ *mit* $\alpha \in A$ *prim zu* $\mathfrak{a}$, $\mathfrak{a} + \alpha \cdot A^{(k)} \neq A^{(k)}$ *und* Grad $\mathfrak{b}$ = Grad $\mathfrak{a} + 1$, *daß auch* $\mathfrak{a}$ *perfekt ist.*
Diese Aussage läßt sich aber nicht mehr zu einer rekursiven Perfektheitsdefinition ausnutzen, da ein nulldimensionaler Modul im allgemeinen nicht perfekt zu sein braucht.

Ebenso folgt wie in [1], Nr. 83:

Es sei $\mathfrak{a}$ *perfekter k-reihiger Vektormodul mit* Grad $\mathfrak{a} = g$ *und perfektem Diagonalideal*, $\mathfrak{a}' = \mathfrak{a} + x \cdot A$ *mit* $x \in A^{(k)}$ *sei von* $A^{(k)}$ *verschieden und habe* Grad $\mathfrak{a}' > g$. *Dann ist* $\mathfrak{a}'$ *perfekt und* Grad $\mathfrak{a}' = g + 1$.

12. In [1] haben wir für Polynomringe und reguläre Stellenringe und in [3] für beliebige noethersche Ringe bewiesen, daß die Anzahl μ der Erzeugenden eines k-reihigen Vektormoduls $\mathfrak{a} \neq A^{(k)}$ der Höhe h mindestens $k + h - 1$ beträgt. Vektormoduln, deren Erzeugendenzahl diese untere Schranke annimmt, haben wir als *Hauptklassenmoduln* bezeichnet und haben gezeigt, daß diese im Fall eines U-Rings stets perfekt sind.
Da allgemein $g =$ Grad $\mathfrak{a} \leq$ Höhe $\mathfrak{a}$ ist, gilt erst recht die Ungleichung $\mu \geq k + g - 1$. Das legt folgende Definition nahe:

Der k-reihige Vektormodul $\mathfrak{a} \neq A^{(k)}$ über dem noetherschen Ring A heiße *allgemeiner Vektormodul*, wenn er sich von

$$\mu = k + \text{Grad } \mathfrak{a} - 1$$

Elementen erzeugen läßt (Grad $\mathfrak{a} \geq 1$ vorausgesetzt).

13. Für solche Moduln läßt sich in gleicher Weise wie in [1, 2, 3] beweisen:

Ein allgemeiner k-reihiger Vektormodul $\mathfrak{a}$ ist stets perfekt, desgleichen das ihm nach MACAULAY *zugeordnete Ideal* $|\mathfrak{a}|$, *das von den k-reihigen Determinanten zu $\mathfrak{a}$ gehöriger Vektoren erzeugt wird.*

Wird $\mathfrak{a} \neq A^{(k)}$ *von den* $\mu = g + k - 1$ ($g =$ Grad $\mathfrak{a}$) *Vektoren*

$$a_i = (a_{i1}, \ldots, a_{ik}) \quad (i = 1, \ldots, \mu)$$

erzeugt, so haben in jeder Relation

$$\sum \alpha_i a_i = 0 \ \text{mit} \ \alpha_i \in A$$

die Koeffizienten α_i die Form

$$\alpha_i = \sum_{i_1, \ldots, i_k} \alpha_{i i_1 \ldots i_k} a_{i_1 1} \cdots a_{i_k k} \ \text{mit} \ \alpha_{i i_1 \ldots i_k} \in A,$$

wobei die $\alpha_{i i_1 \ldots i_k}$ bezüglich sämtlicher Indizes schiefsymmetrisch sind und verschwin-

den, wenn zwei Indizes gleich sind. Umgekehrt ist die letztere Aussage charakteristisch für allgemeine Vektormoduln mit Grad $\mathfrak{a} = g$.

14. Da allgemein das von den k-reihigen Unterdeterminanten der k-spaltigen Matrix

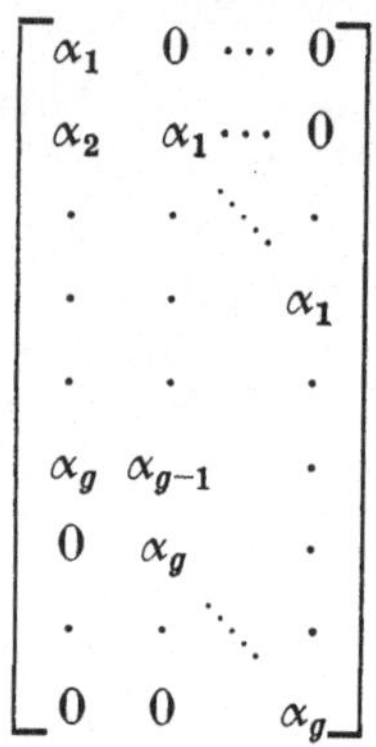

$$
\begin{bmatrix}
\alpha_1 & 0 & \cdots & 0 \\
\alpha_2 & \alpha_1 & \cdots & 0 \\
\cdot & \cdot & \ddots & \cdot \\
\cdot & \cdot & & \alpha_1 \\
\cdot & \cdot & & \cdot \\
\alpha_g & \alpha_{g-1} & & \cdot \\
0 & \alpha_g & & \cdot \\
\cdot & \cdot & \ddots & \cdot \\
0 & 0 & & \alpha_g
\end{bmatrix}
$$

erzeugte Ideal gleich der k-ten Potenz des von den α_i erzeugten Ideals ist, folgt (auf andere Weise als bei REES [9]), daß *jede Potenz eines allgemeinen Ideals perfekt* und dem Grad nach ungemischt, im Fall eines U-Rings also schlechthin (d. h. der Höhe nach) ungemischt ist.

15. Wie in [5] können wir ferner für beliebige noethersche Ringe A beweisen, wenn wir statt der Höhe durchweg den Grad betrachten:

Der einem allgemeinen Vektormodul $\mathfrak{a}$ *zugeordnete* p-*Vektormodul* $|\mathfrak{a}|_p$, *der von den aus je p zu $\mathfrak{a}$ gehörigen Vektoren bildbaren p-Vektoren erzeugt wird, ist stets perfekt.*

LITERATUR

[1] EISENREICH, G.: Zur Syzygientheorie und Theorie des inversen Systems perfekter Ideale und Vektormoduln in Polynomringen und Stellenringen. S.-ber. Sächs. Akad. Wiss. Leipzig, Math.-nat. Kl., *109*, Heft 3 (1970).

[2] EISENREICH, G.: Eine charakteristische Eigenschaft von Hauptklassenmoduln. Math. Nachr. *47* (1970) 79—85.

[3] EISENREICH, G.: Verallgemeinerung eines Satzes von Macaulay. Monatsh. Math. (im Druck).

[4] EISENREICH, G.: Eine Qualitätsbeziehung zwischen s-Moduln, Math. Nachr. *34* (1967) 351 bis 359.

[5] EISENREICH, G.: p-Vektormoduln und Determinantenideale. Math. Nachr. (im Druck).

[6] EISENREICH, G.: Über Anzahlen und abgeleitete Gleichungssysteme von Idealen in Stellenringen. Nath. Nachr. *34* (1967) 327—350.

[7] GRÖBNER, W.: Moderne algebraische Geometrie. Die idealtheoretischen Grundlagen. Springer-Verlag, Wien—Innsbruck 1949.

[8] REES, D.: A theorem of homological algebra. Proc. Camb. Phil. Soc. *53* (1956) 605—610.

[9] REES, D.: The grade of an ideal or module. Proc. Camb. Phil. Soc. *53* (1956) 28—42.

Manuskripteingang: 28. 9. 1970

VERFASSER:

GÜNTHER EISENREICH, Sektion Mathematik der Karl-Marx-Universität Leipzig

Gitterpunkte auf Kugeln im R_{2l}

WILHELM MAIER

Herrn Prof. Dr. O.-H. Keller zum 65. Geburtstag gewidmet

Die Abzählung von Gitterpunkten in EUKLIDS R_{2l}, soweit diese auf Überkugeln des Halbmessers $n^{1/2}$ liegen, benötigt die Anzahlen $r_{2l}(n)$ von Lösungen der unbestimmten Gleichung

$$g_1{}^2 + g_2{}^2 + \cdots + g_{2l}{}^2 \doteq n, \quad g_\lambda \equiv 0(1); \quad \lambda, l, n = 1, 2, \ldots \tag{1}$$

Eine Zurückführung der zahlentheoretischen Funktionen $r_{2l}(n)$ auf ähnliche Funktionen mit kleineren Parametern gelingt z. B. durch Beanspruchung von Teilerpotenzsummen, wie sie bei Gitterpunktzählung längs Hyperbeln sich anbieten. Die Hilfsmittel der analytischen Zahlentheorie erlauben, die Bestimmung von $r_{2l}(n)$ für beide Restklassen $l \pmod 2$ ungefähr mit gleichem Aufwand zu erledigen. Bei Unterscheidung von $l \pmod 4$ freilich sah sich BULYGIN [1] veranlaßt, aus dem Ring der rationalen Zahlen herauszutreten und mit $g_1 + ig_2 \in P(i)$ ganze rationale Zahlen zweiten Grades heranzuziehen. Wir verfolgen BULYGINS Ansatz zunächst für $l = 4k + 2$, $k = 0, 1, 2, \ldots$, und erklären verallgemeinerte Teilerpotenzsummen

$$\sigma_{1,3;4}(m, l) \doteq \sum_{\substack{t/m \\ t \equiv 1(4)}} t^l - \sum_{\substack{t/m \\ t \equiv 3(4)}} t^l \tag{2}$$

sowie mit ergänzenden Teilern

$$\sigma^{1,3;4}(m, l) \doteq \sum_{\substack{m/t \equiv 1(4)}} t^l - \sum_{\substack{m/t \equiv 3(4)}} t^l. \tag{2'}$$

Dann gilt bekanntlich nach JACOBI

$$r_2(n) = 4\,\sigma_{1,3;4}(n, 0), \quad r_6(n) = 4\,\sigma^{1,3;4}(2n, 2) - 4\,\sigma_{1,3;4}(n, 2).$$

Neben der von EULER durch

$$1 + \frac{1}{\cos u} \doteq \sum_{m=0}^{\infty} \frac{u^{2m}}{(2m)!} E_m, \qquad |u| < \frac{\pi}{2},$$

erklärten Folge natürlicher Zahlen E_m sind in Anschluß an BULYGIN gewisse arithmetische Funktionen

$$r_{k,l}(n) = \sum_{g_1^2 + \cdots + g_k^2 = n} (g_1 + i g_2)^{4l}, \quad k-1, l+1, n = 1, 2, \ldots, \tag{3}$$

einzuführen, so daß $r_{h,0}(n) = r_h(n)$ auf die in (1) benutzte Anzahlfunktion zurückfällt. BULYGINS Ergebnis

$$E_k r_{4k+2}(n) = 4\,\sigma^{1,3;4}\,(2n, 2k) + 4\,(-1)^k\,\sigma_{1,3;4}(n, 2k) + \sum_{h=1}^{[k/2]} E_{k,h}\,r_{4k+2-8h,h}\,(n),$$

$$n, k+1 = 1, 2, \ldots; E_{k,h} \equiv 0 \ (1), \tag{4}$$

enthält als Anfangswerte $E_{2,1} = 1$, $E_{3,1} = 728$, $E_{4,2} = -64$. Bei festem k und $n > n_0(k)$ gibt das Wachstum der Teilerfunktionen

$$\sigma_{1,3;4}(n, 2k) = O(n^{2k}) \tag{5}$$

Anlaß, eine entsprechende Abschätzung auch für die $r_{k,h}(n)$ ausfindig zu machen. Die Theorie der Modulformen, wie sie in den Arbeiten von E. HECKE, H. PETERSSON u. a. vorliegt (vgl. [5]), zeigt in der Tat für BULYGINS Funktionen mit $\varepsilon > 0$

$$\sum_{h=1}^{[k/2]} E_{k,h}\,r_{4k+2-8h,h}(n) = O\!\left(n^{k + \frac{1}{4} + \varepsilon}\right) \tag{5'}$$

ein schwächeres Wachstum.

Da eine selbständige Theorie der $r_{k,h}(n)$ bisher noch nicht gegeben wurde, empfiehlt es sich, entsprechend dem Ansatz von TOPARKUS [6], BULYGINS Funktionen auf Teilerpotenzen zurückzuführen. Wegen (5), (5') kann in (4) aus $r_{4k+2}(n)$ ein für wachsende n entscheidender Hauptteil

$$\varrho_{4k+2}(n) = \frac{4}{E_k}\,\{\sigma^{1,3;4}(2n, 2k) + (-1)^k\,\sigma_{1,3;4}(n, 2k)\}; \ n, k+1 = 1, 2, \ldots, \tag{6}$$

abgespalten werden. Die verbleibende Differenz

$$r_{4k+2} - \varrho_{4k+2} = \frac{1}{E_k}\sum_{h=1}^{[k/2]} E_{k,h}\,r_{4k+2-8h,h}(n)$$

erweist sich gegenüber (6) in n zuletzt als von kleinerer Größenordnung. Wird nun aus der Theorie der Gitterfunktionen (vgl. [4], Kap. II) die Darstellung durch eine Teilbruchreihe

$$H\!\begin{pmatrix} x_1 & x_2 \\ z & \omega \end{pmatrix};\,s\Big) \doteq \sum_{g}^{g<\infty} \sum_{h=0}^{\infty} e(x_1 g + x_2 h)\,(z + g + \omega h)^{-s} \tag{7}$$

der Funktion des Halbgitters eingeführt, so kann H als eine in s ganze Funktion erkannt werden aus

$$H\!\begin{pmatrix} x_1 & x_2 \\ z & \omega \end{pmatrix};\,s\Big) = \frac{(-2\pi i)^s}{\Gamma(s)}\sum_{m=0}^{\infty} \frac{(m - x_1)^{s-1}\,e(zm - x_1 m)}{1 - e(x_2 - \omega x_1 + \omega m)}, \tag{7'}$$

$$0 < \operatorname{Im}(z - x_1),\ \operatorname{Im}(x_2 - \omega x_1),\ \operatorname{Im}(\omega).$$

Zur Erzeugung von Teilerpotenzsummen (2), (2') eignen sich Sonderfälle aus (7'), wie

$$\sum_{n=1}^{\infty} \frac{(-1)^{n-1}(2n-1)^{2k}\,q^{2n-1}}{1-q^{2n-1}} = \sum_{\nu=1}^{\infty} q^{\nu}\,\sigma_{1,3;4}(\nu,2k), \quad e\left(\frac{\omega}{2}\right) \doteq q, \tag{8}$$

$$\sum_{n=1}^{\infty} \frac{(2n)^{2k}\,q^n}{1+q^{2n}} = \sum_{\nu=1}^{\infty} q^{\nu}\,\sigma^{1,3;4}(2\nu,2k), \quad k=0,1,\ldots \tag{8'}$$

Nach (7), (8), (8') betrachten wir besondere Halbgitterfunktionen, wie

$$\sum_{\nu=1}^{\infty} q^{\nu}\,\sigma_{1,3;4}(\nu,2k) = \frac{(-1)^k\,(2k)!}{\pi^{2k+1}\,2i}\,e\left(\frac{-\omega}{2}\right) H\begin{pmatrix} \frac{1}{2} & 0 \\ \omega & \omega \end{pmatrix}; 2k+1 \end{pmatrix},$$

$$\sum_{\nu=1}^{\infty} q^{\nu}\,\sigma^{1,3;4}(2\nu,2k) = \frac{(-1)^{k+1}\,(2k)!}{\pi^{2k+1}\,2i}\,H\begin{pmatrix} 0 & \frac{1}{2} \\ \frac{\omega}{2} & \omega \end{pmatrix}; 2k+1 \end{pmatrix}.$$

Die Ausscheidung der σ aus (6) bis (8') gibt

$$\frac{i}{2}\,E_k\,\frac{\pi^{2k+1}}{(2k)!}\sum_{\nu=1}^{\infty} q^{\nu}\,\varrho_{4k+2}(\nu)$$

$$= (-1)^{k+1} H\begin{pmatrix} 0 & \frac{1}{2} \\ \frac{\omega}{2} & \omega \end{pmatrix}; 2k+1 \end{pmatrix} + l\left(\frac{-w}{2}\right) H\begin{pmatrix} \frac{1}{2} & 0 \\ \omega & \omega \end{pmatrix}; 2k+1 \end{pmatrix} \tag{9}$$

als erzeugende Funktion der Hauptteile $\varrho_{4k+2}(\nu)$.

Unter der weiteren Einschränkung $k=2l+1$, $l=0,1,\ldots$, geht (9) über in

$$\frac{i}{2}\,E_{2l+1}\,\frac{\pi^{4l+3}}{(4l+2)!}\sum_{\lambda=1}^{\infty} q^{\lambda}\,\varrho_{8l+6}(\lambda) = H\begin{pmatrix} 0 & \frac{1}{2} \\ \frac{\omega}{2} & \frac{\omega}{2} \end{pmatrix}; 4l+3 \end{pmatrix} + e\left(\frac{-\omega}{2}\right) H\begin{pmatrix} \frac{1}{2} & 0 \\ \omega & \omega \end{pmatrix}; 4l+3 \end{pmatrix}. \tag{9'}$$

Neben die Teilerpotenzsummen (2), (2') stelle man ferner

$$\sigma^{1,2}(m,k) \doteq \overset{m/t\equiv 1(2)}{\sum}\, t^k. \tag{10}$$

Die zugehörige Erzeugende ist nach (7')

$$\sum_{\nu=1}^{\infty} e\left(\frac{\nu\omega+\nu}{2}\right)\sigma^{1,2}(2\nu,4j-1) = 2^{4j-1}\sum_{n=1}^{\infty} \frac{n^{4j-1}\,e\left(\dfrac{n\omega+n}{2}\right)}{1-e(n\omega)}$$

$$= \frac{1}{2}\,\pi^{-4j}\,(4j-1)!\,H\begin{pmatrix} 0 & 0 \\ \frac{\omega+1}{2} & \omega \end{pmatrix}; 4j \end{pmatrix}$$

5*

Benutzt man (9′) für $l - j$, $j = 1, 2, \ldots, l$, und Vorfaktoren $a_\mu \neq 0$, $\mu = 1, \ldots, 8$,

$$a_1 \sum_{\lambda=1}^{\infty} q^\lambda \varrho_{8l-8j+6}(\lambda) = H\begin{pmatrix} 0 & \dfrac{1}{2} \\[4pt] \dfrac{\omega}{2} & \omega \end{pmatrix}; 4l - 4j + 3 \bigg) + e\left(\dfrac{-\omega}{2}\right) H\begin{pmatrix} \dfrac{1}{2} & 0 \\[4pt] \omega & \omega \end{pmatrix}; 4l - 4j + 3 \bigg)$$

$$\overset{\cdot}{=} H_1 + H_2, \tag{11}$$

so empfiehlt sich als eine weitere Kürzung die Einführung von

$$\frac{1}{2}\pi^{-4j}(4j-1)! \, H\begin{pmatrix} 0 & 0 \\[4pt] \dfrac{\omega+1}{2} & \omega \end{pmatrix}; 4j \bigg) \overset{\cdot}{=} H_3. \tag{11'}$$

Für die Modulformen

$$H_1 H_3 + H_2 H_3 = a_2 \sum_{\lambda=1}^{\infty} q^\lambda \varrho_{8(l-j)+6}(\lambda) \sum_{\nu=1}^{\infty} (-q)^\nu \sigma^{1,2}(2\nu, 4j - 1)$$

entsteht dann mit $\lambda + \nu = n$

$$(H_1 + H_2)\, H_3 = a_2 \sum_{n=2}^{\infty} q^n \sum_{\nu=1}^{n-1} (-1)^\nu \, \sigma^{1,2}(2\nu, 4j - 1)\, \varrho_{8l-8j+6}(n - \nu),$$

$$a_2 H_3 + (H_1 + H_2)\, H_3 = a_2 \sum_{n=2}^{\infty} q^n \sum_{\nu=1}^{n} \cdots, \qquad \varrho_m(0) \overset{\cdot}{=} 0,$$

$$= a_2 \sum_{n=1}^{\infty} q^n \sum_{\nu=1}^{n} (-1)^\nu \, \sigma^{1,2}(2\nu, 4j - 1)\, \varrho_{8l-8j+6}(n - \nu)$$

$$\overset{\cdot}{=} f_j(\omega), \qquad j = 1, \ldots, l. \tag{11''}$$

Es gilt nun, bei festem l das System der f_j auf lineare Unabhängigkeit zu prüfen. Dazu genügt es, das Näherungsverhalten der f_j für $\operatorname{Re}(\omega) = \dfrac{p}{d}$, $(p, d) = 1$, genauer zu untersuchen. Man kann die Parameter x_1, x_2 aus H_1, H_2 für $0 < \operatorname{Im} z, \operatorname{Im} \omega$ ausscheiden vermöge der aus (7) fließenden Identitäten

$$H\begin{pmatrix} 0 & \dfrac{1}{2} \\[4pt] z & \omega \end{pmatrix}; s \bigg) = H\begin{pmatrix} 0 & 0 \\ z & 2\omega \end{pmatrix}; s \bigg) - H\begin{pmatrix} 0 & 0 \\ z + \omega & 2\omega \end{pmatrix}; s \bigg),$$

$$2^s H\begin{pmatrix} \dfrac{1}{2} & 0 \\[4pt] z & \omega \end{pmatrix}; s \bigg) = H\begin{pmatrix} 0 & 0 \\[4pt] \dfrac{z}{2} & \dfrac{\omega}{2} \end{pmatrix}; s \bigg) - H\begin{pmatrix} 0 & 0 \\[4pt] \dfrac{z+1}{2} & \dfrac{\omega}{2} \end{pmatrix}; s \bigg).$$

Alle Bestandteile von (11) erhält man so mit $s \overset{\cdot}{=} 4(l - j) + 3$

$$H\begin{pmatrix} 0 & \dfrac{1}{2} \\[4pt] \dfrac{\omega}{2} & \omega \end{pmatrix}; 4l - 4j + 3 \bigg) = H\begin{pmatrix} 0 & 0 \\[4pt] \dfrac{\omega}{2} & 2\omega \end{pmatrix}; 4l - 4j + 3 \bigg) - H\begin{pmatrix} 0 & 0 \\[4pt] \dfrac{3\omega}{2} & 2\omega \end{pmatrix}; 4l - 4j + 3 \bigg),$$

$$\tag{12}$$

$$2^{4l-4j+3} H \begin{pmatrix} \dfrac{1}{2} & 0 \\ \omega & \omega \end{pmatrix}; 4l - 4j + 3 \end{pmatrix}$$

$$= H \begin{pmatrix} 0 & 0 \\ \dfrac{\omega}{2} & \dfrac{\omega}{2} \end{pmatrix}; 4l - 4j + 3 \end{pmatrix} - H \begin{pmatrix} 0 & 0 \\ \dfrac{\omega + 1}{2} & \dfrac{\omega}{2} \end{pmatrix}; 4l - 4j + 3 \end{pmatrix}. \qquad (12')$$

Zur Umformung der rechts in (12, 12') erscheinenden Halbebenenfunktionen erinnern wir an eine dem linearen Halbgitter zugehörige, von M. LERCH [3] eingeführte, in x, a, s analytische Transzendente. Die Reihe

$$\sum_{l=0}^{\infty} (l + a)^{-s} e(xl) \underset{.}{=} \Phi(x, a, s), \qquad (13)$$

$$0 \leqq \operatorname{Im} x, \quad 0 < a \leqq 1, \quad 1 < \operatorname{Re} s,$$

fällt für $x = 0$ zurück auf eine von A. HURWITZ untersuchte, in s meromorphe Funktion; es gilt nämlich

$$\Phi(0, a, s) \underset{.}{=} \zeta(s, a) = \frac{1}{s - 1} + O(1), \quad s \to 1. \qquad (13')$$

Für $0 < x < 1$ entsteht andererseits eine in s ganze Transzendente. Um

$$H \begin{pmatrix} 0 & 0 \\ \beta + w\alpha & w \end{pmatrix}; s \end{pmatrix} \underset{.}{=} [\alpha, \beta, w, s] \qquad (14)$$

in der Nähe von Randpunkten $w = \dfrac{p}{d}$ darzustellen, sei als Ortsveränderliche

$$2\pi i \left(\frac{p}{d} - w \right) \underset{.}{=} \varepsilon \qquad (14')$$

eingeführt. Nach H. J. GLAESKE [2] gilt dann im Bereich $0 < \alpha < 1,\ 0 \leqq \beta < 1$

$$i^{s+1} \Gamma(s) (2\pi q)^{1-s} [\alpha, \beta, w; s]$$

$$= \int\limits_{(s+1)} \frac{du\, \Gamma(u)}{(d^2 \varepsilon)^u} \sum_{\lambda=0}^{d-1} \zeta \left(u, \frac{\lambda + \alpha}{d} \right) \sum_{\nu=1}^{d} e \left\{ \nu \left(\beta + \frac{p\lambda + p\alpha}{d} \right) \right\} \cdot \Phi \left(\alpha p + \beta d, \frac{\nu}{d}, u + 1 - s \right). \qquad (14'')$$

Für

$$4l - 4j + 3 \underset{.}{=} s, \quad a_3(l, j, d) \underset{.}{=} a_3 \neq 0, \quad w \underset{.}{=} \frac{\omega}{2} \qquad (15)$$

entsteht damit vermöge (11), (12'), (14), (14')

$$H_2(\omega) = a \left\{ \left[1, 0, \frac{\omega}{2} \quad \right] - \left[1, \frac{1}{2}, \frac{\omega}{2}, s \right] \right\}. \qquad (15')$$

Unter den rationalen Randpunkten soll die mit $\omega = \dfrac{1}{2}$ vorliegende einfachste Möglichkeit weiterhin benutzt werden. Es folgt $w = \dfrac{1}{4}$, also $p = 1,\ d = 4$ und beidemale in (15') $\alpha + 4\beta \equiv 0 \,(1)$. Im Integranden (14'') ist für $u \to s$ die $\sum\limits_{\lambda,\nu}$ auszuführen, und liefert

$$\sum_{\lambda=0}^{3} \zeta\left(u, \frac{\lambda+1}{4}\right) \sum_{\nu=1}^{4} \Phi\left(1, \frac{\nu}{4}, u+1-s\right)\left\{e\left[\frac{\omega}{4}(\lambda+1)\right] - e\left[\frac{\nu}{4}(\lambda+3)\right]\right\}. \tag{16}$$

Wird in (14'') der Integrationsweg nach links verschoben, etwa nach $\mathrm{Re}\, u = s - l$, so ergeben in (16) die Zeiger $\lambda = 1, 3$ als Residuum der Stelle $u = s$ mit $a_4(l, j, d)$ $\underset{\cdot}{=} a_4 \neq 0$ nach (15'), (16)

$$H_2(\omega) = a_4\, \varepsilon^{-s} \left\{\zeta\left(s, \frac{1}{2}\right) - \zeta(s, 1)\right\} + O(\varepsilon^{1-s}) \tag{16'}$$

Weiterhin entsteht aus (11), (12), (15'') für $2\omega \underset{\cdot}{=} w = 1, p = d = 1, \alpha = \dfrac{1}{4}$ bzw. $\dfrac{3}{4}$, $\beta = 0$ immer $\alpha p + \beta d \not\equiv 0\,(1)$. Bei $u = s$ liefert Φ deshalb in (14'') kein Residuum, so daß an Stelle von (16)'

$$H_1(\omega) = a_5\, \varepsilon^{-1} + O(1)$$

tritt; dies ist für $s = 4(l-j) + 3$ von kleinerer Größenordnung, und so wird mit (16')

$$H_2(\omega) + H_1(\omega) = a_6\, \varepsilon^{-s} \left\{\zeta\left(s, \frac{1}{2}\right) - \zeta(s, 1)\right\} + O(\varepsilon^{1-s}). \tag{16''}$$

Es ist jetzt noch H_3 zu bilden. Entsprechend (11') wird $p = 1, d = 2, \beta = 0, \alpha = \dfrac{1}{2}$. Auch hier bleibt $p\alpha + d\beta \not\equiv 0\,(1)$ und somit $\Phi(1) = O(1)$;

$$H_3(\omega) = a_7\, \varepsilon^{-1} + O(1), \quad a_7 \neq 0. \tag{16'''}$$

Mit $a_6 a_7 = a_8$ können die in (11'') konstruierten Modulformen nun auf lineare Abhängigkeit geprüft werden. Die für kleine ε geltende Näherung

$$f_j(\omega) = a_8\, \varepsilon^{-s-1} \left\{\zeta\left(s, \frac{1}{2}\right) - \zeta(s, 1)\right\} + O(\varepsilon^{-s}), \tag{17}$$

$$s = 4(l-j) + 3, \quad j = 1, 2, \ldots, l,$$

zeigt mit $\varepsilon \to 0$ die lineare Unabhängigkeit des Systems der f_j zunächst für die untersuchte Restklasse

$$2k \equiv 6 \,(\mathrm{mod}\ 8)$$

in (9). An Stelle der von BULYGIN gegebenen Darstellung von $r_{2l}(n)$, welche neue Funktionen, wie die in (3) erklärten $r_{h,l}(n)$ enthielt, genügt es jetzt, die Kenntnis von Teilerpotenzsummen vorauszusetzen. So gilt etwa

$$r_{18}(n) = \varrho_{18}(n) + \frac{32\,552}{27 \cdot 77} \sum_{\nu=1}^{n} (-1)^{\nu+1}\, \sigma^{1,2}(2\nu, 3)\, \varrho_{10}(n-\nu)$$

$$+ \frac{11}{810} \sum_{\nu=1}^{n} (-1)^{\nu}\, \sigma^{1,2}(2\nu, 7)\, \varrho_{2}(n-\nu).$$

Um alle vier Restklassen $2k \equiv p \pmod 8$ mit $p = 2, 4, 6, 8$ auf entsprechende Weise zu behandeln, sind nur geringfügige Abwandlungen im Beweisgang nötig. Der bisher kürzeste Zugang zu (4) läuft über L. Kroneckers Transzendente $s\begin{pmatrix} x_1 & x_2 \\ & z \end{pmatrix}$ (vgl. [4], Kap. II), wobei für die durch $p = 2, 6$ bestimmten Restklassen mit

$$s\begin{pmatrix} \dfrac{1}{2} & 0 \\ z + \dfrac{1}{2} \end{pmatrix} + is\begin{pmatrix} 0 & \dfrac{1}{2} \\ zi + \dfrac{\omega}{2} \end{pmatrix}$$

eine dem Parallelogrammgitter der z-Ebene verfremdete meromorphe Funktion ins Spiel kommt. Die mit $p = 4, 8$ entstehenden Restklassen benötigen Funktionen zweiter Ordnung als analytischen Unterbau, nämlich

$$s^2\begin{pmatrix} \dfrac{1}{2} & 0 \\ z + \dfrac{1}{2} \end{pmatrix} - s^2\begin{pmatrix} 0 & \dfrac{1}{2} \\ zi + \dfrac{\omega}{2} \end{pmatrix}, \tag{18}$$

um in sämtlichen Fällen ein System unabhängiger Modulformen

$$f_j(\omega) = \sum_{n=1}^{\infty} e\left(\frac{\omega n}{2}\right) \sum_{n=1}^{n} (-1)^{\nu}\, \sigma^{1,2}(2\nu, 4j - 1)\, \varrho_{8(l-j)+p}(n - \nu) \tag{18'}$$

konstruieren zu können. An Stelle der Folge $\{E_k\}$ von Eulerschen Zahlen sind die Beiwerte $\{D_l\}$ aus

$$1 + \tan^2 z = \sum_{l=0}^{\infty} \frac{z^{2l}}{(2l)!} D_l, \qquad |z| < \frac{\pi}{2},$$

einzuführen, und man setze zur Abkürzung

$$4\,\sigma^{1,2}(2n, 2k - 1) + 4(-1)^k \sigma_{2,3;4}(n, 2k - 1) \doteq D_{k-1}\, \varrho_{4k}(n), \qquad k = 1, 2, \dots$$

Bulygins Ergebnis kann in diesem Fall mit ganz rationalen $D_{k,g}$ durch

$$D_{k-1} r_{4k}(n) = D_{k-1}\varrho_{4k}(n) - \sum_{g=1}^{[(k-1)/2]} D_{k,g}\, r_{4k-8g,g}(n)$$

wiedergegeben werden. Das Näherungsverhalten der Modulformen (18') bei rationalen Randpunkten zeigt auch im gegenwärtigen Fall die lineare Unabhängigkeit der $f_j(\omega)$ und führt dementsprechend zur Möglichkeit der Ausscheidung der neuen Funktionen $r_{g,l}(n)$, an deren Stelle die besser bekannten Teilerpotenzsummen treten. Als typisches Beispiel erwähnen wir den Fall $k = 5$ und erhalten hier

$$r_{20}(n) = \varrho_{20}(n) + \frac{2\,614}{15 \cdot 31} \sum_{\nu=1}^{n} \sigma^{1,2}(2\nu, 3)\, \varrho_{12}(n - \nu)$$

$$- \frac{19}{15 \cdot 31} \sum_{\nu=1}^{n} (-1)^{\nu}\, \sigma^{1,2}(2\nu, 7)\, \varrho_4(n - 7).$$

LITERATUR

[1] BULYGIN, W.: Sur une application des fonctions elliptiques. Bull. Acad. Imp. Sci. St. Péters-
bourg (6) *8* (1914).

[2] GLAESKE, H.-J.: Funktionalgleichungen von Gitterfunktionen. Math. Nachr. *32* (1966) 95—105.

[3] LERCH, M.: Note sur la fonction $\Re(\omega, x, s) = \sum\limits_{k=0}^{\infty} e(xk) (\omega + k)^{-s}$. Acta Math. *11* (1887), 19—24.

[4] MAIER, W., und H. KIESEWETTER: Funktionalgleichungen mit analytischen Lösungen. VEB
Deutscher Verlag der Wissenschaften, Berlin 1971, S. 136.

[5] RANKIN, R. A.: On the representation of ... squares. Acta Arithm. *7* (1962) 399—407.

[6] TOPARKUS, H.: Quadratsummen und ihre analytischen Erzeugenden. Dissertation Universität Jena (unveröffentlicht).

Manuskripteingang: 2. 10. 1970

VERFASSER:

WILHELM MAIER, Sektion Mathematik der Friedrich-Schiller-Universität Jena

Über die h_1-Bedingung in der idealtheoretischen Multiplizitätstheorie

Jürgen Stückrad und Wolfgang Vogel

Herrn Prof. Dr. O.-H. Keller zum 65. Geburtstag gewidmet

Auf der Akademie-Tagung „Über neuere Probleme der Algebra und Zahlentheorie" in Berlin 1962 formulierte W. Vogel das folgende Problem:

Sei $R =: K[x_0, x_1, \ldots, x_n]$ ein Polynomring in den $n + 1$ Unbestimmten $x_0, \ldots, x_n$ über einem beliebigen Körper K. Es sei $\mathfrak{a}$ ein d-dimensionales homogenes Ideal und F eine Form in R. $H(t, \mathfrak{a})$ bezeichne die Hilbert-Funktion von $\mathfrak{a}$, d. h.

$$H(t, \mathfrak{a}) = h_0(\mathfrak{a}) \cdot \binom{t}{d} + h_1(\mathfrak{a}) \cdot \binom{t}{d-1} + \cdots + h_d(\mathfrak{a}),$$

wobei $h_0(\mathfrak{a}) > 0, h_1(\mathfrak{a}), \ldots, h_d(\mathfrak{a})$ ganzrationale Zahlen sind und d die Dimension von $\mathfrak{a}$ ist (siehe [4]).

Die Frage ist, ob der folgende Satz gilt:

Satz. *Sei* $\dim(\mathfrak{a}, F) = d - 1$. *Wenn* $h_1(\mathfrak{a}) = h_1(\mathfrak{a}:F)$, *dann ist F in keinem zu $\mathfrak{a}$ gehörigen $(d - 1)$-dimensionalen Primideal enthalten.*

Bisher konnte dieses Problem noch nicht vollständig gelöst werden (siehe [2, 6, 9]). In der Zwischenzeit wurden in [1] mehrere Ergebnisse mit Methoden der homologischen Algebra für die idealtheoretische Multiplizitätstheorie hergeleitet. Mit einem dieser Resultate kann nun der Beweis des Satzes geliefert werden. Wir geben dann noch einige Folgerungen, die von selbständigem Interesse sind.

Beweis des Satzes. $\mathfrak{a}$ habe folgende Primärzerlegung:

$$\mathfrak{a} = \mathfrak{q}_1 \cap \cdots \cap \mathfrak{q}_s \cap \mathfrak{q}_{s+1} \cap \cdots \cap \mathfrak{q}_t \cap \mathfrak{r},$$

wobei $\mathfrak{q}_i$ $\mathfrak{p}_i$-primär für $i = 1, \ldots, t$ mit $\dim \mathfrak{q}_i = d$ für $i = 1, \ldots, s$ und $\dim \mathfrak{q}_j = d - 1$ für $j = s + 1, \ldots, t$ ist. $\mathfrak{r}$ bezeichne den Durchschnitt der übrigen Primärkomponenten von $\mathfrak{a}$, also $\dim \mathfrak{r} \leq d - 2$. Analog sei

$$(\mathfrak{a}, F) = \mathfrak{q}_1' \cap \cdots \cap \mathfrak{q}_r' \cap \mathfrak{r}',$$

wobei q_i' $\mathfrak{p}_i'$-primär und $\dim q_i' = d - 1$ für $i = 1, \ldots, r$ ist und $\dim \mathfrak{r} \leq d - 2$. Da nach Voraussetzung $h_1(\mathfrak{a}) = h_1(\mathfrak{a}:F)$ ist, folgt nach [8], Satz 2, die Gültigkeit des Bezoutschen Satzes (im Sinne von [4]): $h_0(\mathfrak{a}, F) = h_0(\mathfrak{a}) \cdot h_0(F)$. Daher folgt in diesem speziellen Fall $(\varrho = 1)$ aus dem Korollar 2 zu Satz 3 in [1], daß F in keinem $\mathfrak{p}_k$ $(1 \leq k \leq t)$ enthalten ist, für das ein $\mathfrak{p}_j'(1 \leq j \leq r)$ derart existiert, daß $\mathfrak{p}_k \subseteq \mathfrak{p}_j'$ ist. Hiermit zeigen wir nun, daß unter den Voraussetzungen des Satzes

$$\mathfrak{p}_j' \neq \mathfrak{p}_i \text{ für alle } j = 1, \ldots, r \text{ und } i = s + 1, \ldots, t$$

gilt. Angenommen, wir hätten $\mathfrak{p}_j = \mathfrak{p}_i$ für ein gewisses j und i. Dann ist $F \in \mathfrak{p}_i$ wegen $(\mathfrak{a}, F) \subseteq \mathfrak{p}_j'$. Nach der obigen Bemerkung ist dies ein Widerspruch, weil der Bezoutsche Satz gilt.

Wir beweisen nun die Aussage des Satzes.
Angenommen, es gilt $F \in \mathfrak{p}_i$ mit $s + 1 \leq i \leq t$. Dann betrachten wir

$$R_{\mathfrak{p}_i} \supset \mathfrak{p}_i \cdot R_{\mathfrak{p}_i} \supseteq (\mathfrak{a}, F) \cdot R_{\mathfrak{p}_i} = q_1' \cdot R_{\mathfrak{p}_i} \cap \cdots \cap q_r' \cdot R_{\mathfrak{p}_i} \cap \mathfrak{r}' \cdot R_{\mathfrak{p}_i}$$

$$= R_{\mathfrak{p}_i} \cap \cdots \cap R_{\mathfrak{p}_i} \cap R_{\mathfrak{p}_i} = R_{\mathfrak{p}_i},$$

da q_j' für alle $j = 1, \ldots, r$ und $\mathfrak{r}'$ nicht in $\mathfrak{p}_i$ enthalten sind; Widerspruch, q. e. d.

Korrolar 1. *Es sei $\mathfrak{a}$ wie oben und $\mathfrak{b} = (F_1, \ldots, F_\varrho)$ ein homogenes Ideal in R mit $\dim(\mathfrak{a}, \mathfrak{b}) = d - \varrho$. Dann sind die folgenden Aussagen äquivalent:*

i) $h_1(\mathfrak{a}, F_1, \ldots, F_j) = h_1\big((\mathfrak{a}, F_1, \ldots, F_j):F_{j+1}\big)$ für alle $j = 0, \ldots, \varrho - 1$ $\big((\mathfrak{a}, F_0) = : \mathfrak{a}\big)$.

(ii) F_{j+1} ist in keinem $(d - j - 1)$-dimensionalen Primideal enthalten, das zu $(\mathfrak{a}, F_1, \ldots, F_j)$ für alle $j = 0, \ldots, \varrho - 1$ gehört.

Beweis. Satz und [4], 143.3.

Korollar 2. *Seien $\mathfrak{a}$ und $\mathfrak{b}$ wie in Korollar 1. Dann haben wir: Der Bezoutsche Satz $h_0(\mathfrak{a}, \mathfrak{b}) = h_0(\mathfrak{a}) \cdot h_0(\mathfrak{b})$ gilt genau dann, wenn die Bedingung (ii) des Korollars 1 erfüllt ist.*

Beweis. Korollar 1 und Satz 2 in [8].

Für ein weiteres Korollar geben wir die folgenden Bezeichnungen:
Das Ideal $(\mathfrak{a}, \mathfrak{b})$ möge folgende Primärzerlegung besitzen:

$$(\mathfrak{a}, \mathfrak{b}) = q_1 \cap \cdots \cap q_s \cap R(\mathfrak{a}, \mathfrak{b}),$$

wobei die q_i $\mathfrak{p}_i$-primär und die höchstdimensionalen zu $(\mathfrak{a}, \mathfrak{b})$ gehörigen Primärkomponenten sind, und $R(\mathfrak{a}, \mathfrak{b})$ bezeichne den Durchschnitt der übrigen Komponenten. A_v bezeichne den regulären lokalen Ring $R_{\mathfrak{p}_v}$ für alle $v = 1, \ldots, s$. Ferner sei $\mathfrak{a}_v =: A_v \cdot \mathfrak{a}$ und $\mathfrak{b}_v =: A_v \cdot \mathfrak{b}$.
Die Primärkomponente q_v habe die idealtheoretische Multiplizität μ_v im Sinne von W. Gröbner [4], 127.16., S. 88—89.

$$\chi^{A_v}(A_v/\mathfrak{a}_v, A_v/\mathfrak{b}_v) =: \sum_{i \geq 0} (-1)^i L\big(\mathrm{Tor}_i^{A_v}(A_v/\mathfrak{a}_v, A_v/\mathfrak{b}_v)\big)$$

bezeichne die Schnittmultiplizität im Sinne von J.-P. Serre [7], S. V—12, da A_v ein regulärer lokaler Ring ist, und es liegt der charakteristikgleiche Fall vor.
Sei ferner A ein noetherscher lokaler Ring mit dem maximalen Ideal $\mathfrak{m}$ und q $\mathfrak{m}$-primär. Wenn $M \neq 0$ ein A-Modul vom endlichen Typ ist, dann wollen wir das Hilbert-

Samuelsche Polynom $L(M/\mathfrak{q}^{n+1} \cdot M)$ für genügend großes n wie folgt aufschreiben:

$$L(M/\mathfrak{q}^{n+1} \cdot M) = e_0 \cdot \binom{n+d}{d} - e_1 \cdot \binom{n+d-1}{d-1} + \cdots + (-1)^d \cdot e_d,$$

wobei $d = \dim_A M$ und e_i ganzrationale Zahlen sind, und dafür schreiben wir $e_i = e_i$ $(\mathfrak{q}, M)$ (siehe z. B. [7]).

Korollar 3. *Seien $\mathfrak{a}$ und $\mathfrak{b}$ wie in Korollar 1. Die folgenden Bedingungen sind dann äquivalent:*

(i) F_{j+1} *ist in keinem* $(d-j-1)$-*dimensionalen Primideal enthalten, das zu* $(\mathfrak{a}, F_1, \ldots, F_j)$ *für alle* $j = 0, \ldots, \varrho - 1$ *gehört.*

(ii) F_{j+1} *ist kein Nullteiler in* $A_v/(\mathfrak{a}_v, F_1, \ldots, F_j) \cdot A_v$ *für alle* $j = 0, \ldots, \varrho - 1$ *und* $v = 1, \ldots, s$.

(iii) $\mathrm{Tor}_i^{A_v}(A_v/\mathfrak{a}_v, A_v/\mathfrak{b}_v) = 0$ *für* $i \geqq 1$ *und für alle* $v = 1, \ldots, s$.

(iv) $\mu_v = \chi^{A_v}(A_v/\mathfrak{a}_v, A_v/\mathfrak{b}_v)$ *für alle* $v = 1, \ldots, s$.

Wenn $\mathfrak{a}$ und $\mathfrak{b}$ Primideale sind, dann implizieren diese äquivalenten Bedingungen

(v) $\qquad e_1(\mathfrak{q}_v, A_v/\mathfrak{a}_v) = 0$ *für alle* $v = 1, \ldots, s$.

Beweis. Nach Korollar 2 und Satz 1 in [5] sind (i) und (iv) äquivalent.
Nach Voraussetzung ist $\mathfrak{b} = (F_1, \ldots, F_\varrho)$ ein Ideal der Hauptklasse ϱ, und daher bilden die Elemente $F_1, \ldots, F_\varrho$ eine A_v-Folge. Nach [7], chap. IV, folgt nun, daß der Koszulkomplex $K^{A_v}(F_1, \ldots, F_\varrho)$ eine freie Auflösung von $N = : A_v/(F_1, \ldots, F_\varrho) \cdot A_v$ bildet, also

$$0 \to K_\varrho(F) \to \cdots \to K_1(F) \to N \to 0$$

mit $F =: (F_1, \ldots, F_\varrho)$. Daraus folgt für die i-te Homologiegruppe des Komplexes $K(F, A_v/\mathfrak{a}_v)$

$$\mathrm{Tor}_i^{A_v}(A_v/\mathfrak{a}_v, A_v/\mathfrak{b}_v) \cong H_i(F, A_v/\mathfrak{a}_v).$$

Nach [7], Prop. 3, S. IV−5, sind damit (iii) und (ii) äquivalent.
(i) und (ii) sind nach Korollar 1 und Satz 3 in [1] äquivalent.
Da aus diesen äquivalenten Bedingungen die Gültigkeit des Bezoutschen Satzes folgt, ergibt sich nach [1], Satz 2, daß $A_v/\mathfrak{a}_v$ ein Cohen-Macaulay-Modul über A_v ist. Hieraus folgt nach [1], Satz 5, (vi),

$$\mu_v = e_0(\mathfrak{q}_v, A_v/\mathfrak{a}_v).$$

Diese Gleichheit ist nach [3], Th. 2.1, mit der Bedingung (v) äquivalent, aber unter der generellen Voraussetzung, daß $A_v/\mathfrak{a}_v$ ein Cohen-Macaulay-Modul ist, q.e.d.

Für geometrische Anwendungen beachte man den Fall $j = s = 1$, insbesondere (v), z. B. im Zusammenhang mit Cor. 4.3. in [3].

Abschließend wollen wir darauf hinweisen, daß der Satz im folgenden Sinn verallgemeinert werden kann.
Seien $\mathfrak{a}$ und $\mathfrak{b}$ d-dimensionale homogene Ideale in R. Sie heißen unvergleichbar, wenn weder $\mathfrak{a} \subseteq \mathfrak{b}$ noch $\mathfrak{b} \subseteq \mathfrak{a}$ gilt; dafür schreiben wir kurz $\mathfrak{a} \,||\, \mathfrak{b}$.

$\mathfrak{a}^{d-k}$ bezeichne den Durchschnitt der d-, $(d-1)$-, ..., $(d-k)$-dimensionalen Primärkomponenten, die zu $\mathfrak{a}$ gehören, d. h. $\mathfrak{g}_{n-d-k}(\mathfrak{a}) = \mathfrak{a}^{d-k}$, wobei $\mathfrak{g}_i(\mathfrak{a})$ das i-te Grundideal ist (siehe z. B. [6]). Mit diesen Bezeichnungen ergibt sich dann der weitere

Satz. *Wenn* $h_i(\mathfrak{a}) = h_i(\mathfrak{b})$ *für alle* $i = 0,1, ..., k,$ *dann gilt*

$$\mathfrak{a}^{d-k} = \mathfrak{b}^{d-k} \quad oder \quad \mathfrak{a}^{d-k} \mid\mid \mathfrak{b}^{d-k}.$$

Einen Beweis wird J. STÜCKRAD in seiner Dissertation liefern.

LITERATUR

[1] BUDACH, L., und W. VOGEL: Cohen-Macaulay-Moduln und der Bezoutsche Satz. Monatsh. Math. *73* (1969) 97—111.

[2] FIEDLER, H.-W.: Über Projektionen von Veroneseschen Idealen und den Bezoutschen Satz. Diplomarbeit Universität Halle, Sektion Math. 1966.

[3] FILLMORE, J. P.: On the Coefficients of the Hilbert-Samuel Polynomial. Math. Z. *97* (1967) 212—228.

[4] GRÖBNER, W.: Moderne algebraische Geometrie. Die Idealtheoretischen Grundlagen. Springer-Verlag, Wien—Innsbruck 1949.

[5] HERRMANN, M., und W. VOGEL: Bemerkungen zur Multiplizitätstheorie von Gröbner und Serre. J. Reine Angew. Math. *241* (1970) 42—46.

[6] RENSCHUCH, B.: Verallgemeinerungen des Bezoutschen Satzes. S.-B. Sächs. Akad. Wiss. Leipzig, Math.-Nat. Kl., *107*, Nr. 4 (1966).

[7] SERRE, J.-P.: Algèbre locale. Multiplicités. Lecture Notes Math. 11, Springer-Verlag, Berlin—New York 1965.

[8] VOGEL, W.: Grenzen für die Gültigkeit des Bezoutschen Satzes. Monatsber. Dt. Akad. Wiss. Berlin *8* (1966) 1—7.

[9] VOGEL, W.: Zur Theorie der charakteristischen Hilbertfunktion in homogenen Ringen über Ringen mit Vielfachkettensatz. Math. Nachr. *33* (1967) 39—60.

Manuskripteingang: 2. 10. 1970

VERFASSER:

JÜRGEN STÜCKRAD und WOLFGANG VOGEL, Sektion Mathematik der Martin-Luther-Universität Halle-Wittenberg

Über Intervallpolyeder im R_n

Eike Hertel

Herrn Prof. Dr. O.-H. Keller zum 65. Geburtstag gewidmet

Die folgenden Betrachtungen stellen eine Verallgemeinerung eines Ergebnisses von HADWIGER [1] dar. Gleichzeitig werden damit die auf die Ebene beschränkten Untersuchungen in [3] abgerundet.

1. Intervallpolyeder und Zerlegungsgleichheit

Ist im n-dimensionalen euklidischen Raum R_n ein rechtwinkliges kartesisches Koordinatensystem fest gegeben, so verstehen wir mit HADWIGER ([1], S. 33) unter einem (eigentlichen) Intervall X die Menge aller Punkte, deren Koordinaten x_i die Ungleichungen $\alpha_i \leq x_i \leq \beta_i$ mit $\alpha_i < \beta_i$ $(i = 1, 2, \ldots, n)$ erfüllen. Die Menge aller (eigentlichen) Intervalle des R_n sei $\mathfrak{J}_n{}^0$. Der Durchschnitt $C = X \cap Y$ zweier eigentlicher Intervalle ist entweder wieder ein eigentliches Intervall oder ganz in einer Ebene E_k $(k < n)$ enthalten. Im letzten Fall heißt C uneigentliches Intervall, wobei auch $C = \emptyset$ zugelassen ist. Wenn der Durchschnitt zweier Intervalle uneigentlich ist, so soll ihre Vereinigung als elementargeometrische Summe geschrieben werden:

$$C = X + Y \overset{\text{def}}{=} C = X \cup Y \wedge X \cap Y \text{ uneigentlich.}$$

Definition 1. Eine Punktmenge A des R_n heißt *Intervallpolyeder*, wenn sie sich als elementargeometrische Summe endlich vieler eigentlicher Intervalle darstellen läßt:

$$A = \sum_1^m X_i = X_1 + X_2 + \cdots + X_m \text{ mit } X_i \in \mathfrak{J}_n{}^0 \text{ und}$$

$$X_i \cap X_j \text{ uneigentlich für } i \neq j \ (i, j = 1, 2, \ldots, m).$$

Die Menge aller so definierten Intervallpolyeder des R_n sei $\mathfrak{J}_n$. Die oben erklärte Operation $+$ läßt sich sinngemäß auf $\mathfrak{J}_n$ erweitern. Dabei werde der Durchschnitt $A \cap B$ zweier Intervallpolyeder, der in endlich vielen echten Unterräumen des R_n liegt, ebenfalls *uneigentlich* genannt. Unter Verwendung der Gruppe der Translationen im R_n lassen sich folgende Relationen definieren.

Definition 2. a) Zwei Punktmengen P und Q des R_n heißen *translationsgleich* $(P \overset{t}{=} Q)$, wenn es eine Translation t_0 gibt, die P in Q überführt: $t_0(P) = Q$.

b) Zwei Intervallpolyeder A und B heißen *intervallzerlegungsgleich*, kurz *zerlegungsgleich* $(A \sim B)$, wenn sich A und B in endlich viele paarweise translationsgleiche Intervalle zerlegen lassen:

$$A \sim B \overset{\text{def}}{=} A = \sum_1^m X_i \wedge B = \sum_1^m Y_i \wedge X_i, Y_i \in \mathfrak{I}_n{}^0 \wedge X_i \overset{t}{=} Y_i \quad (i = 1, \ldots, m).$$

Bezüglich der zuletzt definierten Relation gilt der folgende

Satz 1. *Die Zerlegungsgleichheit $\sim$ ist eine Äquivalenzrelation über $\mathfrak{I}_n$, und es gilt der Additionssatz*

$$A \cap B, C \cap D \text{ uneigentlich} \wedge A \sim C \wedge B \sim D \to A + B \sim C + D. \tag{Ad}$$

Der Beweis dieses Satzes ist der gleiche wie der des entsprechenden Satzes für die Ebene R_2 in [3], S. 299—300, und er kann deshalb hier übergangen werden.

2. Funktionale über $\mathfrak{I}_n$

Um die Frage nach notwendigen und hinreichenden Bedingungen für die Zerlegungsgleichheit von Intervallpolyedern zu beantworten, wird zunächst das auf $\mathfrak{I}_n{}^0$ eingeschränkte Problem betrachtet. Hadwiger zeigte, daß zwei Intervalle X und Y dann und nur dann zerlegungsgleich sind, wenn für alle translationsinvarianten und addierbaren Intervallfunktionale Φ_0 die Bedingungen $\Phi_0(X) = \Phi_0(Y)$ erfüllt sind ([1], S. 35). Dabei heißt Φ_0 translationsinvariant, wenn

$$\Phi_0(X) = \Phi_0(X') \text{ für } X \overset{t}{=} X' \tag{2.1}$$

gilt, und addierbar, wenn für $X = \sum_1^m Z_i$ mit $X, Z_i \in \mathfrak{I}_n{}^0$

$$\Phi_0(X) = \sum_1^m \Phi_0(Z_i) \tag{2.2}$$

ist.

Das allgemeinste translationsinvariante und addierbare Intervallfunktional, d. h. die allgemeinste Lösung des Funktionalgleichungssystem (2.1), (2.2) ist

$$\Phi_0(X) = \sum_{\tau_1} \cdots \sum_{\tau_n} c(\tau_1, \ldots, \tau_n)\, p_{\tau_1}(a_1) \cdots p_{\tau_n}(a_n). \tag{2.3}$$

Dabei sind a_i die Kantenlängen von X, $p_{\tau_i}(a_i)$ ist Koeffizient in der Darstellung $a_i = \sum_\tau p_\tau(a_i)\, \omega_\tau$ der Zahl a_i als Linearkombination mit rationalen Koeffizienten nach der Hamelschen Basis ω_τ aller reellen Zahlen (vgl. [2]); c ist eine beliebig wählbare reellwertige Funktion über der Menge aller n-Tupel von Indizes $\tau \in \varXi$, der überabzählbaren Indexmenge der Hamelschen Basis. Die Summe in (2.3) erstreckt sich schließlich über alle n-Tupel $[\tau_1, \ldots, \tau_n]$ mit $\tau_i \in \varXi$, reduziert sich aber in jedem konkreten Fall auf eine endliche Summe. Bei festem Index τ gilt endlich noch

$$p_\tau(a+b) = p_\tau(a) + p_\tau(b) \tag{2.4}$$

und

$$p_\tau(ra) = r \cdot p_\tau(t) \text{ für rationales } r. \tag{2.5}$$

Das allgemeinste translationsinvariante und addierbare Intervallfunktional (2.3) ist also die allgemeine Lösung der Cauchy-Hamelschen Funktionalgleichung von n Veränderlichen (den Kantenlängen von X):

$$f(a_1, \ldots, a_{i-1}, a_i + b_i, a_{i+1}, \ldots, a_n) = f(a_1, \ldots, a_n) + f(a_1, \ldots, a_{i-1}, b_i, a_{i+1}, \ldots, a_n).$$

Die Beantwortung der Frage nach notwendigen und hinreichenden Bedingungen für die Zerlegungsgleichheit von Intervallpolyedern ergibt sich durch Fortsetzung des Funktionals Φ_0 auf $\mathfrak{J}_n$ vermöge des Ansatzes

$$\Phi(A) = \sum_1^m \Phi_0(X_i), \tag{2.6}$$

wobei $A = \sum_1^m X_i$ eine nach Definition 1 gegebene Darstellung des Intervallpolyeders $A \in \mathfrak{J}_n$ als elementargeometrische Summe von Intervallen $X_i \in \mathfrak{J}_n{}^0$ ist. Daß der Wert des Funktionals $\Phi(A)$ unabhängig von der Darstellung von A als Summe von Intervallen ist und daß Φ auf $\mathfrak{J}_n{}^0$ mit Φ_0 übereinstimmt, ergibt sich sehr leicht (vgl. [3], S. 301). Schließlich ist das Funktional Φ translationsinvariant und einfach additiv:

$$\Phi(A) = \Phi(A') \text{ für } A \overset{t}{=} A', \tag{2.7}$$

$$\Phi(A + B) = \Phi(A) + \Phi(B). \tag{2.8}$$

Damit ergibt sich sofort der

Satz 2. $A, B \in \mathfrak{J}_n \wedge A \sim B \to \Phi(A) = \Phi(B)$ *für alle* Φ *mit* (2.7) *und* (2.8).

Beweis. Die Relation $A \sim B$ sei realisiert durch

$$A = \sum_1^m X_i \text{ und } B = \sum_1^m Y_i \text{ mit } X_i, Y_i \in \mathfrak{J}_n{}^0 \text{ und } X_i \overset{t}{=} Y_i \quad (i = 1, \ldots, m).$$

Mit (2.7) folgt daraus $\Phi(X_i) = \Phi(Y_i)$ für $i = 1, \ldots, m$ bzw. $\sum_1^m \Phi(X_i) = \sum_1^m \Phi(Y_i)$, und mit (2.8) ergibt sich im Sinne einer Induktion nach m

$$\Phi\left(\sum_1^m X_i\right) = \Phi\left(\sum_1^m Y_i\right),$$

also $\Phi(A) = \Phi(B)$, w.z.b.w.

3. Hinreichende Bedingungen

Es zeigt sich, daß die mit Satz 2 gefundenen notwendigen Bedingungen für die Zerlegungsgleichheit von Intervallpolyedern auch hinreichend sind, d. h., es gilt der

Satz 3. *Aus* $\Phi(A) = \Phi(B)$ *für alle* Φ *mit* (2.7) *und* (2.8) *folgt* $A \sim B$.

Zum Beweis dieses Satzes wird der folgende Hilfssatz benötigt.

Hilfssatz 1. *Wenn* $B, C, D \in \mathfrak{S}_n$ *und* $Y^1, Y^2 \in \mathfrak{S}_n{}^0$ *gilt, so folgt aus* (a) $B + C \sim Y^2$ *und* (b) $D \sim B + Y^1$ *auch* $C + D \sim Y^1 + Y^2$.

Beweis. Die Relation (a) läßt sich sicher so realisieren, daß gilt $B \sim Y_B{}^2$ und $C \sim Y_C{}^2$ mit $Y_B{}^2 + Y_C{}^2 = Y^2$, wobei $Y_B{}^2$ und $Y_C{}^2$ nicht notwendig aus $\mathfrak{S}_n{}^0$ sind. Entsprechend sei bezüglich (b) $D_B \sim B$ und $D_Y \sim Y^1$ mit $D_B + D_Y = D$. Mit der Transitivität der Relation $\sim$ folgt $D_B \sim Y_B{}^2$, so daß sich mit dem Additionssatz (Ad) $C + D_B + D_Y \sim Y_C{}^2 + Y_B{}^2 + Y^1$ bzw. $C + D \sim Y^1 + Y^2$ ergibt.

Der Beweis von Satz 3 erfolgt nun durch vollständige Induktion nach der Dimension n des Raumes R_n:

1. Der Fall $n = 1$ ist trivial; es reicht aus, als Funktional Φ lediglich die Längenfunktion heranzuziehen.
2. Satz 3 sei richtig für alle Dimensionen $\leq n - 1$.
3. Zum Nachweis der Gültigkeit von Satz 3 im R_n wird zunächst die folgende schwächere Aussage bewiesen.

Hilfssatz 2. $A \in \mathfrak{S}_n \wedge Y \in \mathfrak{S}_n{}^0 \wedge \Phi(A) = \Phi(Y)$ *für alle* $\Phi \to A \sim Y$.

Beweis. Sei $A = X_1 + \cdots + X_k$ eine Darstellung von A als Summe von Intervallen $X_i \in \mathfrak{S}_n{}^0$. Dann soll der Beweis von Hilfssatz 2 durch Induktion über die Anzahl der Summanden von A geführt werden:

a) $k = 1$ bedeutet $A = X_1 \in \mathfrak{S}_n{}^0$. Daß aber für zwei Intervalle X_1 und Y aus der Gleichheit der Funktionale Φ bzw. Φ_0 ihre Zerlegungsgleichheit folgt, liefert gerade das Ergebnis von Hadwiger, welches auch folgendermaßen formuliert werden kann: Zwei Intervalle X und Y mit den Kantenlängen a_i und b_i sind dann und nur dann zerlegungsgleich, wenn $a_i/b_i = r_i$ (rational) und $r_1 \cdots r_k = 1$ ist ([1], S. 36).
b) Hilfssatz 2 sei richtig für alle Intervallpolyeder A, die sich als Summe von weniger als k Intervallen darstellen lassen.
c) Sei jetzt $A = X_1 + \cdots + X_k$ und $\Phi(A) = \Phi(Y)$ bzw. mit (2.6) $\sum_1^k \Phi_0(X_i) = \Phi_0(Y)$. Mit (2.3) wird also

$$\sum_{i=1}^k \sum_{\tau_1} \cdots \sum_{\tau_n} c(\tau_1, \ldots, \tau_n)\, p_{\tau_1}(a_1{}^i) \cdots p_{\tau_n}(a_n{}^i)$$
$$= \sum_{\tau_1} \cdots \sum_{\tau_n} c(\tau_1, \ldots, \tau_n)\, p_{\tau_1}(b_1) \cdots p_{\tau_n}(b_n), \tag{3.1}$$

wenn $a_1{}^i, \ldots, a_n{}^i$ die Kantenlängen des Intervalls X_i und $b_1, \ldots, b_n$ die Kantenlängen von Y sind. Mit $c(\tau_1, \ldots, \tau_n) = \omega_{\tau_1} \cdots \omega_{\tau_n}$ ergibt sich aus (3.1) $\sum_{i=1}^k a_1{}^i \cdots a_n{}^i = b_1 \cdots b_n$, also die Inhaltsgleichheit $V(A) = V(Y)$ der Polyeder A und Y. Nun wird

$$c(\tau_1, \ldots, \tau_n) = \begin{cases} \bar{c}(\sigma_1, \ldots, \sigma_{n-1}) & \text{für } \tau_i = \sigma_i\ (i = 1, \ldots, n) \wedge p_{\sigma_n}(b_n) = s, \\ 0 & \text{sonst} \end{cases}$$

gesetzt, wo s eine von Null verschiedene rationale Zahl und $\bar{c}$ eine beliebig wählbare reellwertige Funktion aller $(n-1)$-Tupel von Indizes aus Ξ ist. Damit ergibt sich aus $\Phi(A) = \Phi(Y)$

$$\sum_{i=1}^k \bar{c}(\sigma_1, \ldots, \sigma_{n-1})\, p_{\sigma_1}(a_1{}^i) \cdots p_{\sigma_n}(a_n{}^i) = \bar{c}(\ldots)\, p_{\sigma_1}(b_1) \cdots p_{\sigma_n}(b_n). \tag{3.2}$$

Ohne Beschränkung der Allgemeinheit sei $p_{\sigma_n}(a_n{}^i) = s_i \neq 0$ für $i = 1, 2, \ldots, l$ mit $l \leq k$, so daß sich (3.2) aufschreiben läßt als

$$\sum_{i=1}^{l} \bar{c}(\sigma_1, \ldots, \sigma_{n-1})\, p_{\sigma_1}(a_1{}^i) \cdots p_{\sigma_{n-1}}(a_{n-1}^i) \cdot s_i = \bar{c}(\ldots)\, p_{\sigma_1}(b_1) \cdots p_{\sigma_{n-1}}(b_{n-1}) \cdot s.$$

Mit $s_i/s = r_i$ (rational) und (2.5) wird daraus

$$\sum_{i=1}^{l} \bar{c}(\sigma_1, \ldots, \sigma_{n-1})\, p_{\sigma_1}(r_i a_1{}^i)\, p_{\sigma_2}(a_2{}^i) \cdots p_{\sigma_{n-1}}(a_{n-1}^i) = \bar{c}(\ldots)\, p_{\sigma_1}(b_1) \cdots p_{\sigma_{n-1}}(b_{n-1}) \tag{3.3}$$

für alle $[\sigma_1, \ldots, \sigma_{n-1}]$.

Nun werden Intervalle $\bar{X}_i$ mit Kantenlängen $\bar{a}_1{}^i, \ldots, \bar{a}_n{}^i$ betrachtet, wobei $\bar{a}_1{}^i = |r_i| \cdot a_1{}^i$, $\bar{a}_j{}^i = a_j{}^i$ für $j = 2, 3, \ldots, n-1$ und $\bar{a}_n{}^i = |1/r_i| \cdot a_n{}^i$ gilt. Mit dem Induktionsbeginn a) ergibt sich also $X_i \sim \bar{X}_i \, (i = 1, \ldots, l)$, nach dem Additionssatz (Ad) ist also

$$A \sim \bar{X}_1 + \cdots + \bar{X}_l + X_{l+1} + \cdots + X_k. \tag{3.4}$$

O.B.d.A. sei in (3.3) $r_i > 0$ für $i = 1, \ldots, m \, (m \leq l)$, dann geht (3.3) mit den neuen Bezeichnungen über in

$$\sum_{i=1}^{m} \bar{c}(\ldots)\, p_{\sigma_1}(\bar{a}_1{}^i) \cdots p_{\sigma_{n-1}}(\bar{a}_{n-1}^i) = \sum_{i=m+1}^{l} \bar{c}(\ldots)\, p_{\sigma_1}(\bar{a}_1{}^i) \cdots p_{\sigma_{n-1}}(\bar{a}_{n-1}^i)$$
$$+ \bar{c}(\ldots)\, p_{\sigma_1}(b_1) \cdots p_{\sigma_{n-1}}(b_{n-1})$$

bzw. nach Summation über alle möglichen $(n-1)$-Tupel $[\sigma_1, \ldots, \sigma_{n-1}]$ in

$$\left.\begin{aligned}
&\sum_{i=1}^{m} \sum_{\sigma_1} \cdots \sum_{\sigma_{n-1}} \bar{c}(\ldots)\, p_{\sigma_1}(\bar{a}_1{}^i) \cdots p_{\sigma_{n-1}}(\bar{a}_{n-1}^i) \\
&= \sum_{i=m+1}^{l} \sum_{\sigma_1} \cdots \sum_{\sigma_{n-1}} \bar{c}(\ldots)\, p_{\sigma_1}(\bar{a}_1{}^i) \cdots p_{\sigma_{n-1}}(\bar{a}_{n-1}^i) \\
&\quad + \sum_{\sigma_1} \cdots \sum_{\sigma_{n-1}} \bar{c}(\ldots)\, p_{\sigma_1}(b_1) \cdots p_{\sigma_{n-1}}(b_{n-1}).
\end{aligned}\right\} \tag{3.5}$$

Durch das Symbol $\bar{X}_i = (Z_i, \bar{a}_n{}^i) \, (i = 1, \ldots, l)$ bzw. $Y = (Z, b_n)$ soll angedeutet werden, daß das Intervall $\bar{X}_i$ durch ein $(n-1)$-dimensionales Intervall $Z_i \in \mathfrak{J}_{n-1}^0$ und die Kante $\bar{a}_n{}^i$ erzeugt wird (analog für Y). Nach eventuellen Translationen der $\bar{X}_i$ ist erreichbar, daß alle $Z_i \, (i = 1, \ldots, l)$ und Z in einer $(n-1)$-dimensionalen Hyperebene E_{n-1} des R_n liegen; dann bedeutet (3.5) aber $\sum_{1}^{m} \Phi_0(Z_i) = \sum_{m+1}^{l} \Phi_0(Z_i) + \Phi_0(Z)$ und somit nach der Induktionsannahme 2

$$\sum_{1}^{m} Z_i \sim \sum_{m+1}^{l} Z_i + Z. \tag{3.6}$$

O.B.d.A. gelte nun min $\{\bar{a}_n{}^i: 1 \leq i \leq l\} = \bar{a}_n{}^1 = t$. Dann werde die folgende Zerlegung der Intervalle $\bar{X}_i$ bzw. Y durch Schnitte parallel zu E_{n-1} vorgenommen:

$$\bar{X}_i = X_i{}^1 + X_i{}^2 \text{ mit } X_i{}^1 = (Z_i, t), \quad X_i{}^2 = \begin{cases} (Z_i, \bar{a}_n{}^i - t) & \text{für } \bar{a}_n{}^i > t, \\ \varnothing & \text{für } \bar{a}_n{}^i = t \end{cases}$$

und

$$Y = Y^1 + Y^2 \text{ mit } Y^1 = (Z, t), \quad Y^2 = (Z, b_n - t).$$

Aus (3.6) folgt damit

$$\sum_1^m X_i{}^1 \sim \sum_{m+1}^l X_i{}^1 + Y^1. \tag{3.7}$$

Nach Satz 2 muß also

$$\Phi\left(\sum_1^m X_i{}^1\right) = \Phi(Y^1) + \Phi\left(\sum_{m+1}^l X_i{}^1\right) \tag{3.8}$$

gelten. Aus (3.4) und der Voraussetzung $\Phi(A) = \Phi(Y)$ folgt ebenfalls mit Satz 2

$$\Phi(A) = \Phi\left(\sum_1^k X_i\right) = \Phi\left(\sum_1^l \overline{X}_i + \sum_{l+1}^k X_i\right) = \Phi(Y)$$

bzw. unter Beachtung von (2.8) und $X_1{}^2 = \emptyset$

$$\Phi\left(\sum_1^m X_i{}^1\right) + \Phi\left(\sum_2^m X_i{}^2\right) + \Phi\left(\sum_{m+1}^l \overline{X}_i\right) + \Phi\left(\sum_{l+m}^k X_i\right) = \Phi(Y^1) + \Phi(Y^2).$$

Von dieser Gleichung wird die sich aus (3.8) ergebende Beziehung

$$\Phi\left(\sum_1^m X_i{}^1\right) - \Phi\left(\sum_{m+1}^l X_i{}^1\right) = \Phi(Y^1)$$

subtrahiert; das liefert

$$\Phi\left(\sum_2^m X_i{}^2 + \sum_{m+1}^l X_i{}^1 + \sum_{m+1}^l \overline{X}_i + \sum_{l+1}^k X_i\right) = \Phi(Y^2). \tag{3.9}$$

Mit $\overline{\overline{X}}_i = (Z_i, \bar{a}_n{}^i + t)$ $(i = m + 1, \ldots, l)$ wird nach eventueller Verschiebung der $X_i{}^1$

$$\sum_{m+1}^l \overline{\overline{X}}_i \sim \sum_{m+1}^l X_i{}^1 + \sum_{m+1}^l \overline{X}_i,$$

woraus mit Satz 2 und (3.9)

$$\Phi\left(\sum_2^m X_i{}^2 + \sum_{m+1}^l \overline{\overline{X}}_i + \sum_{l+1}^k X_i\right) = \Phi(Y^2) \tag{3.10}$$

folgt. In (3.10) sind links höchstens $k - 1$ Intervalle als Summanden enthalten, nach der Induktionsannahme b) gilt also

$$\sum_2^m X_i{}^2 + \sum_{m+1}^l \overline{\overline{X}}_i + \sum_{l+1}^k X_i \sim Y^2$$

bzw.

$$\sum_2^m X_i{}^2 + \sum_{m+1}^l X_i{}^1 + \sum_{m+1}^l \overline{X}_i + \sum_{l+1}^k X_i \sim Y^2. \tag{3.11}$$

Mit der vereinfachten Bezeichnung $\sum_{m+1}^l X_i{}^1 = B$, $\sum_1^m X_i{}^1 = D$ und $\sum_2^m X_i{}^2 + \sum_{m+1}^m \overline{X}_i + \sum_{l+1}^k X_i = C$ gehen (3.11) und (3.7) über in $B + C \sim Y^2$ bzw. $D \sim B + Y^1$, woraus mit Hilfssatz 1 folgt $C + D \sim Y^1 + Y^2$ oder ausführlich

$$\sum_1^m X_i^1 + \sum_2^m X_i^2 + \sum_{m+1}^l \overline{X}_i + \sum_{l+1}^k X_i \sim Y,$$

also $\sum_1^l \overline{X}_i + \sum_{l+1}^k X_i \sim X$ bzw. mit (3.4) $A \sim Y$, womit der Hilfssatz 2 bewiesen ist. Nun läßt sich der Induktionsschritt 3 beim Beweis von Satz 3 leicht im allgemeinen Fall ausführen. Sei dazu

$$A = \sum_1^k X_i, \quad B = \sum_1^l Y_i \quad \text{mit} \quad X_i, Y_i \in \mathfrak{I}_n^0 \quad \text{und} \quad \Phi(A) = \Phi(B).$$

Wie oben ergibt sich daraus die Inhaltsgleichheit $V(A) = V(B)$. Mit $A = X_1 + A_0$ muß es also möglich sein, $B (= B_1 + B_0)$ so zu zerlegen, daß $B_0 \sim A_0$ wird, also $\Phi(B_0) = \Phi(A_0)$, woraus mit $\Phi(A) = \Phi(B)$ folgt $\Phi(X_1) = \Phi(B_1)$. Damit sind aber die Voraussetzungen von Hilfssatz 2 gegeben $(X_1 \in \mathfrak{I}_n^0)$, so daß auch $X_1 \sim B_1$ wird und somit unter Beachtung von (Ad) $A \sim B$, womit Satz 3 endgültig bewiesen ist.

Zu Satz 3 ergibt sich als Korollar der folgende

Subtraktionssatz. $A_1, A_2, B_1, B_2 \in \mathfrak{I}_n \wedge A_1 + B_1 \sim A_2 + B_2 \wedge B_1 \sim B_2 \to$
$\to A_1 \sim A_2$.

Beweis. Mit Satz 2 muß gelten $\Phi(A_1 + B_1) = \Phi(A_2 + B_2)$ und $\Phi(B_1) = \Phi(B_2)$. Unter Beachtung der Additivität (2.8) des Funktionals Φ ergibt sich durch Subtraktion dieser Gleichungen $\Phi(A_1) = \Phi(A_2)$ und daraus mit Satz 3 sofort $A_1 \sim A_2$, was zu beweisen war.

LITERATUR

[1] Hadwiger, H.: Über addierbare Intervallfunktionale. Tôhoku Math. J. (II) *4* (1952) 33—37.
[2] Hamel, G.: Eine Basis aller Zahlen und die unstetigen Lösungen der Funktionalgleichung $f(x + y) = f(x) + f(y)$. Math. Ann. *60* (1905) 459—462.
[3] Hertel, E.: Über Intervallpolygone. Wiss. Z. Univ. Jena, Math.-Nat. Reihe, *18* (1969) 299—303.

Manuskripteingang: 5. 10. 1970

VERFASSER:

Eike Hertel, Sektion Mathematik der Friedrich-Schiller-Universität Jena

Zentren und Nuclei von n-Loops

Hans-Henning Buchsteiner

Herrn Prof. Dr. O.-H. Keller zum 65. Geburtstag gewidmet

Die Theorie der projektiven Ebenen hat die Untersuchung verschiedener Klassen von algebraischen Strukturen, unter anderem der Klasse von (binären) Quasigruppen und Loops sehr gefördert [5]. Der enge Zusammenhang von Quasigruppen, Nomogrammen und Geweben [1] regte dazu an, den Begriff der binären Quasigruppen zu verallgemeinern [6] und führte zu den von Belousov und Sandik [2] betrachteten n-Quasigruppen und n-Loops. Unter einer n-Loop $\big(S, (x_1, \ldots, x_n)\big)$ versteht man ein System aus einer Menge S und einer auf S erklärten n-ären algebraischen Operation $(x_1, \ldots, x_n)$ derart, daß in der Gleichung $(x_1, \ldots, x_n) = x_{n+1}$ je n Elemente eindeutig das $(n + 1)$-te bestimmen und wenigstens ein Einselement e mit $(x, e, \ldots, e) = \cdots = (e, \ldots, e, x) = x$ für alle $x \in S$ vorhanden ist. Die vorliegende Arbeit beschäftigt dich damit, zu gewissen isotop invarianten Untergruppen einer Loop (S, xy), nämlich sem Zentrum

$$Z = \langle z \,|\, z \in S, \ zx = xz, \ (zx)y = z(xy), \ (xz)y = x(zy), \ (xy)z = x(yz), \ \forall\, x, y \in S \rangle,$$

dem Links-, Mittel- und Rechtsnucleus

$$L = \langle l \,|\, l \in S, (lx)\,y = l(xy), \ \forall\, x, y \in S \rangle, \quad M = \langle m \,|\, m \in S, \ (xm)\,y = x(my), \ \forall\, x, y \in S \rangle,$$

$$R = \langle r \,|\, r \in S, \ (xy)\,r = x(yr), \ \forall\, x, y \in S \rangle$$

analoge n-Untergruppen von n-Loops zu definieren. Man erhält zu jedem Einselement e einer n-Loop ein Zentrum $Z(e)$, einen i-Nucleus $N_i(e)$, $1 \leqq i \leqq n$, und einen Quernucleus $Q(e)$. Wir werden zeigen, daß sie ebenfalls isotop invariant sind und daß insbesondere die zu verschiedenen Einselementen in der gleichen n-Loop gehörigen n-Untergruppen gleicher Art isomorph sind. Die hier eingeführten Zentren von n-Loops sind nicht mit dem in der genannten Arbeit von Belousov und Sandik definierten Zentrum einer n-Quasigruppe zu verwechseln, das selbst für n-Loops leer sein kann und auch andernfalls nicht notwendig eine n-Unterquasigruppe darstellt.

1. Die Zentren einer n-Loop

Für unsere Überlegungen ist es zweckmäßig, von der obigen Definition des Zentrums Z einer binären Loop (S, xy) zu einer äquivalenten überzugehen, indem wir Z als maximale Untermenge von S definieren, deren Elemente der Gleichung

$$(z_1 x)(z_2 y) = (z_1 z_2)(xy), \ \forall \ z_1, z_2 \in Z, \ \forall \ x, y \in S, \tag{1a}$$

genügen. (Statt der Gleichung (1a) hätte man ebensogut

$$(x z_1)(y z_2) = (xy)(z_1 z_2), \ \forall \ z_1, z_2 \in Z, \ \forall \ x, y \in S, \tag{1b}$$

der Definition zugrunde legen können.) Dementsprechend erklären wir als

Definition. Unter einem i-*Zentrum* Z_i der n-Loop $\big(S, (x_1, \ldots, x_n)\big)$ werde eine Untermenge $Z_i \subseteqq S$ verstanden, die den folgenden Bedingungen genügt: A. Es sei

$$\big((z_{11}, \ldots, z_{1,i-1}, x_1, z_{1,i+1}, \ldots, z_{1n}), \ldots, (z_{n1}, \ldots, z_{n,i-1}, x_n, z_{n,i+1}, \ldots, z_{nn})\big)$$
$$= \big((z_{11}, \ldots, z_{n1}), \ldots, (z_{1,i-1}, \ldots, z_{n,i-1}), (x_1, \ldots, x_n), \ldots, (z_{1n}, \ldots, z_{nn})\big) \tag{$1)_i$}$$

für alle $z_{jk} \in Z_i$ und alle $x_j \in S$;
B. wenigstens eines der Einselemente e von S gehöre zu Z_i;
C. für jedes $y \in S, y \notin Z_i$ genügt die Menge $N = Z_i \cup \langle y \rangle$ nicht der Bedingung $(1)_i$.

Zur Vereinfachung der Schreibweise werden gewisse Operatoren eingeführt. Ist $C \subseteqq S$ eine nichtleere Untermenge von S, $C^{n-1} = \langle [z_1, \ldots, z_{n-1}] | z_i \in C \rangle$ das kartesische Produkt von $n - 1$ Faktoren C, so definieren wir zu jedem Element $\zeta = [z_1, \ldots, z_{n-1}] \in C^{n-1}$ (diese Elemente sollen Operatoren heißen) und jedem Index $i = 1, \ldots, n$ eine Operatoranwendung $\zeta^{(i)}$ (eine umkehrbar eindeutige Abbildung von S auf sich, da S Loop ist) durch die Gleichung

$$x \zeta^{(i)} = (z_1, \ldots, z_{i-1}, x, z_i, \ldots, z_{n-1}), \ \forall \ x \in S. \tag{2}$$

Falls es sich bei C um ein n-Untergruppoid von S handelt, übertragen wir die n-äre Verknüpfung von C auf C^{n-1}: Zu je n beliebigen Elementen $\zeta_j = [z_{j1}, \ldots, z_{j,n-1}] \in C^{n-1}$, $j = 1, \ldots, n$, legen wir

$$\zeta = (\zeta_1, \ldots, \zeta_n) = [z_1, \ldots, z_{n-1}] \in C^{n-1} \text{ mit } z_i = (z_{1i}, \ldots, z_{ni}), i = 1, \ldots, n-1, \tag{3}$$

als n-äres Produkt fest. Für die i-te Operatoranwendung des Operators ζ werden wir entsprechend Gleichung (3) auch $\zeta^{(i)} = (\zeta_1^{(i)}, \ldots, \zeta_n^{(i)})$ schreiben. Im übrigen muß bei (3) nicht gefordert werden, daß C ein n-Untergruppoid von S ist; nur gilt für eine beliebige nichtleere Untermenge C von S nicht mehr notwendig $\zeta \in C^{n-1}$, sondern lediglich $\zeta \in S^{n-1}$. Ist ferner $\zeta = [z_1, \ldots, z_{n-1}] \in C^{n-1}$ und $s = \begin{pmatrix} 1 \ldots n-1 \\ 1' \ldots (n-1)' \end{pmatrix}$ eine Permutation der natürlichen Zahlen $1, \ldots, n-1$, so werde durch

$$\zeta^s = [z_1, \ldots, z_{(n-1)'}] \in C^{n-1}$$

eine Anwendung von s auf ζ erklärt. Entsprechend soll bei $\zeta^{(i)}$ verfahren werden; trivialerweise ist dabei $\zeta^{(i)s} = \zeta^{(s)i}$. Nunmehr lassen sich die Gleichungen $(1)_i$ einfach als

$$(x_1 \zeta_1^{(i)}, \ldots, x_n \zeta_n^{(i)}) = (x_1, \ldots, x_n)(\zeta_1^{(i)}, \ldots, \zeta_n^{(i)}) \tag{$\bar{1})_i$}$$

schreiben. Eine Rolle werden später die Kommutativgesetze

$$x\,\zeta^{(i)} = x\,\zeta^{(j)}, \quad \bigvee\, x \in S, \; \bigvee\, \zeta \in C^{n-1},\; 1 \leqq i < j \leqq n, \qquad (4)_{ij}$$

und allgemeiner die Kommutativgesetze

$$x\,\zeta^{(i)} = x\,\zeta^{(j)h}, \quad \bigvee\, x \in S, \; \bigvee\, \zeta \in C^{n-1}, \; h \in \mathfrak{S}_{n-1}, 1 \leqq i \leqq j \leqq n, \qquad (5)_{ij,h}$$

spielen, wobei $\mathfrak{S}_{n-1}$ die symmetrische Gruppe der Zahlen $1, \ldots, n-1$ bedeuten möge.

Für die Untersuchung der i-Zentren einer n-Loop auf ihre algebraische Beschaffenheit sind einige Vorbetrachtungen nützlich. Wir setzen in $(1)_i$ sämtliche Elemente außer $z_{1k_1}, \ldots, z_{j-1,k_{j-1}}, x_j, z_{j+1,k_{j+1}}, \ldots, z_{nk_n}$ gleich e, wobei e eines der Einselemente von S sei, die nach Definition zu Z_i gehören. Die Indizes $k_1, \ldots, k_{j-1}, k_{j+1}, \ldots, k_n$, unter denen die natürliche Zahl i sicher nicht vorkommt, seien paarweise verschieden, so daß

$$q = \begin{pmatrix} 1 \ldots j-1 \; j \; j+1 \ldots n \\ k_1 \ldots k_{j-1} \; i \; k_{j+1} \ldots k_n \end{pmatrix} \in \mathfrak{S}_n \text{ eine Permutation der natürlichen Zahlen } 1, \ldots, n$$

wird. Offenbar kann man für q durch passende Wahl der Indizes k_r jede Permutation aus $\mathfrak{S}_n$ erhalten, die j in i überführt. Unter Benutzung der inversen Permutation $\; q^{-1} = \begin{pmatrix} 1 \ldots i-1 \; i \; i+1 \ldots n \\ q_1 \ldots q_{i-1} \; j \; q_{i+1} \ldots q_n \end{pmatrix}$ geht $(1)_i$ durch die genannte Spezialisierung der Elemente über in

$$(z_{1k_1}, \ldots, z_{j-1,k_{j-1}}, x_j, z_{j+1,k_{j+1}}, \ldots, z_{nk_n}) = (z_{q_1 1}, \ldots, z_{q_{i-1},i-1}, x_j, \ldots, z_{q_n n}).$$

Da hierin die ersten Indizes der Größen z_{rs} zu deren Unterscheidung schon genügen, erhält man mit $\; q^{-1} = h \cdot (ij), \; h = \begin{pmatrix} 1 \ldots i-1 \; i \; i+1 \ldots n \\ h_1 \ldots h_{i-1} \; i \; h_{i+1} \ldots h_n \end{pmatrix}, \; (ij)$ Zweierzyklus oder (für $i = j$) identische Permutation, statt dessen die Gleichung

$$(z_1, \ldots, z_{j-1}, x_j, z_{j+1}, \ldots, z_n) = (z_{h_1}, \ldots, z_{h_{i-1}}, x_j, z_{h_{i+1}}, \ldots, z_{h_n}),$$

die sich mittels $\zeta = [z_1, \ldots, z_{j-1}, z_{j+1}, \ldots, z_n]$ kürzer als

$$x_j\,\zeta^{(i)} = x_j\,\zeta^{(j)h} \qquad (6)$$

formulieren läßt. Schreibt man die Gleichung (6) einmal für den Index j auf der linken Seite und mit der identischen Permutation $h = h_0$ hin, das andere Mal für den Index k auf der linken Seite und eine beliebige Permutation h, so folgt durch Vergleich:

In jedem i-Zentrum Z_i gelten sämtliche Kommutativgesetze $(5)_{jk,h}$ und insbesondere sämtliche Kommutativgesetze $(4)_{jk}$.

Des weiteren setzen wir in $(1)_i$ sämtliche Elemente z_{rs} gleich e, deren erster Index von j verschieden ist; mit anderen Worten wird in $(\bar 1)_i$ $\; \zeta_1 = \cdots = \zeta_{j-1} = \zeta_{+1} = \cdots = \zeta_n = [e, \ldots, e] = \varepsilon$. Man bekommt

$$(x_1, \ldots, x_{j-1}, x_j\,\zeta_j^{(i)}, x_{j+1}, \ldots, x_n) = (x_1, \ldots, x_n)\,\zeta_j^{(i)} \qquad (7)$$

und durch wiederholte Anwendung von (7)

$$(x_1\,\zeta_1^{(i)}, \ldots, x_n\,\zeta_n^{(i)}) = (x_1, \ldots, x_n)\,\zeta_1^{(i)} \cdots \zeta_n^{(i)}. \qquad (8)$$

Man sieht, daß die Reihenfolge, in der man von (7) nach (8) die Operatoren nach außen zieht, beliebig ist. Daher gilt in Verallgemeinerung von (8)

$$(x_1\,\zeta_1^{(i)}, \ldots, x_n\,\zeta_n^{(i)}) = (x_1, \ldots, x_n)\,\zeta_{1'}^{(i)} \cdots \zeta_{n'}^{(i)}, \qquad (9)$$

wobei $\begin{pmatrix} 1 \dots n \\ 1' \dots n' \end{pmatrix} \in \mathfrak{S}_n$ eine beliebige Permutation bedeutet. Nun behaupten wir den folgenden

Satz. *Jedes i-Zentrum Z_i, $1 \leq i \leq n$, einer n-Loop S ist auch j-Zentrum von S für $j = 1, \dots, n$ und stellt eine n-Untergruppe von S dar.*

Beweis. Wir zeigen zuerst, daß jedes i-Zentrum Z_i eine n-Unterloop von S ist. Wenn wir nachweisen können, daß $(1)_i$ auch gilt, sofern man beliebige der Größen z_{jk} durch n-äre Produkte $(z_{jk}^{(1)}, \dots, z_{jk}^{(n)})$ von Elementen aus Z_i ersetzt, so folgt mit Rücksicht auf die Maximalitätsforderung C, daß Z_i bezüglich der n-ären Operation abgeschlossen ist. Wegen $e \in Z_i$ und $z = (z, e, \dots, e)$ genügt es, sämtliche Größen z_{jk} auf einmal durch n-äre Produkte zu ersetzen. Also ist für beliebige $z_{jk}^{(r)} \in Z_i$ die Gültigkeit von

$$\begin{aligned}
&\Big(\big((z_{11}^{(1)}, \dots, z_{11}^{(n)}), \dots, x_1, \dots, (z_{1,n-1}^{(1)}, \dots, z_{1,n-1}^{(n)})\big), \dots, \big((z_{n1}^{(1)}, \dots, z_{n1}^{(n)}), \dots, x_n, \dots, \\
&(z_{n,n-1}^{(1)}, \dots, z_{n,n-1}^{(n)})\big)\Big) = \Big(\big((z_{11}^{(1)}, \dots, z_{11}^{(n)}), \dots, (z_{n1}^{(1)}, \dots, z_{n1}^{(r)})\big), \dots, (x_1, \dots, x_n), \dots, \\
&\big((z_{1,n-1}^{(1)}, \dots, z_{1,n-1}^{(n)}), \dots, (z_{n,n-1}^{(1)}, \dots, z_{n,n-1}^{(n)})\big)\Big)
\end{aligned} \tag{10}$$

aus $(1)_i$ herzuleiten. In (10) haben wir die zweiten Indizes k von $z_{jk}^{(r)}$ gegenüber denen in $(1)_i$ etwas anders, nämlich durchgehend von 1 bis $n-1$ gewählt; die Größen $x_1, \dots, x_n, (x_1, \dots, x_n)$ sind jeweils die i-ten Argumente). Die Gleichung (10) läßt sich bei Benutzung der Operatoren $\zeta_{jk} = [z_{jk}^{(1)}, \dots, z_{jk}^{(i-1)}, z_{jk}^{(i+1)}, \dots, z_{jk}^{(n)}]$ auch in der Form

$$\begin{aligned}
&\big((z_{11}^{(i)}\zeta_{11}^{(i)}, \dots, x_1, \dots, z_{1,n-1}^{(i)}\zeta_{1,n-1}^{(i)}), \dots, (z_{n1}^{(i)}\zeta_{n1}^{(i)}, \dots, x_n, \dots, z_{n,n-1}^{(i)}\zeta_{n,n-1}^{(i)})\big) \\
&= \big((z_{11}^{(i)}\zeta_{11}^{(i)}, \dots, z_{n1}^{(i)}\zeta_{n1}^{(i)}), \dots, (x_1, \dots, x_n), \dots, (z_{1,n-1}^{(i)}\zeta_{1,n-1}^{(i)}, \dots, z_{n,n-1}^{(i)}\zeta_{n,n-1}^{(i)})\big)
\end{aligned} \tag{10$'$}$$

schreiben. Man formt nun die linke Seite L von (10$'$) mit Hilfe von (9) und $(1)_i$ folgendermaßen um:

$$\begin{aligned}
L &= \big((z_{11}^{(i)}, \dots, x_1, \dots, z_{1,n-1}^{(i)})\,\zeta_{11}^{(i)} \cdots \zeta_{1,n-1}^{(i)}, \dots, (z_{n1}^{(i)}, \dots, x_n, \dots, z_{n,n-1}^{(i)})\,\zeta_{n1}^{(i)} \cdots \zeta_{n,n-1}^{(i)}\big) \\
&= \big((z_{11}^{(i)}, \dots, x_1, \dots, z_{1,n-1}^{(i)}), \dots, (z_{n1}^{(i)}, \dots, x_n, \dots, z_{n,n-1}^{(i)})\big)\,\zeta_{11}^{(i)} \cdots \zeta_{n,n-1}^{(i)} \\
&= \big((z_{11}^{(i)}, \dots, z_{n1}^{(i)}), \dots, (x_1, \dots, x_n), \dots, (z_{1,n-1}^{(i)}, \dots, z_{n,n-1}^{(i)})\big)\,\zeta_{11}^{(i)} \cdots \zeta_{n,n-1}^{(i)} \\
&= \big((z_{11}^{(i)}, \dots, z_{n1}^{(i)})\,\zeta_{11}^{(i)} \cdots \zeta_{n1}^{(i)}, \dots, (x_1, \dots, x_n), \dots, (z_{1,n-1}^{(i)}, \dots, z_{n,n-1}^{(i)})\,\zeta_{1,n-1}^{(i)} \cdots \zeta_{n,n-1}^{(i)}\big) \\
&= \big((z_{11}^{(i)}\zeta_{11}^{(i)}, \dots, z_{n1}^{(i)}\zeta_{n1}^{(i)}), \dots, (x_1, \dots, x_n), \dots, (z_{1,n-1}^{(i)}\zeta_{1,n-1}^{(1)}, \dots, z_{n,n-1}^{(i)}\zeta_{n,n-1}^{(i)})\big).
\end{aligned}$$

Der letzte Ausdruck stellt aber die rechte Seite der Gleichung (10$'$) dar, und wir haben (10$'$) damit bewiesen. Nach Definition besitzt Z_i ein Einselement e; also muß für die n-Unterloop-Eigenschaft von Z_i nur noch die Lösbarkeit der Gleichungen

$$u_j \zeta^{(j)} = (z_1, \dots, z_{j-1}, u_j, z_{j+1}, \dots, z_n) = z, \qquad j = 1, \dots, n, \tag{11$_j$}$$

nach u_j für beliebige $z_1, \dots, z_n, z \in Z_i$ gezeigt werden. Auf Grund der in Z_i gültigen Gleichungen $(4)_{jk}$ sind die (in S eindeutig bestimmten) Lösungen u_j paarweise gleich: $u_1 = \cdots = u_n \doteq u$. Wie bei den n-ären Produkten zeigen wir nun, daß die Elemente u wegen C) von vornherein zu Z_i gehören müssen. Hierzu wählen wir Elemente $u_{11}, \dots, u_{n,n-1} \in S$, die Lösungen der Gleichungen

$$u_{jk}\zeta_{jk}^{(i)} = z_{jk}, \qquad z_{jk} \in Z_i, \zeta_{jk} \in Z_i^{n-1}, \tag{12}$$

sein mögen. Unter den u_{jk} können sich auch willkürlich gewählte Elemente $z_{jk} \in Z_i$ befinden; man braucht dann nur für die zugehörigen Operatoren ζ_{jk} jeweils den identischen Operator $\varepsilon = [e, \ldots, e]$ zu wählen. Offenbar liefern die Operatoren ζ_{jk}, da sie mit Elementen aus einer n-Loop S gebildet werden, umkehrbar eindeutige Abbildungen $\zeta_{jk}^{(i)}$. Um die Gültigkeit von

$$\big((u_{11}, \ldots, x_1, \ldots, u_{1,n-1}), \ldots, (u_{n1}, \ldots, x_n, \ldots, u_{n,n-1})\big)$$
$$= \big((u_{11}, \ldots, u_{n1}), \ldots, (x_1, \ldots, x_n), \ldots, (u_{1,n-1}, \ldots, u_{n,n-1})\big) \tag{13}$$

nachzuweisen, wendet man auf die linke Seite L der Relation (13) den Operator $\zeta = \zeta_{11} \cdots \zeta_{n,n-1}$ an, und zwar bilde man den Ausdruck $L\zeta^{(i)}$. Diesen forme man mittels (9) und $(1)_i$ um:

$$L\zeta^{(i)} = \big((u_{11}, \ldots, x_1, \ldots, u_{1,n-1}), \ldots, (u_{n1}, \ldots, x_n, \ldots, u_{n,n-1})\big)\, \zeta_{11}^{(i)} \cdots \zeta_{n,n-1}^{(i)}$$
$$= \big((u_{11}, \ldots, x_1, \ldots, u_{1,n-1})\, \zeta_{11}^{(i)} \cdots \zeta_{1,n-1}^{(i)}, \ldots, (u_{n1}, \ldots, x_n, \ldots, u_{n,n-1})\, \zeta_{n1}^{(i)} \cdots \zeta_{n,n-1}^{(i)}\big)$$
$$= \big((z_{11}, \ldots, x_1, \ldots, z_{1,n-1}), \ldots, (z_{n1}, \ldots, x_n, \ldots, z_{n,n-1})\big)$$
$$= \big((z_{11}, \ldots, z_{n1}), \ldots, (x_1, \ldots, x_n), \ldots, (z_{1,n-1}, \ldots, z_{n,n-1})\big)$$
$$= \big((u_{11}, \ldots, u_{n1}), \ldots, (x_1, \ldots, x_n), \ldots, (u_{1,n-1}, \ldots, u_{n,n-1})\big)\, \zeta_{11}^{(i)} \cdots \zeta_{n,n-1}^{(i)}$$
$$= R\,\zeta^{(i)},$$

wobei R die rechte Seite von (13) bedeutet. Wegen der Eineindeutigkeit von $\zeta^{(i)}$ folgt $L = R$, also (13). Das heißt: Z_i ist n-Unterloop von S.

Als nächstes zeigen wir: Jedes i-Zentrum Z_i von S ist auch j-Zentrum für jedes andere j, $1 \leq j \leq n$. Da Z_i bereits als n-Unterloop von S nachgewiesen ist, gehört der auf der rechten Seite von $(\bar{1})_i$ verwendete Operator $\zeta = (\zeta_1, \ldots, \zeta_n)$ ebenfalls zu Z_i^{n-1}, so daß man auf beiden Seiten von $(\bar{1})_i$ die Gleichung $(4)_{ij}$ anwenden kann. Daher erfüllt Z_i die Bedingungen A und trivialerweise B in der Definition des j-Zentrums. Angenommen, die noch ausstehende j-Zentrumsbedingung C wäre in Z_i nicht erfüllt. Dann bette man Z_i in ein j-Zentrum M von S ein, das eine echte, hinsichtlich der Gültigkeit von $(\bar{1})_j$ maximale Obermenge von Z_i und ebenfalls n-Unterloop von S wäre. Daraus folgt diesmal die Gültigkeit von $(\bar{1})_i$ in M, was einen Widerspruch zu der Voraussetzung bedeuten würde, daß Z_i die i-Zentrumsbedingung C erfüllen möge. In Z_i kann folglich die j-Zentrumsbedingung C nicht verletzt sein, d. h., Z_i ist j-Zentrum.

Der Beweis unseres Satzes ist vollständig, wenn wir noch zeigen, daß (zum Beispiel) jedes n-Zentrum Z_n von S sogar eine n-Untergruppe ist. Zum Nachweis der Assoziativität von Z_n gehen wir von $(1)_n$ aus und lassen darin von den Größen z_{ij} einmal nur $z_{11}, \ldots, z_{1,n-1}$ von e verschieden, das andere Mal nur $z_{21}, \ldots, z_{2,n-1}$. So ergeben sich — bei passendem Wechsel der Indizes — die Gleichungen

$$\big((z_2, \ldots, z_n, x_1), x_2, \ldots, x_n\big) = \big(z_2, \ldots, z_n, (x_1, \ldots, x_n)\big),$$
$$\big(x_1, (z_2, \ldots, z_n, x_2), \ldots, x_n\big) = \big(z_2, \ldots, z_n, (x_1, \ldots, x_n)\big).$$

Die beiden linken Seiten dieser Gleichungen ergeben, wenn man die erstere noch mittels $(4)_{1n}$ umformt, durch Vergleich

$$\big((x_1, z_2, \ldots, z_n), x_2, \ldots, x_n\big) = \big(x_1, (z_2, \ldots, z_n, x_2), \ldots, x_n\big).$$

Ein Spezialfall hiervon für $x_1 = z_1$, $x_2 = z_{n+1}$, $\ldots$, $x_n = z_{2n-1} \in Z_n$ ist

$$\big((z_1, \ldots, z_n), z_{n+1}, \ldots, z_{2n-1}\big) = \big(z_1, (z_2, \ldots, z_n, z_{n+1}), \ldots, z_{2n-1}\big), \ \forall\, z_1, \ldots, z_{2n-1} \in Z_n. \tag{14}$$

Aus (14) folgt nach einem Resultat von BELOUSOV, daß in Z_n sämtliche Assoziativitätsbedingungen für n-Gruppen (vgl. HOSSZÚ [4]) gelten, womit wir gezeigt haben, daß jedes n-Zentrum von S, also auch jedes i-Zentrum, $1 \leq i \leq n$, eine n-Untergruppe von S ist. Auf Grund unseres Satzes sprechen wir von nun an statt von i-Zentren einfach von *Zentren* einer n-Loop S, von denen es allerdings bis jetzt zu jedem Einselement e von S mehrere und überdies zu verschiedenen Einselementen e, f von S verschiedene geben kann. Daß die erste Möglichkeit nicht eintritt, zeigen wir im folgenden

Lemma. *Zu jedem Einselement e einer n-Loop S gibt es genau ein Zentrum $Z(e)$, dem e angehört.*

Beweis. Ist die n-Loop S und eines ihrer Einselemente e gegeben, so erfüllt die Menge $Z_0 = \langle e \rangle$ sicher die Bedingungen A und B der Zentrumsdefinition. Anschließend konstruiert man ein e enthaltendes Zentrum Z von S als maximale Obermenge von Z_0, die A und B, d. h. aber, auch C erfüllt.

Für den zweiten Teil des Beweises nehmen wir die Existenz zweier verschiedener Zentren Z und $\bar{Z}$ mit $e \in Z \cap \bar{Z}$ an. Ohne Beschränkung der Allgemeinheit dürfen wir zusätzlich $\bar{Z} \nsubseteq Z$ voraussetzen. Folglich existiert ein Element $\bar{z} \in \bar{Z}$, $\bar{z} \notin Z$. Wir zeigen, daß — entgegen der Bedingung C in der Definition von Z — die Menge $Z_1 = Z \cup \langle \bar{z} \rangle$ ebenfalls die Bedingung A erfüllt. Hierzu genügt es, die Gültigkeit der Gleichungen (7) nachzuweisen. Wir beschränken uns auf eine von ihnen,

$$(x_1 \bar{\zeta}^{(n)}, x_2, \ldots, x_n) = (x_1, \ldots, x_n)^{\bar{\zeta}^{(n)}}, \tag{15}$$

weil bei den übrigen alles analog verläuft. Der Operator $\bar{\zeta}$ in (15) ist mit Elementen aus Z_1 gebildet. Wir dürfen annehmen, daß in $\bar{\zeta}$ das Element $\bar{z}$, aber nicht nur dieses vorkommt (weil andernfalls nichts zu beweisen ist), ferner, daß $\bar{z}$ in $\bar{\zeta}$ vor den Elementen aus Z steht. Die linke Seite von (15) lautet dann

$$L = \big((\bar{z}, \ldots, \bar{z}, z_{i+1}, \ldots, z_{n-1}, x_1), x_2, \ldots, x_n\big),$$
$$z_{i+1}, \ldots, z_{n-1} \in Z.$$

Unter Verwendung des Operators $\zeta_0 = [e, \ldots, e, \bar{z}] \in \bar{Z}^{n-1}$ folgt, weil $\bar{Z}$ Zentrum ist,

$$L = \big((e, \ldots, e, z_{i+1}, \ldots, z_{n-1}, x_1)\, \zeta_0^{1} \cdots \zeta_0^{(1)}, x_2, \ldots, x_n\big)$$
$$= \big((e, \ldots, e, z_{i+1}, \ldots, z_{n-1}, x_1), x_2, \ldots, x_n\big)\, \zeta_0^{(1)} \cdots \zeta_0^{(1)}.$$

Mit dem Operator $\zeta_1 = [e, \ldots, e, z_{i+1}, \ldots, z_{n-1}] \in Z^{n-1}$ lautet der letzte Ausdruck

$$L = (x_1 \zeta_1^{(n)}, \ldots, x_n)\, \zeta_0^{(1)} \cdots \zeta_0^{(1)},$$

und es ergibt sich, weil Z Zentrum ist,

$$L = (x_1, \ldots, x_n)\, \zeta_1^{(n)}\, \zeta_0^{(1)} \cdots \zeta_0^{(1)}$$
$$= \big(e, \ldots, e, z_{i+1}, \ldots, z_{n-1}, (x_1, \ldots, x_n)\big)\, \zeta_0^{(1)} \cdots \zeta_0^{(1)}$$
$$= \big(\bar{z}, \ldots, \bar{z}, z_{i+1}, \ldots, z_{n-1}, (x_1, \ldots, x_n)\big) = R,$$

wobei R die rechte Seite von (15) ist. Man sieht, daß sich auf die gleiche Weise sämtliche Gleichungen (7) herleiten lassen. Die Menge $Z_1 = Z \cup \langle \bar{z} \rangle$ genügt damit den Bedingungen A und B im Widerspruch zur Definition von Z. Folglich sind die Aussagen $\bar{Z} \nsubseteq Z$ und $Z \nsubseteq \bar{Z}$ falsch, wir erhalten $Z = \bar{Z}$.

Zwei verschiedene Einselemente brauchen dagegen in der Tat nicht zum gleichen Zentrum einer n-Loop zu gehören. Um dies zu zeigen, geben wir zunächst eine kommutative 2-Loop (S, xy) mit dem Einselement e und einem Element f an, das der Gleichung

$$f(fx) = x, \ \forall \ x \in S,$$

also auch den Gleichungen

$$(fx)f = (xf)f = (ff)x, \ \forall \ x \in S, \tag{16}$$

genügt:

$$\tag{17}$$

·	e	f	u	v	w	x	y	z
e	e	f	u	v	w	x	y	z
f	f	e	v	u	x	w	z	y
u	u	v	w	y	z	e	x	f
v	v	u	y	w	e	z	f	x
w	w	x	z	e	y	f	u	v
x	x	w	e	z	f	y	v	u
y	y	z	x	f	u	v	e	w
z	z	y	f	x	v	u	w	e

Wir benutzen die Multiplikation (17), um die 3-Loop $\big(S, (x_1, x_2, x_3)\big)$ mit $(x_1, x_2, x_3) = (x_1 x_2)x_3$ zu konstruieren, die nach (16) sicher die beiden Einselemente e und f besitzt. Die Elemente e und f gehören aber nicht zu ein und demselben Zentrum, denn es ist einerseits

$$\big((u, e, f), w, y\big) = \big((uf)w\big)y = y$$

und andererseits

$$\big((u, w, y), e, f\big) = \big((uw)y\big)f = x,$$

während doch stets und insbesondere für $x_1 = u, x_2 = w, x_3 = y, z_1 = e, z_2 = f$

$$\big((x_1, z_1, z_2), x_2, x_3\big) = \big((x_1, x_2, x_3), z_1, z_2\big)$$

gelten müßte, sofern man z_1, z_2 aus einem Zentrum $Z \subsetneqq S$ wählte, das e und f enthielte.

2. Die Nuclei einer n-Loop

Nachdem wir das zum Einselement e einer n-Loop S gehörige Zentrum $Z(e)$ von S definiert haben, lassen sich auch Verallgemeinerungen zu den Nuclei einer 2-Loop finden. Im folgenden sei stets die n-Loop $\big(S, (x_1, \ldots, x_n)\big)$ mit einem ihrer Einselemente e zugrunde gelegt.

Definition. a) Ist i eine feste natürliche Zahl, $1 \leq i \leq n$, so sei unter einem (zu e gehörigen) i-*Nucleus* $N_i(e)$ von S eine Untermenge von S verstanden, die den folgenden Bedingungen genügt:

A_1. Für alle $\zeta = [z_1, \ldots, z_{n-1}] \in N_i(e)^{n-1}$ und alle $x_1, \ldots, x_n \in S$ gilt

$$(x_1 \zeta^{(i)}, x_2, \ldots, x_n) = \cdots = (x_1, \ldots, x_{i-1} \zeta^{(i)}, x_i, \ldots, x_n)$$
$$= (x_1, \ldots, x_i, x_{i+1} \zeta^{(i)}, \ldots, x_n) = (x_1, \ldots, x_n \zeta^{(i)}) = (x_1, \ldots, x_n) \zeta^{(i)};$$

B_1. $e \in N_i(e)$;

C_1. falls $y \notin N_i(e)$ ist, genügt $N_i(e) \cup \langle y \rangle$ nicht der Bedingung A_1.

b) Als einen zu e gehörigen *Quernucleus* $Q(e)$ bezeichnen wir eine Untermenge von S mit

A_2. $(x_1 \zeta^{(1)}, x_2, \ldots, x_n) = \cdots = (x_1, \ldots, x_i \zeta^{(i)}, \ldots, x_n) = \cdots = (x_1 \ldots, x_n \zeta^{(n)})$

$\qquad$ für alle $\zeta = [z_1, \ldots, z_{n-1}] \in Q(e)^{n-1}$ und alle $x_1, \ldots, x_n \in S$;

B_2. $e \in Q(e)$;

C_2. falls $y \notin Q(e)$ ist, genügt $Q(e) \cup \langle y \rangle$ nicht der Bedingung A_2.

Aus den Gleichungen A_1 ergibt sich $x(yz) = (xy)z$ als definierende Gleichung des Rechtsnucleus für $n = 2$ und $i = 1$, ferner $(zx)y = z(xy)$ als definierende Gleichung des Linksnucleus für $n = 2$ und $i = 2$; schließlich stellt A_2 für $n = 2$ die definierende Gleichung $(xz)y = x(zy)$ des Mittelnucleus einer 2-Loop S dar, wobei jeweils das Element z dem betreffenden Nucleus angehören muß. Unsere obige Definition verallgemeinert also in der Tat die genannten Begriffe. Wie schon angekündigt, lassen sich auch ganz analoge Eigenschaften beweisen, was nun geschehen soll. Dabei schließen wir den Fall $n = 2$ ausdrücklich aus, um uns Sonderbetrachtungen zu ersparen.

Satz. *Jeder i-Nucleus $N_i(e)$, $i = 1, \ldots, n$, und jeder Quernucleus $Q(e)$ von S stellt bezüglich der n-ären Operation $(x_1, \ldots, x_n)$ eine n-Untergruppe von S dar.*

Beweis. Wir verfahren wie beim entsprechenden Beweis für das Zentrum $Z(e)$ und haben also nur zu zeigen: 1. Die Gleichungen A_1 bzw. A_2 gelten auch für n-äre Produkte $(z_1, \ldots, z_n)$ von Elementen aus $N_i(e)$ bzw. $Q(e)$; 2. sie gelten auch für n-äre Produkte $(t_1, \ldots, t_n)$, die aus den Lösungen gewisser Gleichungen $t_j \zeta_j^{(k_j)} = z_j, j = 1, \ldots, n$, über $N_i(e)$ bzw. $Q(e)$ gebildet sind; 3. die n-äre Operation von S ist auf $N_i(e)$ bzw. $Q(e)$ assoziativ.

I. Zunächst betrachten wir $N_i(e)$ für ein gewisses festes i, $1 \leq i \leq n$. Die Gleichungen A_1 in der Definition besagen, daß man einen Operator $\zeta^{(i)}$ aus jedem Argument eines n-ären Produktes mit Ausnahme des i-ten Arguments ausklammern kann. Hieraus folgt für $n > 2$ und $i \neq 1$, $i \neq 2$

$$T_0 = (x_1 \zeta_1^{(i)}, x_2 \zeta_2^{(i)}, x_3, \ldots, x_n)$$
$$= (x_1 \zeta_1^{(i)}, x_2, \ldots, x_n) \zeta_2^{(i)} = (x_1, \ldots, x_n) \zeta_1^{(i)} \zeta_2^{(i)}$$

einerseits und

$$T_0 = (x_1, x_2 \zeta_2^{(i)}, \ldots, x_n) \zeta_1^{(i)} = (x_1, \ldots, x_n) \zeta_2^{(i)} \zeta_1^{(i)}$$

andererseits, also für $x_1 = x$, $x_2 = \cdots = x_n = e$

$$x \zeta_1^{(i)} \zeta_2^{(i)} = x \zeta_2^{(i)} \zeta_1^{(i)}. \tag{1}$$

Ist aber $i = 1$ oder $i = 2$, so wähle man zur Herleitung von (1) zwei andere Argumente $1'$, $2'$ zwischen 1 und n mit $i \neq 1'$, $i \neq 2'$. Mittels Gleichung (1) läßt sich der Ausdruck $T_1 = (z_1, \ldots, z_{i-1}, x, z_{i+1}, \ldots, z_n) = x \zeta^{(i)}$ unter Verwendung der Operatoren $\zeta_j = [z_j, e, \ldots, e]$ folgendermaßen umformen:

$$T_1 = x \zeta^{(i)} = (e, \ldots, e, x, e, \ldots, e) \zeta_1^{(i)} \cdots \zeta_{i-1}^{(i)} \zeta_{i+1}^{(i)} \cdots \zeta_n^{(i)} = x \zeta_{\bar{1}}^{(i)} \cdots \zeta_{\bar{n}}^{(i)}$$
$$= (z_{\bar{1}}, \ldots, z_{\overline{i-1}}, x, z_{\overline{i+1}}, \ldots, z_{\bar{n}}) = x \zeta^{(i)s};$$

wir erhalten

$$x \zeta^{(i)} = x \zeta^{(i)s}, \tag{2}$$

wobei s eine beliebige Permutation der Zahlen $1, \ldots, i-1, i+1, \ldots, n$ ist. Wählt man auch $x = z_i \in N_i(e)$, so folgt aus (1) noch

$$z_i \zeta^{(i)} = e \zeta_i^{(i)} \zeta_1^{(i)} \cdots \zeta_n^{(i)} = e \zeta_{1'}^{(i)}, \cdots \zeta_{n'}^{(i)},$$

d. h.

$$(z_1, \ldots, z_n) = (z_{1'}, \ldots, z_{n'}) \tag{3}$$

mit einer beliebigen Permutation $t = \begin{pmatrix} 1 \cdots n \\ 1' \cdots n' \end{pmatrix}$ der natürlichen Zahlen $1, \ldots, n$. (Eine n-Loop S, in der für beliebige $z_1, \ldots, z_n \in S$ und alle $t \in \mathfrak{S}_n$ die Gleichung (3) gilt, soll *total kommutativ* heißen.) Schließlich liefert der Vergleich des j-ten und des letzten Terms in A_1, sofern alle beteiligten Elemente außer $x_j = x$ aus $N_i(e)$ genommen werden,

$$x \zeta_1^{(i)} \zeta_2^{(j)} = x \zeta_2^{(j)} \zeta_1^{(i)}, \quad j \neq i. \tag{4}$$

Nun betrachten wir für ein beliebiges $j \neq i$ den Ausdruck

$$\begin{aligned}
T_2 &= \Big(x_1, \ldots, \big((z_{11}, \ldots, z_{1n}), \ldots, x_j, \ldots, (z_{n1}, \ldots, z_{nn})\big), \ldots, x_n\Big) \\
&\doteq \Big(x_1, \ldots, x_{j-1}, (z_{1i}\zeta_1^{(i)}, \ldots, z_{i-1.i}\zeta_{i-1}^{(i)}, x_j, \ldots, z_{ni}\zeta_n^{(i)}), \ldots, x_n\Big)
\end{aligned} \tag{5}$$

und erhalten, indem wir die Gleichungen A_1 anwenden, zunächst

$$\begin{aligned}
T_2 &= (x_1, \ldots, x_{j-1}, (z_{1i}, \ldots, x_j, \ldots, z_{ni}) \zeta_1^{(i)} \cdots \zeta_{i-1}^{(i)} \zeta_{i+1}^{(i)} \cdots \zeta_n^{(i)}, \ldots, x_n) \\
&\doteq (x_1, \ldots, x_{j-1}, x_j \bar{\zeta}^{(i)} \zeta_1^{(i)} \cdots \zeta_n^{(i)}, \ldots, x_n)
\end{aligned}$$

und dann nach A_1 und (1)

$$T_2 = (x_1, \ldots, x_n) \zeta_n^{(i)} \cdots \zeta_1^{(i)} \bar{\zeta}^{(i)} = (x_1, \ldots, x_n) \bar{\zeta}^{(i)} \zeta_1^{(i)} \cdots \zeta_n^{(i)}.$$

Hiervon folgt durch rückläufige Anwendung der zuvor vollzogenen Umformungen

$$T_2 = \big((z_{11}, \ldots, z_{1n}), \ldots, (z_{i-1.1}, \ldots, z_{i-1,n}), (x_1, \ldots, x_n), \ldots, (z_{n1}, \ldots, z_{nn})\big). \tag{6}$$

Der Vergleich von (5) und (6) liefert, da j ein beliebiger von i verschiedener Index zwischen 1 und n sein durfte, die verlangte Gültigkeit der Gleichungen A_1 für n-äre Produkte $(z_{k1}, \ldots, z_{kn})$ von Elementen $z_{kr} \in N_i(e)$.

Anschließend benötigen wir die Gültigkeit der folgenden Aussage: Die (in S eindeutige) Lösung t einer Gleichung

$$t \zeta^{(i)} = z_j, \; j \neq i, \; \zeta = [z_1, \ldots, z_{j-1}, z_{j+1}, \ldots, z_n] \in N_i(e)^{n-1}, z_j \in N_i(e), \tag{7}$$

ist auch Lösung der Gleichung

$$t \zeta^{(i)} = z_j. \tag{8}$$

Sei nämlich t Lösung von (7), so bilde man mit dem Element $\bar{t} = t \zeta^{(i)}$ den Ausdruck

$$\begin{aligned}
T_3 &= \bar{t} \zeta^{(j)} = t \zeta^{(i)} \zeta^{(j)} = t \zeta^{(j)} \zeta^{(i)} = z_j \zeta^{(i)} \\
&= (z_1, \ldots, z_i, z_j, z_{i+1}, \ldots, z_n),
\end{aligned}$$

wobei (4) verwendet worden ist. Aus (3) ergibt sich nun

$$\bar{i}\,\zeta^{(j)} = (z_1, \ldots, z_{j-1}, \bar{i}, z_{j+1} \ldots, z_n) = (z_1, \ldots, z_{j-1}, z_j, z_{j+1}, \ldots, z_n)$$

und hieraus durch Kürzen die behauptete Gleichung

$$\bar{i} = t\,\zeta^{(i)} = z_j.$$

Ohne Beschränkung der Allgemeinheit dürfen wir also im zweiten für $N_i(e)$ erforderlichen Teil des Beweises annehmen, die Elemente t_k im Operator $\vartheta = [t_1, \ldots, t_{i-1}, t_{i+1}, \ldots, t_n]$ des Ausdrucks

$$T_4 = (x_1, \ldots, x_j\,\vartheta^{(i)}, \ldots, x_n), \quad j \neq i,$$

seien Lösungen gewisser Gleichungen

$$t_k\,\zeta_k^{(i)} = z_k, \quad \zeta_k \in N_i(e)^{n-1}, z_k \in N_i(e). \tag{9}$$

Unter Verwendung von A_1, (1) und (9) folgt

$$T_4\,\zeta_1^{(i)} \cdots \zeta_{i-1}^{(i)}\,\zeta_{i+1}^{(i)} \cdots \zeta_n^{(i)} = (x_1, \ldots, x_j\,\vartheta^{(i)}\,\zeta_1^{(i)} \cdots \zeta_n^{(i)}, \ldots, x_n)$$

$$= (x_1, \ldots, (z_1, \ldots, z_{i-1}, x_j, \ldots, z_n), \ldots, x_n) \stackrel{.}{=} (x_1, \ldots, x_j\,\bar{\zeta}^{(i)}, \ldots, x_n)$$

$$= (x_1, \ldots, x_n)\,\bar{\zeta}^{(i)} = (x_1, \ldots, x_n)\,\vartheta^{(i)}\,\zeta_1^{(i)} \cdots \zeta_n^{(i)}.$$

Das bedeutet, da die $\zeta_k^{(i)}$, $k \neq i$, eineindeutige Abbildungen von S auf sich sind,

$$T_4 = (x_1, \ldots, x_j\,\vartheta^{(i)}, \ldots, x_n) = (x_1, \ldots, x_n)\,\vartheta^{(i)}, \quad j \neq i,$$

wie wir im zweiten Teil des Beweises zeigen mußten.

Für den dritten Teil führen wir auf S die 2-Loop-Multiplikation

$$ab = (b, e, \ldots, e, a, e, \ldots, e) \tag{10}$$

mit dem Einselement e ein (a steht auf der rechten Seite als i-tes Argument, falls $i \neq 1$ ist; für $i = 1$ sind (10) und die folgenden Rechnungen in naheliegender Weise zu modifizieren). Lassen wir im ersten und letzten Term von A_1 nur x_1, x_i und das erste ζ-Argument z_1 von e verschieden, so ergibt sich

$$x_i(x_1 z_1) = (x_i x_1)z_1, \quad \forall\, x_i, x_1 \in S, \ \forall\, z_1 \in N_i(e), \tag{11}$$

woraus die Assoziativität der binären Multiplikation (10) auf $N_i(e)$ folgt, deren Kommutativität auf $N_i(e)$ schon aus (3) abzulesen ist. Nun wird mit $\zeta_j = [z_j, e, \ldots, e]$, $j \neq i, j = 1, \ldots, n$

$$x\,\zeta^{(i)} \stackrel{.}{=} (z_1, \ldots, z_{i-1}, x, z_{i+1}, \ldots, z_n) = x\,\zeta_1^{(i)} \cdots \zeta_n^{(i)}$$

$$= \big(\cdots \big(\big(\cdots (x z_1)\, z_2 \cdots z_{i-1}\big)\, z_{i+1}\big) \cdots \big)\, z_n.$$

Das bedeutet gemäß (10), (11) und (3)

$$(z_1, \ldots, z_{i-1}, x, z_{i+1}, \ldots, z_n) = x z_1 \cdots z_{i-1} z_{i+1} \cdots z_n \tag{12}$$

und insbesondere

$$(z_1, \ldots, z_i, \ldots, z_n) = z_1 \cdots z_i \cdots z_n, \tag{13}$$

wobei auf den rechten Seiten von (12) und (13) die Reihenfolge der Größen z_j beliebig ist. Die Gleichung (13) überträgt die Assoziativität der binären Multiplikation (10) in $N_i(e)$ auf die n-äre Operation $(z_1, \ldots, z_n)$, während Gleichung (3) die totale Kommutativität der letzteren bedeutet.

II. Bei $Q(e)$ können wir uns, insoweit ganz analoge Schlußweisen verwendet werden, kürzer fassen. Aus

$$
\begin{aligned}
(x_1, x_2, \ldots, x_i \zeta_1^{(i)} \zeta_2^{(i)}, \ldots, x_n) &= (x_1 \zeta_1^{(1)}, x_2 \zeta_2^{(2)}, \ldots, x_n) \\
&= (x_1 \zeta_1^{(1)}, x_2, \ldots, x_i \zeta_2^{(i)}, \ldots, x_n) \\
&= (x_1, x_2, \ldots, x_i \zeta_2^{(i)} \zeta_1^{(i)}, \ldots, x_n)
\end{aligned}
$$

folgt mit $x_i = x$ durch Kürzen

$$
x \zeta_1^{(i)} \zeta_2^{(i)} = x \zeta_2^{(i)} \zeta_1^{(i)}, \tag{14}
$$

falls zunächst $i \neq 1,\, i \neq 2$ ist. Auf diese Einschränkung läßt sich aber wie bei Gleichung (1) verzichten. Nun erkennt man folgendermaßen, daß erstens die Anwendung der n-ären Operation aus $Q(e)$ nicht herausführt: Es ist nach A_2 und (14)

$$
\begin{aligned}
&\big(x_1, \ldots, x_{i-1}, (z_1 \zeta_1^{(1)}, \ldots, z_{i-1} \zeta_{i-1}^{(i-1)}, x_i, z_i \zeta_i^{(i)}, \ldots, z_{n-1} \zeta_{n-1}^{(n-1)}), \ldots, x_j, \ldots, x_n\big) \\
&= \big(x_1, \ldots, x_{i-1}, (z_1, \ldots, z_{i-1}, x_i \zeta_1^{(i)} \cdots \zeta_{n-1}^{(i)}, z_i, \ldots, z_{n-1}), \ldots, x_j, \ldots, x_n\big) \\
&\overset{.}{=} \big(x_1, \ldots, x_i \zeta_1^{(i)} \cdots \zeta_{n-1}^{(i)} \bar{\zeta}^{(i)}, \ldots, x_j, \ldots, x_n\big) \\
&= \big(x_1, \ldots, x_i, \ldots, x_j \zeta_1^{(j)} \cdots \zeta_{n-1}^{(j)} \bar{\zeta}^{(j)}, \ldots, x_n\big) \\
&= \big(x_1, \ldots, x_i, \ldots, (z_1 \zeta_1^{(1)}, \ldots, z_{j-1} \zeta_{j-1}^{(j-1)}, x_j, z_j \zeta_j^{(j)}, \ldots, z_{n-1} \zeta_{n-1}^{(n-1)}), \ldots, x_n\big)
\end{aligned}
$$

für alle i, j mit $1 \leq i, j \leq n,\, i \neq j$. Zweitens betrachte man für zwei feste Indizes i, j die in S eindeutig bestimmten Lösungen $t, \bar{t}$ der Gleichungen

$$
t \zeta^{(i)} = z_j, \quad \bar{t} \zeta^{(i)} = e.
$$

Unter Verwendung des Operators $\bar{\zeta} = [e, \ldots, e, z_j, \ldots, e]$, in dem z_j als j-tes Argument steht, gilt dann

$$
\begin{aligned}
t &= (e, \ldots, e, \bar{t} \zeta^{(i)}, e, \ldots, e, t, e, \ldots, e) \\
&= (e, \ldots, e, \bar{t}, e, \ldots, e, t \zeta^{(j)}, \ldots, e) = \bar{t} \bar{\zeta}^{(i)}
\end{aligned}
$$

und folglich

$$
t \zeta^{(i)} = \bar{t} \bar{\zeta}^{(i)} \zeta^{(i)} = \bar{t} \zeta^{(i)} \bar{\zeta}^{(i)} = e \bar{\zeta}^{(i)} = z_j;
$$

d. h., t genügt jeder der Gleichungen

$$
t \zeta^{(k)} = z_j, \quad k = 1, \ldots, n, \tag{15}
$$

falls es einer von ihnen genügt. Nun bilden wir mit den Lösungen $t_1, \ldots, t_{i-1}, t_{i+1}, \ldots, t_n$ der somit ohne Einschränkung der Allgemeinheit gewählten Gleichungen

$$
t_k \zeta_k^{(k)} = z_k, \quad k = 1, \ldots, n;\, k \neq i,
$$

den Ausdruck

$$
T = \big(x_1, \ldots, x_{i-1}, (t_1, \ldots, t_{i-1}, x_i, t_{i+1}, \ldots t_n), x_{i+1}, \ldots, x_n\big) \overset{.}{=} \big(x_1, \ldots, x_i \vartheta^{(i)}, \ldots, x_n\big).
$$

Wegen der Eineindeutigkeit der Abbildungen $\zeta_k^{(i)}$, $\zeta_k^{(j)}$ existieren zu gegebenen Elementen x_i, $x_j \in S$ sicher Elemente $\bar{x}_i, \bar{x}_j \in S$ mit

$$\bar{x}_r \zeta_1^{(r)} \cdots \zeta_{i-1}^{(r)} \zeta_{i+1}^{(r)} \cdots \zeta_n^{(r)} = x_r, \qquad r = i, j.$$

Dann folgt nach A_2, (14) und (15)

$$
\begin{aligned}
T &= (x_1, \ldots, \bar{x}_i \zeta_1^{(i)} \cdots \zeta_{i-1}^{(i)} \zeta_{i+1}^{(i)} \cdots \zeta_n^{(i)} \vartheta^{(i)}, \ldots, x_j, \ldots, x_n) \\
&= (x_1, \ldots, (z_1, \ldots, z_{i-1}, \bar{x}_i, z_{i+1}, \ldots, z_n), \ldots, x_j, \ldots, x_n) \\
&\doteq (x_1, \ldots, \bar{x}_i \bar{\zeta}^{(i)}, \ldots, x_j, \ldots, x_n) \\
&= (x_1, \ldots, \bar{x}_i, \ldots, \bar{x}_j \zeta_1^{(j)} \cdots \zeta_{i-1}^{(j)} \zeta_{i+1}^{(j)} \cdots \zeta_n^{(j)} \bar{\zeta}^{(j)}, \ldots, x_n) \\
&= (x_1, \ldots, \bar{x}_i, \ldots, \bar{x}_j \bar{\zeta}^{(j)} \zeta_1^{(j)} \cdots \zeta_n^{(j)}, \ldots, x_n) \\
&= (x_1, \ldots, \bar{x}_i \zeta_1^{(i)} \cdots \zeta_n^{(i)}, \ldots, \bar{x}_j \bar{\zeta}^{(j)}, \ldots, x_n) \\
&= (x_1, \ldots, x_i, \ldots, (z_1, \ldots, z_{i-1}, z_{i+1}, \ldots, \bar{x}_j, \ldots, z_n), \ldots, x_n) \\
&= (x_1, \ldots, x_i, \ldots, x_j \vartheta^{(j)}, \ldots, x_n),
\end{aligned}
$$

womit bei $Q(e)$ das für 2. Erforderliche getan ist.

Schließlich definieren wir in Analogie zu (10), *diesmal aber zu jedem Index i*, eine binäre Multiplikation

$$ab = (b, e, \ldots, e, a, e, \ldots, e) \tag{16$_i$}$$

(bei der auf der rechten Seite a als i-tes Argument verwendet wird und die für $i = 1$ ebenso wie das folgende in offensichtlicher Weise zu modifizieren ist). Dann erhält man mit $\zeta_j = [z_j, e, \ldots, e]$, $j \neq i$, $i = 1, \ldots, n$

$$
\begin{aligned}
(z_1, \ldots, z_{i-1}, x, z_{i+1}, \ldots, z_n) &= (e\zeta_1^{(1)}, \ldots, e\zeta_{i-1}^{(i-1)}, x, \ldots, e\zeta_n^{(n)}) \\
&= x\zeta_1^{(i)} \cdots \zeta_{i-1}^{(i)} \zeta_{i+1}^{(i)} \cdots \zeta_n^{(i)},
\end{aligned}
$$

d. h.

$$(z_1, \ldots, z_{i-1}, x, z_{i+1}, \ldots, z_n) = (\cdots (xz_1)z_2 \cdots)z_n, \tag{17$_i$}$$

woraus sich sofort auch

$$
\begin{aligned}
(z, e, \ldots, e, x, e, \ldots, e) &= (e, z, e, \ldots, e, x, e, \ldots, e) = \cdots \\
&= (e, \ldots, e, x, e, \ldots, e, z) = xz
\end{aligned} \tag{18$_i$}
$$

ergibt. Läßt man danach in A_2 nur x_1, x_i und $z_{i-1} = z$ von e verschieden, so liefert der Vergleich der ersten und i-ten Terms in A_2 unter Benutzung von (16)$_i$ und (18)$_i$

$$x_i(zx_1) = (x_i z)x_1. \tag{19$_i$}$$

Die Multiplikation (16)$_i$ ist also auf $Q(e)$ assoziativ und, wie man der Herleitung von (17)$_i$ entnimmt, kommutativ, woraus Assoziativität und totale Kommutativität auch für die n-äre Operation auf $Q(e)$ folgen. Insbesondere gilt, diesmal für jedes i und seine zugehörige binäre Multiplikation (16)$_i$,

$$(z_1, \ldots, z_{i-1}, x, z_{i+1}, \ldots, z_n) = xz_1 \cdots z_{i-1}z_{i+1} \cdots z_n, \tag{20$_i$}$$

$$\forall\, x \in S, \; \forall z_k \in Q(e),$$

während auf $Q(e)$ sämtliche Multiplikationen $(16)_i$ übereinstimmen und

$$(z_1, \ldots, z_n) = z_1 \cdots z_n \tag{21}$$

liefern; auf die Reihenfolge der $z_k \in Q(e)$ kommt es in $(20)_i$ und (21) rechts nicht an. Wir haben den Satz damit vollständig bewiesen.

Ferner gilt der

Satz. *Zu jedem Einselement e einer n-Loop S gibt es genau einen i-Nucleus $N_i(e)$ von S für jedes $i = 1, \ldots, n$ und genau einen Quernucleus $Q(e)$, denen e angehört.*

Der Beweis verläuft ganz analog zu dem des entsprechenden Satzes für das Zentrum $Z(e)$ und kann hier unterlassen werden.

Daß zu verschiedenen Einselementen einer n-Loop verschiedene Quernuclei und i-Nuclei gehören können, folgt sofort aus der entsprechenden Aussage über die Zentren und der offenbar gültigen Relation

$$Z(e) \subseteq N_i(e), \, i = 1, \ldots, n; \quad Z(e) \subseteq Q(e).$$

3. Nuclei und Zentren isotoper n-Loops

3.1 Quernuclei

Wir betrachten zwei n-Loops $\big(S_1, \{x_1, \ldots, x_n\}\big)$ und $\big(S_2, (x_1, \ldots, x_n)\big)$, die die Einselemente $f \in S_1$ und $e \in S_2$ besitzen mögen und durch die Gleichung

$$\{x_1, \ldots, x_n\} = (x_1 \varphi_1, \ldots, x_n \varphi_n) \, \psi,$$

worin $\varphi_k, k = 1, \ldots, n$, und ψ^{-1} eineindeutige Abbildungen von S_1 auf S_2 bedeuten, zueinander isotop sind. Aus (1) folgt

$$x_i = (f_1, \ldots, f_{i-1}, x_i \varphi_i, f_{i+1}, \ldots, f_n)\psi, \tag{2}$$

$$f_i = f\varphi_i, \, \forall \, x_i \in S_1, \, i = 1, \ldots, n.$$

Führt man eineindeutige Abbildungen $F_i, i = 1, \ldots, n$, von S_2 auf sich durch

$$x F_i \doteq (f_1, \ldots, f_{i-1}, x, f_{i+1}, \ldots, f_n)$$

ein, so wird

$$f_i F_i = (f_1, \ldots, f_n) = f\psi^{-1} = g, \quad i = 1, \ldots, n, \tag{4}$$

für die Abbildungen φ_i erhält man

$$x \varphi_i = x \psi^{-1} F_i^{-1}, \quad i = 1, \ldots, n,$$

so daß wir statt (1) auch

$$\{x_1, \ldots, x_n\} = (x_1 \psi^{-1} F_1^{-1}, \ldots, x_n \psi^{-1} F_n^{-1}) \, \psi \tag{6}$$

schreiben können.
Übertragen wir nun die definierenden Gleichungen

$$\big\{\{x_1, z_1, \ldots, z_{n-1}\}, x_2, \ldots, x_n\big\} = \cdots = \big\{x_1, \ldots, x_{i-1}, \{z_1, \ldots, z_{i-1}, x_i, \ldots,\} \ldots, x_n\big\}$$

$$= \cdots = \big\{x_1, \ldots, x_{n-1}, \{z_1, \ldots, z_{n-1}, x_n\}\big\} \tag{7}$$

des Quernucleus $Q(f) \subsetneqq S_1$ mittels (6) nach S_2, so erhalten wir aus (7)

$$\left((x_1\psi^{-1}F_1^{-1}, z_1\psi^{-1}F_2^{-1}, \ldots, z_{n-1}\psi^{-1}F_n^{-1})\,\psi\psi^{-1}F_1^{-1}, x_2\psi^{-1}F_2^{-1}, \ldots, x_n\psi^{-1}F_n^{-1}\right)$$
$$= \cdots = \left(x_1\psi^{-1}F_1^{-1}, \ldots, x_{n-1}\psi^{-1}F_{n-1}^{-1}, (z_1\psi^{-1}F_1^{-1}, \ldots, z_{n-1}\psi^{-1}F_{n-1}^{-1}, x_n\psi^{-1}F_n^{-1})\,\psi\psi^{-1}F_n^{-1}\right).$$

Wir vereinfachen diese Beziehung, indem wir

$$x_i\psi^{-1}F_i^{-1} = y_i,\; z_j\psi^{-1} = v_j,\; i = 1, \ldots, n,\; j = 1, \ldots, n-1,$$

setzen, so daß sich als zu (7) äquivalente Gleichungen

$$\left((y_1, v_1F_2^{-1}, \ldots, v_{n-1}F_n^{-1})\,F_1^{-1}, y_2, \ldots, y_n\right) = \cdots$$
$$= \left(y_1, \ldots, y_{i-1}, (v_1F_1^{-1}, \ldots, v_{i-1}F_{i-1}^{-1}, y_i, v_{i+1}F_{i+1}^{-1}, \ldots, v_{n-1}F_n^{-1})\,F_i^{-1}, y_{i+1}, \ldots, y_n\right)$$
$$= \cdots = \left(y_1, \ldots, y_{n-1}, (v_1F_1^{-1}, \ldots, v_{n-1}F_{n-1}^{-1}, y_n)\,F_n^{-1}\right) \tag{8}$$

ergeben, worin die Größen y_j ganz S_2, die Größen v_k ganz $Q(f)\psi^{-1}$ durchlaufen. Ordnet man jedem Operator $\xi = [x_1, \ldots, x_{n-1}] \in S_1^{\,n-1}$ isotope Operatoranwendungen $\xi^{(i)}$, $i = 1, \ldots, n$, mittels

$$y\,\hat{\xi}^{(i)} = (x_1\psi^{-1}F_1^{-1}, \ldots, x_{i-1}\psi^{-1}F_{i-1}^{-1}, y, x_i\psi^{-1}F_{i+1}^{-1}, \ldots, x_{n-1}\psi^{-1}F_n^{-1}) \tag{9}$$

zu, so daß $\hat{\xi}^{(i)}$ eine eineindeutige Abbildung von S_2 auf sich wird, dann ist

$$(x_1\hat{\zeta}^{(1)}F_1^{-1}, x_2, \ldots, x_n) = \cdots = (x_1, \ldots, x_{i-1}, x_i\hat{\zeta}^{(i)}F_i^{-1}, x_{i+1}, \ldots, x_n)$$
$$= \cdots = (x_1, \ldots, x_{n-1}, x_n\hat{\zeta}^{(n)}F_n^{-1}),\; \forall\, x_1, \ldots, x_n \in S_2,\; \forall\, \zeta \in Q(f)^{n-1}, \tag{10}$$

bis auf die Größen y_k, die wir der Üblichkeit halber wieder durch x_k ersetzt haben, ebenfalls äquivalent zu (8) und (7). Nun definieren wir eine eineindeutige Abbildung H von $Q(f)$ in S_2: Ist

$$z \in Q(f),\; \zeta = [f, \ldots, f\,z] \in Q(f)^{n-1},$$

so sei

$$zH = e\,\hat{\zeta}^{(1)}F_1^{-1}. \tag{11}$$

Setzt man in (10) sämtliche Elemente $x_j = e,\, j = 1, \ldots, n,$ dann folgt aus (11)

$$e\,\hat{\zeta}^{(1)}F_1^{-1} = \cdots = e\,\hat{\zeta}^{(i)}F_i^{-1} = \cdots = e\,\hat{\zeta}^{(n)}F_n^{-1} = zH. \tag{11'}$$

Überdies wird

$$fH = eF_1F_1^{-1} = e. \tag{11''}$$

Wir betrachten jetzt für ein beliebiges i, $1 \leqq i \leqq n$, den Ausdruck

$$T = (z_1H, \ldots, z_{i-1}H, x_i, z_iH, \ldots, z_{n-1}H),$$

gebildet mit dem Operator

$$\zeta = [z_1, \ldots, z_{n-1}) \in Q(f)^{n-1},$$

und führen entsprechend der Definition von H die Operatoren

$$\zeta_i = [f, \ldots, f, z_i] \in Q(f)^{n-1},\; i = 1, \ldots, n,$$

ein. Aus (11') folgt nun

$$T = (e\,\hat{\zeta}_1^{(1)}F_1^{-1}, \ldots, e\,\hat{\zeta}_{i-1}^{(i-1)}F_{i-1}^{-1}, x_i, e\,\hat{\zeta}_i^{(i+1)}F_{i+1}^{-1}, \ldots, e\,\hat{\zeta}_{n-1}^{(n)}F_n^{-1}),$$

also durch mehrfache Anwendung von (10) und unter Ausnutzung dessen, daß e Einselement von S_2 ist,

$$
\begin{aligned}
T &= x_i \overset{\ast}{\zeta}_1{}^{(i)} F_i^{-1} \overset{\ast}{\zeta}_2{}^{(i)} F_i^{-1} \cdots \overset{\ast}{\zeta}_{n-1}{}^{(i)} F_i^{-1} \\
&= \left(f_1, \ldots, f_{i-1}, x_i \overset{\ast}{\zeta}_1{}^{(i)} F_i^{-1} \cdots \overset{\ast}{\zeta}_{n-2}{}^{(i)} F_i^{-1}, f_{i+1}, \ldots, f_{n-1}, z_{n-1} \psi^{-1} F_n^{-1}\right) F_i^{-1} \\
&= \left(f_1 \overset{\ast}{\zeta}_1{}^{(1)} F_1^{-1}, \ldots, f_{i-1} \overset{\ast}{\zeta}_{i-1}{}^{(i-1)} F_{i-1}^{-1}, x_i, f_{i+1} \overset{\ast}{\zeta}_i{}^{(i+1)} F_{i+1}^{-1}, \ldots, z_{n-1} \psi^{-1} F_n^{-1}\right) F_i^{-1}.
\end{aligned}
$$

Mit $\zeta_0 = [f, \ldots, f, z]$ wird aber

$$
\begin{aligned}
f_j \overset{\ast}{\zeta}_0{}^{(j)} F_j^{-1} &= \left(f_1, \ldots, f_{j-1}, f_j, f_{j+1}, \ldots, f_{n-1}, z \psi^{-1} F_n^{-1}\right) F_j^{-1} \\
&= z \psi^{-1} F_n^{-1} F_n F_j^{-1} = z \psi^{-1} F_j^{-1}.
\end{aligned} \tag{12}
$$

Daher gilt statt des letzten Ausdrucks für T auch

$$
\begin{aligned}
T &= \left(z_1 \psi^{-1} F_1^{-1}, \ldots, z_{i-1} \psi^{-1} F_{i-1}^{-1}, x_i, z_i \psi^{-1} F_{i+1}^{-1} \ldots, z_{n-1} \psi^{-1} F_n^{-1}\right) F_i^{-1} \\
&= x_i \overset{\ast}{\zeta}^{(i)} F_i^{-1},
\end{aligned}
$$

d. h. insgesamt

$$
x_i \overset{\ast}{\zeta}^{(i)} F_i^{-1} = \left(z_1 H, \ldots, z_{i-1} H, x_i, z_i H, \ldots, z_{n-1} H\right).
$$

Auf Grund dieser Beziehung wird (10) äquivalent mit

$$
\begin{aligned}
\big((x_1, z_1 H, \ldots, z_{n-1} H), x_2, \ldots, x_n\big) &= \cdots = \big(x_1, \ldots, (z_1 H, \ldots, z_{i-1} H, x_i, \ldots), x_{i+1}, \ldots, x_n\big) \\
&= \cdots = \big(x_1, \ldots, x_{n-1}, (z_1 H, \ldots, z_{n-1} H, x_n)\big), \\
&\forall\, x_1, \ldots, x_n \in S_2, \ \forall\, \zeta = [z_1, \ldots, z_{n-1}] \in Q(f)^{n-1}.
\end{aligned}
$$

Anschließend zeigen wir, daß die eineindeutige Abbildung H einen Isomorphismus von $Q(f)$ in S_2 darstellt, daß also

$$
\{z_1, \ldots, z_n\} H = (z_1 H, \ldots, z_n H) \quad \forall\, z_1, \ldots, z_n \in Q(f) \tag{14}
$$

ist. Für beliebige $z_1, \ldots, z_n \in Q(f)$ wird nämlich mit $v_j = z_j \psi^{-1}, j = 1, \ldots, n$,

$$
\begin{aligned}
\{z_1, \ldots, z_n\} H &= (e, f_2, \ldots, f_{n-1}, \{z_1, \ldots, z_n\} \psi^{-1} F_n^{-1}) F_1^{-1} \\
&= \big(e, f_2, \ldots, f_{n-1}, (v_1 F_1^{-1}, \ldots, v_n F_n^{-1}) F_n^{-1}\big) F_1^{-1} \\
&= \big(e, f_2, \ldots, f_{n-2}, (v_1 F_1^{-1}, \ldots, v_{n-2} F_{n-2}^{-1}, f_{n-1}, v_{n-1} F_n^{-1}) F_{n-1}^{-1}, v_n F_n^{-1}\big) F_1^{-1} \\
&= \big(e, f_2, \ldots, f_{n-2}, (v_1 F_1^{-1}, \ldots, v_{n-2} F_{n-2}^{-1}, v_{n-1} F_{n-1}^{-1}, f_n) F_{n-1}^{-1}, v_n F_n^{-1}\big) F_1^{-1},
\end{aligned}
$$

wobei der vorletzte Ausdruck unter Benutzung von (8), der letzte auf Grund der (nach S_2 übertragenen) totalen Kommutativität von $Q(f) \subseteq S_1$ zustandekommt. In der gleichen Weise fährt man fort, die innere Klammer stets unter Zurücklassung eines v_j um einen Schritt nach vorn verschiebend, und erhält beim letzten Schritt

$$
\begin{aligned}
\{z_1, \ldots, z_n\} H &= \big((e, f_2, \ldots, f_{n-1}, v_1 F_n^{-1}) F_1^{-1}, v_2 F_2^{-1}, \ldots, v_n F_n^{-1}\big) F_1^{-1} \\
&= \big((z_1 H, v_2 F_2^{-1}, \ldots, v_n F_n^{-1}) F_1^{-1}, e, e, \ldots, e\big).
\end{aligned}
$$

Für die nächsten Umformungen führen wir die Operatoren $\zeta_i = [f, \ldots, f, z_i]$, $i = 2, \ldots, n$, ein und erhalten auf Grund von (8), (10), (11) und (12)

$$
\begin{aligned}
\{z_1, \ldots, z_n\} H &= \left(z_1 H, (v_2 F_1^{-1}, e, v_3 F_3^{-1}, \ldots, v_n F_n^{-1})\, F_2^{-1}, e, \ldots, e\right) \\
&= \left(z_1 H, (f_1 \hat{\zeta}_2^{(1)} F_1^{-1}, e, v_3 F_3^{-1}, \ldots, v_n F_n^{-1})\, F_2^{-1}, e, \ldots, e\right) \\
&= \left(z_1 H, (f_1, e \hat{\zeta}_2^{(2)} F_2^{-1}, v_3 F_3^{-1}, \ldots, v_n F_n^{-1})\, F_2^{-1}, e, \ldots, e\right) \\
&= \left(z_1 H, (f_1, z_2 H, v_3 F_3^{-1}, \ldots, v_n F_n^{-1})\, F_2^{-1}, e, \ldots, e\right) \\
&= \left(z_1 H, z_2 H, (f_1, v_3 F_2^{-1}, e, v_4 F_4^{-1}, \ldots, v_n F_n^{-1})\, F_3^{-1}, e, \ldots, e\right) \\
&= \cdots = (z_1 H, z_2 H, \ldots, z_n H),
\end{aligned}
$$

wie wir zeigen wollten. Daß H nicht nur, wie man aus $(11'')$ und (13) erkennt, ein Isomorphismus von $Q(f)$ in den zu e gehörigen Quernucleus $Q(e)$ von S_2, sondern sogar ein Isomorphismus von $Q(f)$ auf $Q(e)$ ist, ergibt sich folgendermaßen: Faßt man in umgekehrter Richtung S_2 als ein Isotop von S_1 auf, d. h. schreibt man statt (1)

$$
(x_1, \ldots, x_n) = \{x_1 \varphi_1^{-1}, \ldots, x_n \varphi_n^{-1}\} \psi^{-1}, \tag{$\bar{1}$}
$$

so führen analoge Betrachtungen zu der Abbildung $\bar{H}$ mit

$$
u \bar{H} = \{f, e\psi E_2^{-1}, \ldots, e\psi E_{n-1}^{-1}, u\psi E_n^{-1}\} E_1^{-1}, \quad u \in Q(e), \tag{$\overline{11}$}
$$

von $Q(e)$ in $Q(f) \subseteqq S_1$, wobei

$$
y E_j = \{e_1, \ldots, e_{j-1}, y, e_{j+1}, \ldots, e_n\}, \, y \in S_1, \, e\varphi_j^{-1} = e_j, \, j = 1, \ldots, n, \tag{3}
$$

gilt. Die Gleichung $(\overline{11})$ lautet, wenn man sie mit Hilfe der n-ären Operation in S_2 ausdrückt,

$$
u \bar{H} = (f \psi^{-1} F_1^{-1}, e\psi E_2^{-1} \psi^{-1} F_2^{-1}, \ldots, e\psi E_{n-1}^{-1} \psi^{-1} F_{n-1}^{-1}, u\psi E_n^{-1} \psi^{-1} F_n^{-1}) \psi E_1^{-1}. \tag{15}
$$

Setzt man die zur Gleichung (5) analoge Gleichung

$$
y \varphi_i^{-1} = y \psi E_i^{-1} \tag{$\bar{5}$}
$$

in (5) ein, so erhält man die für alle $y \in S_2$ und alle $i = 1, \ldots, n$ gültige Beziehung

$$
y \, \psi E_i^{-1} \psi^{-1} F_i^{-1} = y, \tag{16}
$$

mit deren Hilfe statt (15)

$$
u \bar{H} = (f_1, e, \ldots, e, u)\, \psi E_1^{-1} \tag{17}
$$

geschrieben werden kann. Nun sei $u = zH \in Q(f)H$. In diesem Fall erhalten wir mit $\zeta = [f, \ldots, f, z]$ nach (10), (12) und (16)

$$
\begin{aligned}
u \bar{H} = z H \bar{H} &= (f_1, e, \ldots, e, e\,\hat{\zeta}^{(n)} F_n^{-1})\, \psi E_1^{-1} = (f_1 \hat{\zeta}^{(1)} F_1^{-1}, \ldots, e)\, \psi E_1^{-1} \\
&= z\psi^{-1} F_1^{-1} \psi E_1^{-1} = z,
\end{aligned}
$$

d. h.

$$
z H \bar{H} = z, \quad \forall\, z \in Q(f).
$$

Wegen der Eineindeutigkeit der Abbildungen H und $\bar{H}$ würde aus $Q(f)H \subset Q(e)$ nun $Q(f)H\bar{H} \subset Q(e)\bar{H} \subseteqq Q(f)$, also $Q(f) \subset Q(f)$ folgen. Aus diesem Widerspruch ergibt sich der

Satz. *Die Quernuclei $Q(f)$ und $Q(e)$ zweier isotoper n-Loops $(S_1, \{x_1, \ldots, x_n\})$ und $\big(S_2, (x_1, \ldots, x_n)\big)$ mit den Einselementen $f \in S_1$ und $e \in S_2$ sind isomorph.*

Der Satz gilt insbesondere, falls die beiden n-Loops identisch sind und zwischen ihnen der identische Isotopismus $\varphi_1 = \cdots = \varphi_n = \psi = \varepsilon$ betrachtet wird. Dann erhalten wir als

Folgerung. *Je zwei Quernuclei $Q(e)$ und $Q(f)$ einer n-Loop mit den Einselementen e und f sind isomorph.*

3.2 i-Nuclei

Wir beabsichtigen, die gleichen Resultate auch für i-Nuclei isotoper n-Loops abzuleiten, legen hierbei für einen festen, von dem Index i verschiedenen Index j die Gleichung

$$\{y_1, \ldots, y_{j-1}, \{z_1, \ldots, z_{i-1}, y_j, z_{i+1}, \ldots, z_n\}, y_{j+1}, \ldots, y_n\}$$

$$= \{z_1, \ldots, z_{i-1}, \{y_1, \ldots, y_n\}, z_{i+1}, \ldots, z_n\},$$

$$\forall\, y_r \in S_1,\ \forall z_t \in N_i(f),\ t \neq i;\ r, t, = 1, \ldots, n, \tag{18}$$

als eine typische unter den definierenden Gleichungen für den zum Einselement f gehörigen i-Nucleus $N_i(f)$ der n-Loop $(S_1, \{y_1, \ldots, y_n\})$ zugrunde und setzen wiederum $\big(S_2, (x_1, \ldots, x_n)\big)$ mit dem Einselement e als isotope n-Loop voraus, wobei die Gleichung (1) des vorigen Punktes und deren von $Q(f)$ bzw. $Q(e)$ unabhängige Folgerungen und Analogien gelten mögen.

Formuliert man (18) mittels der auf S_2 erklärten n-ären Operation $(x_1, \ldots, x_n)$ und führt die Abkürzungen

$$y_r\psi^{-1}F_r^{-1} = x_r, \quad z_t\psi^{-1}F_t^{-1} = v_t$$

ein, dann erhält man als eine zu (18) äquivalente Gleichung

$$\big(x_1, \ldots, x_{j-1}, (v_1, \ldots, v_{i-1}, x_j F_j F_i^{-1}, v_{i+1}, \ldots, v_n) F_j^{-1}, x_{j+1}, \ldots, x_n\big)$$

$$= \big(v_1, \ldots, v_{i-1}, (x_1, \ldots, x_n) F_i^{-1}, v_{i+1}, \ldots, v_n\big), \tag{19}$$

aus der sich für $x_1 = \cdots = x_{j-1} = x_{j+1} = \cdots = x_n = e$

$$(v_1, \ldots, v_{i-1}, x_j F_j F_i^{-1}, v_{i+1}, \ldots, v_n) F_j^{-1} = (v_1, \ldots, v_{i-1}, x_j F_i^{-1}, v_{i+1}, \ldots, v_n) \tag{19A}$$

ergibt, wonach auch

$$\big(x_1, \ldots, x_{j-1}, (v_1, \ldots, v_{i-1}, x_j F_i^{-1}, v_{i+1}, \ldots, v_n), \ldots, x_n\big)$$

$$= \big(v_1\ \ldots, v_{i-1}, (x_1, \ldots, x_n) F_i^{-1}, v_{i+1}, \ldots, v_n\big) \tag{20}$$

zu (18) und (19) äquivalent wird. Wir verwenden nun wieder die im vorigen Punkt, Gleichung (9), erklärte isotope Operatoranwendung und erhalten statt der Gleichung (20) die Gleichung

$$(x_1, \ldots, x_{j-1}, x_j F_i^{-1}\overset{\wedge}{\zeta}{}^{(i)}, x_{j+1}, \ldots, x_n) = (x_1, \ldots, x_n) F_i^{-1}\overset{\wedge}{\zeta}{}^{(i)}, \tag{21}$$

die für jedes $\zeta = [z_1, \ldots, z_{i-1}, z_{i+1}, \ldots, z_n] \in N_i(f)^{n-1} \subseteq S_1^{n-1}$ und alle $x_1, \ldots, x_n \in S_2$ gilt. In Analogie zu (11) definieren wir eine eineindeutige Abbildung K_i von $N_i(f)$ in S_2, indem wir jedem $z \in N_i(f)$ mittels $\zeta = [f, \ldots, f, z] \in N_i(f)^{n-1}$ sein Bild

$$z K_i = e F_i^{-1}\overset{\wedge}{\zeta}{}^{(i)} \tag{22}$$

zuordnen und insbesondere $f K_i = e F_i^{-1} F_i$, d. h.

$$f K_i = e \tag{22'}$$

erhalten. Weiterhin in Analogie zum vorigen Punkt betrachten wir den Ausdruck

$$T = (z_1 K_i, \ldots, z_{i-1} K_i, x, z_{i+1} K_i, \ldots, z_n K_i), \tag{23}$$

gebildet mit dem Operator

$$\zeta = [z_1, \ldots, z_{i-1}, z_{i+1}, \ldots, z_n] \in N_i(f)^{n-1},$$

und führen die den z_r zugeordneten Operatoren

$$\zeta_r = [f, \ldots, f, z_r] \in N_i(f)^{n-1}, r \neq i, r = 1, \ldots, n,$$

ein. Nach Definition der Abbildung K_i ist

$$T = (e F_i^{-1} \overset{\scriptscriptstyle\wedge}{\zeta}_1{}^{(i)}, \ldots, e F_i^{-1} \overset{\scriptscriptstyle\wedge}{\zeta}_{i-1}{}^{(i)}, x, e F_i^{-1} \overset{\scriptscriptstyle\wedge}{\zeta}_{i+1}{}^{(i)}, \ldots, e F_i^{-1} \overset{\scriptscriptstyle\wedge}{\zeta}_n{}^{(i)}).$$

Benutzt man die Gleichung (21) für sämtliche zulässigen, d. h. von i verschiedenen Indizes j und die Definition der Abbildung K_i, so folgt

$$T = x F_i^{-1} \overset{\scriptscriptstyle\wedge}{\zeta}_n{}^{(i)} \cdots F_i^{-1} \overset{\scriptscriptstyle\wedge}{\zeta}_{i-1}{}^{(i)} F_i^{-1} \overset{\scriptscriptstyle\wedge}{\zeta}_{i+1}{}^{(i)} \cdots F_i^{-1} \overset{\scriptscriptstyle\wedge}{\zeta}_1{}^{(i)}$$
$$= (f_1, \ldots, f_{i-1} x F_i^{-1}, f_{i+1}, \ldots, f_{n-1}, z_n \psi^{-1} F_n^{-1}) \, F_i^{-1} \overset{\scriptscriptstyle\wedge}{\zeta}_{n-1}{}^{(i)} \cdots F_i^{-1} \overset{\scriptscriptstyle\wedge}{\zeta}_1{}^{(i)}$$
$$= (f_1 F_i^{-1} \overset{\scriptscriptstyle\wedge}{\zeta}_1{}^{(i)}, \ldots, f_{i-1} F_i^{-1} \overset{\scriptscriptstyle\wedge}{\zeta}_{i-1}{}^{(i)}, x F_i^{-1}, f_{i+1} F_i^{-1} \overset{\scriptscriptstyle\wedge}{\zeta}_{i+1}{}^{(i)}, \ldots, f_{n-1} F_i^{-1} \overset{\scriptscriptstyle\wedge}{\zeta}_{n-1}{}^{(i)}, z_n \psi^{-1} F_n^{-1}).$$

Wir bemerken, daß sich die Gleichung (19 A) auch in der Form

$$x_j F_j F_i^{-1} \overset{\scriptscriptstyle\wedge}{\zeta}{}^{(i)} F_j^{-1} = x_j F_i^{-1} \overset{\scriptscriptstyle\wedge}{\zeta}{}^{(i)}, \; \forall \, \zeta \in N_i(f)^{n-1}, j \neq i, j = 1, \ldots, n, \tag{19 B}$$

schreiben läßt. Mit $x_j = f_j$ erhält man unter Benutzung von (12) aus (19 B)

$$f_j F_i^{-1} \overset{\scriptscriptstyle\wedge}{\zeta}_j{}^{(i)} = f_j F_j F_i^{-1} \overset{\scriptscriptstyle\wedge}{\zeta}_j{}^{(i)} F_j^{-1} = f_j \overset{\scriptscriptstyle\wedge}{\zeta}_j{}^{(i)} F_j^{-1} = z_j \psi^{-1} F_j^{-1} = v_j,$$
$$j \neq i; j = 1, \ldots, n.$$

Dadurch nimmt T die Form

$$T = (v_1, \ldots, v_{i-1}, x F_i^{-1}, v_{i+1}, \ldots, v_n) \tag{23 A}$$

der beiden Seiten von Gleichung (20) an, die — ebenso wie (19) und (18) — zur Gleichung

$$\big(x_1, \ldots, x_{j-1}, (z_1 K_i, \ldots, z_{i-1} K_i, x_j, z_{i+1} K_i, \ldots, z_n K_i), x_{j+1}, \ldots, x_n\big)$$
$$= \big(z_1 K_i, \ldots, z_{i-1} K_i, (x_1, \ldots, x_n), \ldots, z_n K_i\big),$$
$$\forall \, x_r \in S_2, \; \forall \, z_t \in N_i(f); \; r, t = 1, \ldots, n \tag{24}$$

äquivalent wird. Diese Gleichung weist K_i als Abbildung von $N_i(f)$ in einen i-Nucleus von S_2 und zwar wegen (22') in $N_i(e) \subseteq S_2$ nach, da j jede von i verschiedene natürliche Zahl zwischen 1 und n annehmen darf. Für den Nachweis, daß es sich bei K_i um einen Isomorphismus handelt, betrachten wir mit den bisherigen Abkürzungen $v_r = z_r \psi^{-1} F_r^{-1}, r = 1, \ldots, n$, den Ausdruck

$$A = \{z_1, \ldots, z_n\} K_i = \big(f_1, \ldots, f_{i-1}, e F_i^{-1}, f_{i+1}, \ldots, f_{n-1}, (v_1, \ldots, v_n) F_n^{-1}\big).$$

Gleichung (19) führt ihn wegen $v_i = z_i \psi^{-1} F_i^{-1} = (z_i \psi^{-1} F_n^{-1}) F_n F_i^{-1}$ in

$$A = \left(v_1, \ldots, v_{i-1}, (f_1, \ldots, f_{i-1}, e F_i^{-1}, f_{i+1}, \ldots, f_{n-1}, z_i \psi^{-1} F_n^{-1}) F_i^{-1}, v_{i+1}, \ldots, v_n\right)$$

$$= (v_1, \ldots, v_{i-1}, z_i K_i F_i^{-1}, v_{i+1}, \ldots, v_n)$$

über. Durch Vergleich von (23) und (23 A) ergibt sich der letzte Term zu $(z_1 K_i, \ldots, z_i K_i, \ldots, z_n K_i)$, wir haben somit, wie wir zeigen wollten,

$$\{z_1, \ldots, z_n\} K_i = (z_1 K_i, \ldots, z_n K_i).$$

Wie im vorigen Punkt schließen wir durch Vertauschung von S_1 und S_2, daß K_i ein Isomorphismus von $N_i(f)$ auf $N_i(e)$ ist: Man erhält einen Isomorphismus $\bar{K}_i$ von $N_i(e)$ in $N_i(f)$ durch

$$u \bar{K}_i = \{e_1, \ldots, e_{i-1}, f E_i^{-1}, e_{i+1}, \ldots, e_{n-1}, u \psi E_n^{-1}\}, \; u \in N_i(e). \tag{$\overline{22}$}$$

Diese Gleichung lautet, ausgedrückt durch die n-äre Operation in S_2:

$$u \bar{K}_i = (e_1 \psi^{-1} F_1^{-1}, \ldots, e_{i-1} \psi^{-1} F_{i-1}^{-1}, f E_i \psi^{-1} F_i^{-1}, \ldots, e_{n-1} \psi^{-1} F_{n-1}^{-1}, u \psi E_n^{-1} \psi^{-1} F_n^{-1}) \psi.$$

Wir wenden die Gleichungen (3), (5), und (16) an; es folgt

$$u \bar{K}_i = (e, \ldots, e, f \psi^{-1}, e, \ldots, e, u) \psi.$$

Für $u = z K_i \in N_i(f) K_i$ wird mit $\zeta = [f, \ldots, f, z]$

$$z K_i \bar{K}_i = (e, \ldots, e, f \psi^{-1}, e, \ldots, e, e F_i^{-1} \hat{\zeta}^{(i)}) \psi = (e, \ldots, e, f \psi^{-1}, e, \ldots, e) F_i^{-1} \hat{\zeta}^{(i)} \psi$$

$$= f \psi^{-1} F_i^{-1} \hat{\zeta}^{(i)} \psi = (f_1, \ldots, f_i, \ldots, f_{n-1}, z \psi^{-1} F_n^{-1}) \psi,$$

d. h.

$$z K_i \bar{K}_i = z, \; \bigvee z \in N_i(f),$$

woraus sich $N_i(f) K_i = N_i(e)$ ergibt. Also gilt der

S a t z. *Für ein beliebiges i, $1 \leqq i \leqq n$, sind die i-Nuclei $N_i(f) \subseteqq S_1$ und $N_i(e) \subseteqq S_2$ zweier isotoper n-Loops $(S_1, \{x_1, \ldots, x_n\})$ bzw. $\left(S_2, (x_1, \ldots, x_n)\right)$ mit den Einselementen f bzw. e isomorph.*

Er liefert wie vorher als

F o l g e r u n g. *Je zwei i-Nuclei $N_i(e)$ und $N_i(f)$ einer n-Loop mit den Einselementen e und f sind isomorph.*

3.3 Zentren

Auch über die Zentren isotoper n-Loops lassen sich Aussagen wie in den beiden vorigen Punkten machen. Es seien wie bisher $Q(f)$ und $N_i(f)$, $i = 1, \ldots, n$, partielle Nuclei von $(S_1, \{x_1, \ldots, x_n\})$; $Z(f)$ sei das in dieser n-Loop zu f gehörige Zentrum. Außerdem benutzen wir die Isomorphismen H aus Gleichung (11), $\bar{H}$ aus $(\overline{11})$, $K_i (i = 1, \ldots, n)$ aus (22), $\bar{K}_i (i = 1, \ldots, n)$ aus $(\overline{22})$. Wegen $Z(f) \subseteqq N_i(f) \cap Q(f)$ lassen sich die Abbildungen H und K_i auf $Z(f)$ anwenden; es gilt, wie wir noch beweisen werden, das

L e m m a. *Für jedes $z \in Z(f)$ ist $z H = z K_1 = \cdots = z K_n = \bar{z} \in Z(e)$, wobei $Z(e)$ das in $\left(S_2, (x_1, \ldots, x_n)\right)$ zu e gehörige Zentrum bedeutet.*

Umgekehrt folgt dann genauso $\bar{z} \bar{H} = \bar{z} \bar{K}_1 = \cdots = \bar{z} \bar{K}_n = z \in Z(f)$ für alle $\bar{z} \in Z(e)$. Das heißt: Die auf den Originalbereich $Z(f)$ reduzierte Abbildung H stellt einen Isomorphismus $Z(f)$ auf $Z(e)$ dar. Also haben wir (vorbehaltlich des Beweises für das Lemma) den

Satz. a) *Die Zentren* $Z(f) \subseteqq S_1$ *und* $Z(e) \subseteqq S_2$ *zweier isotoper n-Loops* $(S_1, \{x_1, \ldots, x_n\})$ *und* $(S_2, (x_1, \ldots, x_n))$ *mit den Einselementen f bzw. e sind isomorph.*

b) *Je zwei Zentren* $Z(e)$ *und* $Z(f)$ *einer n-Loop mit den Einselementen e und f sind isomorph.*

Zum Beweis des Lemmas betrachten wir für einen festen Index i zwischen 1 und n ein beliebiges Element $z \in Z(f)$ und den zugehörigen Operator $\zeta = [f, \ldots, f, z] \in Z(f)^{n-1}$. Nach Definition von $Z(f)$ gilt mit $e_j = e\varphi_j^{-1}, j = 1, \ldots, n,$ insbesondere

$$\{e_1, \ldots, e_{i-1}, e_i\,\zeta^{(i)}, e_{i+1}, \ldots, e_n\} = \{e_1, \ldots, e_i, \ldots, e_n\}\,\zeta^{(i)}.$$

Drücken wir diese Gleichung durch die n-äre Operation in S_2 aus, so folgt

$$\big(e, \ldots, e, (f_1, \ldots, f_{i-1}, e, f_{i+1}, \ldots, f_{n-1}, z\varphi_n)\varphi_i, e, \ldots, e\big)$$
$$= \big(f_1, \ldots, f_{i-1}, (e, \ldots, e)\psi\varphi_i, f_{i+1}, \ldots, f_{n-1}, z\varphi_n\big),$$

d. h.

$$(f_1, \ldots, f_{i-1}, e,' f_{i+1}, \ldots, f_{n-1}\,'\, z\psi^{-1}F_n^{-1})\,F_i^{-1} = (f_1, \ldots, f_{i-1}, eF_i^{-1}, f_{i+1}, \ldots, f_{n-1}, z\psi^{-1}F_n^{-1})$$

und besagt

$$zH = e^{\zeta^{(i)}}F_i^{-1} = eF_i^{-1}\zeta^{(i)} = zK_i,$$

so daß, weil i beliebig war, der erste Teil des Lemmas bewiesen ist. Beim Nachweis, daß $zH \in Z(e)$ für alle $z \in Z(f)$ gilt, brauchen wir auf Grund der Definitionen von Zentrum und i-Nucleus nur die Gültigkeit von

$$(x_1, \ldots, x_{i-1}, (z_1H_1, \ldots, z_{i-1}H, x_i, z_{i+1}H, \ldots, z_nH), x_{i+1}, \ldots, x_n)$$
$$= (z_1H, \ldots, z_{i-1}H, (x_1, \ldots, x_n), z_{i+1}H, \ldots, z_nH) \tag{25}$$

für alle $x_1, \ldots, x_n \in S_2$, alle $z_1, \ldots, z_{i-1}, z_{i+1}, \ldots, z_n \in Z(f) \subseteqq S_1$ und einen einzigen festen Index $i, 1 \leqq i \leqq n,$ zu zeigen. Dazu gehen wir von der in S_1 gültigen Gleichung

$$\big\{y_1, \ldots, y_{i-1}, \{z_1, \ldots, z_{i-1}, y_i, z_{i+1}, \ldots, z_n\}, y_{i+1}, \ldots, y_n\big\}$$
$$= \big\{z_1, \ldots, z_{i-1}, \{y_1, \ldots, y_n\}, \ldots, z_n\big\},$$
$$\forall\, y_1, \ldots, y_n \in S_1, \ \forall\, z_1, \ldots, z_{i-1}, z_{i+1}, \ldots, z_n \in Z(f),$$

aus und übertragen sie ganz genauso nach S_2, wie wir im vorigen Punkt aus (18) die Gleichung (24) hergeleitet haben, was uns diesmal auf die verlangte Gleichung (25) führt. Das Lemma und der Satz sind damit bewiesen.

LITERATUR

[1] ACZÉL, J., G. PICKERT und F. RADÓ: Nomogramme, Gewebe und Quasigruppen. Mathematica *2* (25), 1 (1960) 5—24.

[2] BELOUSOV, V. D., und M. D. SANDIK: n-äre Quasigruppen und Loops (russ.), Sib. matem. ž. 7, No. 1 (1966) 31—54.

[3] BRUCK, R. H.: A survey of binary systems. Springer-Verlag, Berlin—Heidelberg—New York 1966.

[4] Hosszú, M.: On the explicit form of n-group operations. Publ. Math. Debrecen *10* (1963) 88—92.

[5] Pickert, G.: Projektive Ebenen. Springer-Verlag, Berlin—Göttingen—Heidelberg 1955.

[6] Radó, F.: Generalizarea tesuturilor spatiale pentru structuri algebrice, Studia Univ. „Babes-Bolyai, Math.-phys.“, 1960, No. 1, 41—55.

[7] Rees, D.: The nuclei of non-associative division algebras, Proc. Cambridge Phil. Soc. *46* (1950) 1—18.

[8] Sandik, M. D.: Über die Einselemente in n-Loops (russ.), Issled. po algebre i mat. analizu, Kartja Moldovenjaskė, 1965, 140—146.

Manuskripteingang: 16. 10. 1970

VERFASSER:

Hans-Henning Buchsteiner, Sektion Mathematik der Martin-Luther-Universität Halle—Wittenberg

Ein Zusammenhang zwischen Fries-Zahlenmuster und Orthoschemketten

Johannes Böhm

Herrn Prof. Dr. O.-H. Keller zum 65. Geburtstag gewidmet

1. Einleitung

Beim Studium von Fries-Zahlenmustern der Ordnung n, deren Elemente — abgesehen von den beiden Randzeilen — positiv sind und alle eine unimodulare Relation erfüllen, stellt Coxeter [5] fest, daß diese Muster zwei Bewegungen gestatten, nämlich eine horizontale Translation um n Elemente und eine Gleitspiegelung in bezug auf die horizontale Mittellinie. Andererseits läßt sich zu einem rechtwinkligen Simplex im r-dimensionalen elliptischen Raume, einem sogenannten Orthoschem (vgl. etwa Schläfli [9]) in Verallgemeinerung der Neperschen Regel [7] und des Gaußschen Pentagramma Mirifikum [6] in bestimmter Weise eine geschlossene Kette von $r + 3$ Orthoschemen konstruieren, die über einem Kantenzug von $r + 3$ hypotenuseartigen Orthoschemkanten zusammenhängen (vgl. [1] und [9]). Es soll hier gezeigt werden, daß sich die Elemente einer wohlbestimmten Zeile eines beliebigen Friesmusters der Ordnung n (≥ 4) mit positiven Elementen im wesentlichen stets jeweils mit den Maßzahlen für die aufeinanderfolgenden Kanten des Kantenzuges einer geschlossenen Kette von $(n - 3)$-dimensionalen geeigneten Orthoschemen identifizieren lassen. Die Einschränkung „im wesentlichen" soll bedeuten, daß das Quadrat der Tangensfunktion von den Kantenmaßzahlen zu nehmen ist. Die Umkehrung dieses Ergebnisses erweist sich nur im Fall der Ordnung $n = 2m + 1$ ($m = 2, 3, 4, \ldots$) als richtig. Falls n gerade ist, d. h. also bei ungerader Dimensionszahl, ist die Umkehrung nur für eine Klasse von speziellen Orthoschemen möglich. Lassen wir in unserem Muster auch negative Elemente zu, dann können wir die Ergebnisse vermittels analytischer Fortsetzung auf Orthoschemketten im hyperbolischen bzw. Minkowskischen Raum übertragen.

2. Friesmuster

In Rede steht ein Fries-Zahlenmuster n-ter Ordnung, das ein $(n + 1)$-zeiliges Schema

$$(a_{ik}) \quad \text{mit } i = 0, 1, 2, \ldots, n;\ k = \ldots, -2, -1, 0, 1, 2, \ldots \tag{2.1}$$

darstellt. Ferner mögen die folgenden Eigenschaften für beliebige k gelten:

$$\text{(a) } a_{0,k} = a_{n,k} = 0,$$
$$\text{(b) } a_{1,k} = a_{n-1,\,k,} = 1,$$
$$\text{(c) } a_{i,k} > 0 \qquad\qquad (1 < i < n-1),$$
$$\text{(d) } a_{i,k} \cdot a_{i,k+1} - a_{i-1,\,k+1} \cdot a_{i+1,\,k} = 1 \qquad (1 \leq i \leq n-1). \tag{2.2}$$

Das bedeutet, daß die Elemente der oberen sowie der unteren Randzeile durchweg gleich Null sind und die jeweils nächsten Zeilen nach dem Inneren des Musters aus Einsen bestehen. Alle Elemente, abgesehen von den Randzeilen, sind positiv, und die vierte Eigenschaft beinhaltet, daß immer die Elemente

$$
\begin{array}{ccc}
\cdots a_{i-1,\,k+1} \cdots & & \\
\cdots a_{i,k} & & a_{i,k+1} \cdots \\
\cdots a_{i+1,k} \cdots & &
\end{array}
\tag{2.3}
$$

eine „unimodulare" Gleichung befriedigen. Ein Beispiel für ein solches Muster (hier speziell — aber nicht notwendig — mit ganzen Zahlen) ist etwa

$$
\begin{array}{ccccccccccc}
\cdots & 0 & 0 & 0 & 0 & 0 & 0 & 0 & 0 & 0 & \cdots \\
\cdots & 1 & 1 & 1 & 1 & 1 & 1 & 1 & 1 & 1 & \cdots \\
\cdots & 3 & 1 & 4 & 1 & 2 & 3 & 1 & 3 & 1 & \cdots \\
\cdots & 2 & 2 & 3 & 3 & 1 & 5 & 2 & 2 & 2 & \cdots \\
\cdots & 1 & 5 & 2 & 2 & 2 & 3 & 3 & 1 & 5 & \cdots \\
\cdots & 1 & 2 & 3 & 1 & 3 & 1 & 4 & 1 & 2 & \cdots \\
\cdots & 1 & 1 & 1 & 1 & 1 & 1 & 1 & 1 & 1 & \cdots \\
\cdots & 0 & 0 & 0 & 0 & 0 & 0 & 0 & 0 & 0 & \cdots
\end{array}
\tag{2.4}
$$

Drücken wir a_{ik} durch die Zweizeigersymbole (r, s) aus mit

$$a_{ik} = (k, k+i), \tag{2.5}$$

so gilt gemäß unserer Eigenschaften (2.2)

$$\text{(a) } (k, k) = (k, k+n) = 0,$$
$$\text{(b) } (k, k+1) = (k, k+n-1) = 1,$$
$$\text{(c) } (k, k+i) > 0 \text{ für } 1 < i < n-1,$$
$$\text{(d) } (k, k+i) \cdot (k+1, k+1+i) - (k+1, k+i) \cdot (k, k+i+1) = 1$$
$$\text{für } 1 \leq i \leq n-1 \tag{2.6}$$

oder, wenn wir $k = r, k+i = s$, setzen anstelle (2.6d)

$$(r, s) \cdot (r+1, s+1) - (r+1, s) \cdot (r, s+1) = 1. \tag{2.7}$$

Diese letzte Beziehung ist, wenn wir wegen (2.6b)

$$(r, s)(r+1, s+1) - (r+1, s)(r, s+1) = (r, r+1)(s, s+1) = 1 \tag{2.8}$$

schreiben, ein Spezialfall mit $t = r+1$ und $u = s+1$ für die Relation

$$(r, s)\,(t, u) + (r, t)\,(u, s) + (r, u)\,(s, t) = 0 \tag{2.9}$$

mit der Nebenbedingung für beliebige q

$$(q, q + 1) = 1. \tag{2.10}$$

Nach MITRINOVIC-PREŠIĆ [8] lautet nämlich die allgemeine Lösung dieser Funktionalgleichung (2.9)

$$(r, s) = f(r)g(s) - f(s)\,g(r) \tag{2.11}$$

mit beliebigen Funktionen $f(t)$ und $g(t)$. Darum gilt auch hier stets für alle r und s (was beim Vergleich von (2.8) mit (2.9) bereits berücksichtigt wurde)

$$(r, s) = -(s, r) \tag{2.12}$$

und somit auch

$$(r, r) = 0. \tag{2.13}$$

Diese Darstellung (2.11), jetzt

$$(r, s) = f_r g_s - f_s g_r \quad \text{für ganze } r \text{ und } s \tag{2.14}$$

geschrieben, gab COXETER [5] Veranlassung, das allgemeine Glied a_{ik} eines Friesmusters der Ordnung n aus einer Diagonalreihe, etwa aus

$$a_{s,0} = (0, s) \quad (s = 0, 1, \ldots, n), \tag{2.15}$$

(eindeutig) zu bestimmen. Denn setzen wir gemäß der allgemeinen Lösung (2.14)

$$(0, s) = f_0 g_s - f_s g_0 \tag{2.16}$$

und fordern

$$(0, s) = g_s, \tag{2.17}$$

dann erhalten wir

$$f_0 = 1 \tag{2.18}$$

wegen $g_0 = (0, 0) = 0$. Infolge

$$(s, s + 1) = f_s g_{s+1} - f_{s+1} g_s = 1 \tag{2.19}$$

können wir auf Grund der unimodularen Relation (2.7) für das Muster identifizieren

$$f_s = (-1, s); \tag{2.20}$$

denn wie wir sofort sehen, gilt im Muster

$$
\begin{aligned}
&\cdots f_{-1},\ g_0 = (0, 0) = 0,\ \ldots, \\
&\quad \cdots f_0 = 1,\ g_1 = (0, 1) = 1,\ \ldots, \\
&\qquad \cdots g_2 = (0, 2),\ \cdots \\
&\qquad\qquad \cdot \\
&\qquad\qquad \cdot \\
&\qquad\qquad \cdot \\
&\qquad \cdots g_s,\ \cdots \\
&\quad \cdots f_s,\quad g_{s+1},\ \cdots \\
&\quad \cdots f_{s+1},\ \cdots \\
&\qquad \cdots\cdots,
\end{aligned}
\tag{2.21}
$$

was ferner

$$f_{-1} = f_{n-1} = g_n = 0, f_{n-2} = g_{n-1} = 1 \tag{2.22}$$

zur Folge hat. Die übrigen f_s lassen sich dann sukzessiv bestimmen aus

$$f_s = \frac{f_{s+1} g_s + 1}{g_{s+1}} \qquad (s = n - 3, n - 2, \ldots, 2, 1) \tag{2.23}$$

mit den Anfangsbedingungen

$$f_{n-2} = 1 \text{ und } g_s = (0, s) = a_{s,0} \quad (s = 1, \ldots, n - 2). \tag{2.24}$$

Um für beliebige s die Werte f_s und g_s zu bestimmen, zeigt COXETER, daß sich aus den bisherigen Relationen die Fortsetzungen der f_s und g_s notwendig periodisch mit der Halbperiode n ergeben zu

$$f_{s+n} = -f_s \text{ und } g_{s+n} = -g_s. \tag{2.25}$$

Denn wir erhalten aus (2.9) mit $t = s - 1$ und $u = s + n$ unter Beachtung von

$$(s - 1, s) = a_{1, s-1} = (s, s + n - 1) = a_{n-1, s} = 1 \tag{2.26}$$

(vgl. (2.6 b)) und

$$(s, s + n) = a_{n, s} = 0 \tag{2.27}$$

(vgl. (2.6 a)) und gemäß (2.9)

$$\begin{aligned}
(s - 1, s + n) + 1 &= (s - 1, s + n) \cdot 1 + 1 \cdot 1 + 0 \cdot 0 \\
&= (s - 1, s + n)(s, s + n - 1) + (s - 1, s)(s + n - 1, s + n) \\
&\quad + (s - 1, s + n - 1)(s + n, s) \\
&= 0
\end{aligned} \tag{2.28}$$

die Beziehung

$$(r, s)(s - 1, s + n) + (r, s - 1)(s + n, s) + (r, s + n)(s, s - 1) = 0. \tag{2.29}$$

Daraus ergibt sich

$$0 = (r, s) + (r, s + n) = (f_r g_s - f_s g_r) + (f_r g_{s+n} - f_{s+n} g_r) \tag{2.30}$$

oder

$$f_r(g_s + g_{s+n}) = g_r(f_s + f_{s+n}), \tag{2.31}$$

Da dieses für beliebige r und s richtig sein muß, (z. B. für $r = n - 1$ und $r = 0$), folgt sofort (2.25).

Aus (2.25) läßt sich schließlich wegen

$$\begin{aligned}
(s, r + n) &= f_s g_{r+n} - f_{r+n} g_s \\
&= -f_s g_r + f_r g_s = (r, s)
\end{aligned} \tag{2.32}$$

die für das Muster fundamentale Beziehung

$$(r, s) = (s, r + n) = (r + n, s + n) \tag{2.33}$$

herleiten. Die Beziehung (2.33) bedeutet, daß das Muster eine Gleitspiegelung an seiner Mittellinie gestattet. Die nochmalige Anwendung dieser Gleitspiegelung ergibt bezüglich des ursprünglichen Musters eine Translation in Richtung der Mittellinie um n Elemente. Beides erkennen wir schnell, wenn wir die Gleichung (2.33) in den a_{ik} aufschreiben und $s - r = h$ setzen:

$$a_{h,\,r} = a_{n-h,\,r+h} = a_{h,\,r+n}. \tag{2.34}$$

Dann stellt die erste Gleichung in (2.34) — abgesehen von der Spiegelung, die die Zeile h in die Zeile $n - h$ bringt — eine Translation in positiver Zeilenrichtung um

$$\frac{1}{2}\,\{(n - h) - h\} + h = \frac{n}{2} \tag{2.35}$$

Elemente dar. Die zweite Gleichung in (2.34) läßt die reine Translation mit fester Zeile h und Verschiebung um n Elemente erkennen. Daher hat zum Beispiel ein Friesmuster der Ordnung fünf in Zweizeigersymbolen die folgende Gestalt:

$$
\begin{array}{l}
\cdots (44)\quad(00)\quad(11)\quad(22)\quad(33)\quad(44)\quad(00)\quad(11)\quad(22)\cdots \\
\cdots \quad(04)\quad(01)\quad(12)\quad(23)\quad(43)\quad(04)\quad(01)\quad(12)\cdots \\
\cdots (03)\quad(14)\quad(02)\quad(13)\quad(24)\quad(03)\quad(14)\quad(02)\quad(13)\cdots \\
\cdots (13)\quad(24)\quad(03)\quad(14)\quad(02)\quad(13)\quad(24)\quad(03)\cdots \\
\cdots (12)\quad(23)\quad(34)\quad(04)\quad(01)\quad(12)\quad(23)\quad(34)\quad(04)\cdots \\
\quad(22)\quad(33)\quad(44)\quad(00)\quad(11)\quad(22)\quad(33)\quad(44)\cdots
\end{array}
\tag{2.36}
$$

Bei einem Friesmuster gerader Ordnung $n = 2m$ gestattet darum die Mittellinie bereits eine Translation in seiner eigenen Richtung um m Elemente.

3. Orthoschem-Ketten

Ein Orthoschem $S^{(n)}$ in einem Riemannschen Raum konstanter Krümmung (vgl. etwa [2]) ist ein $(n - 1)$-dimensionales Simplex mit den folgenden Eigenschaften: Es hat n Ecken $1, 2, 3, \ldots, n$. Die Keilwinkel α_{ik} zwischen zwei diesen Ecken jeweils gegenüberliegenden Wänden i und k des Orthoschems sind stets gleich $\frac{\pi}{2}$, wenn $|i - k| > 1$ ist. Folglich gibt es $n - 1$ eigentliche Keilwinkel

$$v_i^{(2)} \ (i = 1, 2, \ldots, n - 1), \tag{3.1}$$

die das Orthoschem bis auf seine Lage im Raum vollständig und eindeutig bestimmen. Wir wollen hier den elliptischen Fall mit $k = 1$ betrachten und verwenden zweckmäßigerweise als Modell des Raumes die Oberfläche der n-dimensionalen Einheits-Hyperhalbkugel, auf der wir unser Orthoschem gelegen denken.

Ein beliebiges eigentliches Polyeder in diesem Raum läßt sich stets durch Orthoscheme zusammensetzen, für deren sämtlichen Keilwinkeln

$$0 < v_i^{(2)} < \frac{\pi}{2} \tag{3.2}$$

gilt. Orthoscheme, die dieser Beziehung (3.2) genügen, können wir folglich als Bausteine für beliebige Polyeder auffassen. Wir wollen darum jetzt nur solche Orthoscheme betrachten.
Diejenigen Kanten und Winkel beliebiger Ordnung unseres Orthoschems, die ver-

schieden von $\dfrac{\pi}{2}$ sein können, lassen sich bequem durch die Coxeterschen Vierzeiger-symbole [4] gemäß der folgenden Festsetzung bezeichnen:

a) Kante zwischen den beiden Eckpunkten k_1 und k_2 ($k_1 < k_2$):

$$[0, k_1, k_2, n + 1]. \tag{3.3}$$

b) Dreieckswinkel im Dreieck mit den Eckpunkten k_1, k_2, k_3 ($k_1 < k_2 < k_3$):

$$
\begin{aligned}
&\text{Winkel bei } k_1: &&[k_1, k_2, k_3, n + 1], \\
&\text{Winkel bei } k_2: &&\tfrac{\pi}{2} &&\text{infolge der Orthoschem-Eigenschaft,} \\
&\text{Winkel bei } k_3: &&[0, k_1, k_2, k_3].
\end{aligned}
\tag{3.4}
$$

c) Tetraederwinkel im Tetraeder mit den Eckpunkten k_1, k_2, k_3, k_4 ($k_1 < k_2 < k_3 < k_4$):

$$\text{Keilwinkel an der Kante } [0, k_1, k_4, n + 1]:\; [k_1, k_2, k_3, k_4]. \tag{3.5}$$

Alle übrigen Winkel des Orthoschems, die verschieden von $\dfrac{\pi}{2}$ und bisher noch nicht erfaßt sind, stimmen infolge der Rechtwinkelkonstruktion des Orthoschems mit einem der hier bereits angegebenen Winkel überein und sollen darum dasselbe Symbol wie dieser erhalten. Für die Vierzeigersymbole gelte

$$[r, s, t, u] = \begin{cases} \dfrac{\pi}{2} - \varPi_1[r, s, t, u], \\[2mm] \varPi_2[r, s, t, u], \end{cases} \tag{3.6}$$

falls $0 \leqq r < s < t < u \leqq n + 1$, $\varPi_1$ eine ungerade und $\varPi_2$ eine gerade Permutation ist.

Durch die Angabe von $n - 1$ geeigneten (unabhängigen) Elementen eines Orthoschems, z. B. den $n - 1$ Keilwinkeln

$$v_k^{(2)} = [k - 1, k, k, + 1, k + 2], \tag{3.7}$$

sind seine übrigen Elemente eindeutig bestimmt. Damit jedoch gesichert ist, daß im elliptischen Raum ein Orthoschem mit vorgegebenen Keilwinkeln existiert, müssen zwischen diesen Keilwinkeln gewisse Ungleichungen erfüllt sein. Mit Hilfe solcher Ungleichungen läßt sich dann sofort entscheiden, ob zu vorgegebenen Keilwinkeln das Orthoschem in einem elliptischen, hyperbolischen oder gemischten (Minkowskischen) Raum sich realisieren läßt.

Zwischen verschiedenen Orthoschem-Elementen bestehen i. a. gewisse Bindungen, die durch eine Verallgemeinerung der für das rechtwinklige sphärische Dreieck bekannten Neperschen Regel beschrieben werden können. So gilt für die fünf Elemente

$$[r, s, t, u] = a_0, \quad [v, r, s, t] = a_1, \quad [u, v, r, s] = a_2,$$

$$[t, u, v, r] = a_3, \quad [s, t, u, v] = a_4, \tag{3.8}$$

falls $0 \leqq r < s < t < u < v \leqq n + 1$, r, s, t, u, v ganz und

$$\tan^2 a_i = t_i \tag{3.9}$$

gesetzt wird,

$$t_i = t_{i+2}t_{i-2} - 1 \quad \text{(Index modulo 5)} \qquad (i = 0, 1, 2, 3, 4). \tag{3.10}$$

Führen wir anstelle der Vierzeigersymbole die Coxeterschen Zweizeigersymbole $(r, s)\,\big(= -(s, r)\big)$ ein (vgl. [4]), die mit den Vierzeigersymbolen durch die Beziehung

$$\tan^2[r, s, t, u] = \frac{(r, u)\ (s, t)}{(r, s)\ (t, u)} \tag{3.11}$$

verknüpft sind, so stellt (3.10) die Funktionalgleichung (2.9) dar, wie man schnell verifizieren kann. Wir erhalten also so wiederum unsere bereits im zweiten Abschnitt eingeführten Zweizeigersymbole. Für die Existenz eines eigentlichen Orthoschems im elliptischen Raum ist notwendig und hinreichend, daß sämtliche Zweizeigersymbole, aus denen die Orthoschem-Elemente aufgebaut werden, positiv sind.

Der Neperschen Regel für das rechtwinklige sphärische Dreieck (das ist ein zweidimensionales Orthoschem $S^{(3)}$) können wir als geometrische Interpretation die Figur des Gaußschen Pentagramma Mirifikum gegenüberstellen. Durch die fortwährende Konstruktion eines Nachbardreiecks zu einem vorgegebenen rechtwinkligen sphärischen Dreieck entsteht eine geschlossene periodische Kette von fünf rechtwinkligen sphärischen Dreiecken, die an den Endpunkten ihrer Hypotenuse zusammenhängen. Ihre fünf Hypotenusen bilden einen geschlossenen Kantenzug, eben das Pentagramma Mirifikum (vgl. [3] und [4]).
Die Konstruktion eines Nachbarorthoschems im allgemeinen Fall der Dimension $n - 1$ geschieht auf folgende Weise: Die beiden Eckpunkte 1 und n, die die Hypotenuse des Orthoschems verbindet, nennen wir die beiden Hauptecken des Orthoschems. Über eine Hauptecke werden sämtliche Kanten, die dort enden, um das Komplement ihrer Länge verlängert. Es entsteht wiederum ein Orthoschem, das wir das Nachbarorthoschem nennen wollen. Zu diesem wird in demselben Sinne nochmals das Nachbarorthoschem konstruiert. Es ergeben sich $n + 2$ Orthoscheme. Das Nachbarorthoschem zu dem $(n + 2)$-ten dieser Orthoscheme fällt im elliptischen Falle wieder mit dem Ausgangsorthoschem zusammen. Das läßt sich mit einer Betrachtung über Pol-Polare-Beziehungen schnell feststellen. Im sphärischen Modell gilt dasselbe nur für gerade Dimensionszahl, wie das etwa beim Dreieck der Fall ist. Bei ungerader Dimensionszahl stellt das $(n + 3)$-te Nachbarorthoschem das zum Ausgangsorthoschem gehörige diametrale Orthoschem auf der anderen Halbhypersphäre dar; erst der nochmalige Durchlauf von weiteren $n + 2$ Nachbarorthoschemen bringt uns zu dem Ausgangsorthoschem zurück. Beim Studium dieses Sachverhaltes spielt die Tatsache eine Rolle, daß die Spiegelung am Mittelpunkt der Hypersphäre eine direkte bzw. indirekte Bewegung ist, je nachdem, ob die Dimension der Hypersphärenfläche ungerade oder gerade ist. Im Fall der geraddimensionalen Hypersphärenfläche läßt diese kein direkt kongruentes Diametral-Orthoschem zu.
Analytisch läßt sich diese Nachbarbildung mit Hilfe der Vierzeigersymbole leicht beschreiben. Wir erhalten aus dem Orthoschem mit den Elementen $[r, s, t, u]$, $0 \leqq \leqq r, s, t, u \leqq n + 1$ ein Nachbarorthoschem, indem an Stelle des Elementes

$$[r, s, t, u] \tag{3.12}$$

das Element

$$[r + 1, s + 1, t + 1, u + 1] \quad \text{(Index modulo } n + 2) \tag{3.13}$$

gesetzt wird. Wir sehen sofort, daß nach $n + 2$ Schritten ein Orthoschem erreicht ist, was dieselben Elemente wie das Ausgangsorthoschem besitzt und demzufolge zu diesem kongruent ist. Die Untersuchung der Lagebeziehung geht auch hier über den Zusammenhang von Pol und Polare. Bleiben wir weiterhin im elliptischen Fall, dann ergibt sich, daß diese Kette von $n + 2$ Nachbarorthoschemen an einem Zug von $n + 2$ Kanten zusammenhängt, die jeweils in dem betreffenden Orthoschem die Verbindungskanten der beiden Hauptecken sind und folglich eine Art „Hypotenuse" des Orthoschems darstellen. Dieser Kantenzug der Kanten

$$h_0, h_1, \ldots, h_{n+1} \tag{3.14}$$

wird gebildet von den folgenden Elementen des Ausgangsorthoschems, wie sich infolge der Regel für die Nachbarbildung sofort bestimmen läßt:

$$[0, 1, n, n + 1], [1, 2, n + 1, 0], [2, 3, 0, 1] = [0, 1, 2, 3,] [2, 3, 4, 5], \ldots,$$
$$[n - 3, n - 2, n - 1, n], [n - 2, n - 1, n, n + 1], [n - 1, n, n + 1, 0],$$
$$[n, n + 1, 0, 1] = [0, 1, n, n + 1] = \text{Ausgangskante.} \tag{3.15}$$

Das heißt aber, daß unser Kantenzug sich aus sämtlichen $n - 1$ Keilwinkeln

$$h_k = v_k^{(2)} = [k - 1, k, k + 1, k + 2] \; (k = 1, 2, \ldots, n - 1), \tag{3.16}$$

der Orthoschem-Hypotenuse

$$h_{n+1} = [0, 1, n, n + 1] \tag{3.17}$$

und den Komplementen der beiden bezüglich des Ausgangsorthoschems kathetenartigen Kanten

$$\frac{\pi}{2} - h_0 = [0, 1, 2, n + 1], \frac{\pi}{2} - h_n = [0, n - 1, n, n + 1] \tag{3.18}$$

zyklisch in der oben angegebenen Reihenfolge (3.14), somit auch wie (3.15), zusammensetzt. In der Kette der $n + 2$ Nachbarorthoscheme finden wir auch die Pentagramma-Figur wieder sowie algebraisch die Nepersche Regel. Zur Theorie der Nachbarorthoscheme für allgemeine Dimensionszahlen vgl. SCHLÄFLI [9] und [2].

4. Zusammenhang zwischen Fries-Zahlenmuster und Orthoschemketten

COXETER zeigt in [5], daß ein Friesmuster der Ordnung fünf, das infolge seiner Symmetrie, abgesehen von den beiden Randzeilen, fünf verschiedene Elemente i. a. enthält, die periodisch auftreten, in einem engen Zusammenhang mit dem Pentagramma Mirifikum steht. Es ergibt sich, daß sich die Tangentenquadrate für die Maßzahlen des Hypotenusenkantenzuges der Dreieckskette, der das Pentagramma bildet, mit den fünf verschiedenen Elementen des Friesmusters identifizieren lassen; denn zu dem Kantenzug gehören in der Reihenfolge eines geeigneten Durchlaufes folgende

Kanten, die wir gleich durch die Zweizeigersymbole ersetzen wollen:

$$\tan^2 [2340] = \cot^2 [0234] = \frac{(02)}{(04)} \ (= \tan^2 h_3 = t_3),$$

$$\tan^2 [3401] = \tan^2 [0134] = (13)\,(04)\ (= \tan^2 h_4 = t_4),$$

$$\tan^2 [4012] = \cot^2 [0124] = \frac{(24)}{(04)} \ (= \tan^2 h_0 = t_0),$$

$$\tan^2 [0123] = (03)\ (= \tan^2 h_1 = t_1),$$

$$\tan^2 [1234] = (14)\ (= \tan^2 h_2 = t_2).$$

$$(4.1)$$

Dieses läßt sich in einem Dreiecksschema schreiben als

$$
\begin{array}{ccccccccc}
0 & & 0 & & 0 & & 0 & & 0 \\
& 1 & & 1 & & 1 & & 1 & \\
& \dfrac{(02)}{(04)} & & (13)\,(04) & & \dfrac{(24)}{(04)} & & & \\
& & (03) & & & (14) & & & \\
& & & 1 & & & & &
\end{array}
\qquad (4.2)
$$

Vergleichen wir dieses mit dem Schema

$$
\begin{array}{ccccccccc}
(00) & & (11) & & (22) & & (33) & & (44) \\
& (01) & & (12) & & (23) & & (34) & \\
& & (02) & & (13) & & (24) & & \\
& & & (03) & & (14) & & & \\
& & & & (04) & & & &
\end{array}
\qquad (4.3)
$$

für das wegen der Eigenschaft der Zweizeigersymbole die unimodulare Regel (2.7) gilt, dann sehen wir, daß auch für unser erstes Schema (4.2) diese Regel gelten muß. Denn durch Multiplikation von wohlbestimmten Elementen des Schemas mit (04) bzw. Division durch (04) bleibt diese Regel erhalten. Wegen der Periodizitäts-Eigenschaft eines Friesmusters läßt sich unser Schema (4.2) zu einem Friesmuster fortsetzen (vgl. auch (2.36)):

$$
\begin{array}{cccccccccc}
\ldots 0 & 0 & 0 & 0 & 0 & 0 & 0 & 0 \ldots \\
\ldots 1 & 1 & 1 & 1 & 1 & 1 & 1 & 1 \ldots \\
\ldots t_0 & t_1 & t_2 & t_3 & t_4 & t_0 & t_1 & t_2 \ldots \\
\ldots t_2 & t_3 & t_4 & t_0 & t_1 & t_2 & t_3 & t_4 \ldots \\
\ldots 1 & 1 & 1 & 1 & 1 & 1 & 1 & 1 \ldots \\
\ldots 0 & 0 & 0 & 0 & 0 & 0 & 0 & 0 \ldots
\end{array}
\qquad (4.4)
$$

8*

Umgekehrt gibt stets ein Friesmuster der Ordnung fünf zu einem Pentagramma Anlaß. Denn es gilt hier die unimodulare Regel, die für die Frieselemente die Nepersche
Regel (3.10) bedeutet. Gilt jedoch für fünf Elemente (3.10), dann kann man aus ihnen
ein rechtwinkliges sphärisches Dreieck zusammensetzen und die Pentagrammafigur
erzeugen.

Es taucht darum die Frage auf, ob auch die Friesmuster höherer Ordnung mit einer
Orthoschemkette in ähnlicher Weise zusammenhängen.

Zunächst soll gezeigt werden, daß ein beliebiges Friesmuster ungerader Ordnung
$2m + 1$ mit einer Kette von Orthoschemen der Dimension $2m - 2$ in Verbindung
gebracht werden kann. Verändern wir das Dreiecksschema der Zweizeigersymbole
$\big((0, 2m) \neq 0\big)$

$$
\begin{array}{ccccccc}
(0,0) & & \cdot & \cdot & \cdot & \cdot & (2m, 2m) \\
& (0,1) & & \cdot & \cdot & \cdot & (2m-1, 2m) \\
& & \cdot & & & \cdot & \\
& & & \cdot & & \cdot & \\
& & & \cdot & \cdot & & \\
& (0, 2m-1) & & (1, 2m) & & & \\
& & (0, 2m) & & & &
\end{array}
\tag{4.5}
$$

in der Weise, daß wir alle Elemente mit $0 \leqq r, s \leqq 2m$

$$(2r - 1, 2s - 1) \text{ mit } (0, 2m) \text{ multiplizieren,}$$

$$(2r, 2s) \text{ durch } (0, 2m) \text{ dividieren,} \tag{4.6}$$

dann bleibt trotzdem noch die unimodulare Regel (2.7) erhalten. Wir sehen das leicht
ein, indem wir in (4.5) die verschiedenen Möglichkeiten für gerade bzw. ungerade
Zeiger k und i diskutieren, etwa z. B.

$$k = 2r - 1, \, i = 2(s - r) + 1, \tag{4.7}$$

woraus $k + i = 2s$ folgt. Dann können wir

$$1 = (2r - 1, 2s)(2r, 2s + 1) - (2r, 2s)(2r - 1, 2s + 1) \tag{4.8}$$

$$= (2r - 1, 2s)(2r, 2s + 1) - \frac{(2r, 2s)}{(0, 2m)}\Big\{(2r - 1, 2s + 1)(0, 2m)\Big\}$$

schreiben und die Richtigkeit unserer Behauptung erkennen.

Es ergibt sich so ein Dreiecksschema, das zu einem Friesmuster der Ordnung $2m+1$ ergänzt werden kann, nämlich

$$\ldots, \frac{(0,0)}{(0,2m)}, \ (1,1)\,(0,2m),\ \frac{(2,2)}{(0,2m)}, \quad \cdots \cdots \cdots \cdots \quad , \frac{(2m,2m)}{(0,2m)}, \cdots$$

$$\ldots, (0,1) \qquad\qquad (1,2) \qquad (2,3) \ \cdots \cdots \quad (2m-1,2m), \ldots$$

$$\ldots, \qquad \frac{(0,2)}{(0,2m)}, \qquad (1,3)\,(0,2m), \quad \cdots \cdots \ , \frac{(2m-2,2m)}{(0,2m)}, \cdots$$

$$\ldots, \quad (0,3) \qquad\quad (1,4) \qquad \cdots \cdots \quad (2m-3,2m), \ldots$$

$$\cdots \qquad\qquad\qquad \cdots \tag{4.9}$$

$$\ldots, \frac{(0,\,2m-2)}{(0,2m)}, \ (1,2m-1)\,(0,2m), \frac{(2,2m)}{(0,2m)}, \cdots$$

$$\ldots, (0,2m-1), \qquad\qquad (1,2m), \ldots$$

$$\ldots, \frac{(0,2m)}{(0,2m)}, \cdots$$

So wie in (4.9) kann jedes beliebige Friesmuster der Ordnung $2m+1$ interpretiert werden. Die Elemente der vierten Zeile

$$(0,3), (1,4), \ldots, (2m-3,2m), \frac{(0,\,2m-2)}{(0,2m)}, \quad (1,2m-1)\,(0,2m), \frac{(2,2m)}{(0,2m)}$$

$$\tag{4.10}$$

(und damit wegen der Symmetrie auch der $(2m-1)$-ten Zeile) können wir mit Hilfe der Vierzeigersymbole in der Gestalt

$$\tan^2[0123] = \tan^2 v_1^{(2)} = \tan^2 h_1, \ldots$$
$$\tan^2[2m-3,2m-2,2m-1,2m] = \tan{}^2 v_{2m-2}^{(2)} = \tan^2 h_{2m-2},$$
$$\cot^2[0,2m-2,2m-1,2m] = \tan^2 h_{2m-1}, \tan^2[0,1,2m-1,2m] = \tan^2 h_{2m},$$
$$\cot^2[0,1,2,2m] = \tan^2 h_0 \tag{4.11}$$

schreiben, so daß wir unmittelbar den Zusammenhang mit dem Kantenzug der Orthoschemkette sehen, die von dem $(2m-2)$-dimensionalen Orthoschem

$$S^{(2m-1)}(v_1^{(2)}, \ldots, v_{2m-2}^{(2)}) \tag{4.12}$$

erzeugt wird.

Umgekehrt finden wir zu einer Orthoschemkette mit dem Grundorthoschem (4.12) in eindeutiger Weise das Friesmuster (4.9), indem wir die Muster-Elemente

$$(r, r+3) \tag{4.13}$$

der vierten Zeile mit

$$\tan^2 v_{r+1}^{(2)} \qquad (r = 0, \ldots, 2m-3) \tag{4.14}$$

identifizieren. Auf Grund der Symmetrie des Musters wird dann diese Zeile noch durch die Elemente

$$\tan^2 h_{2m-1}, \ \tan^2 h_{2m}, \ \tan^2 h_0 \tag{4.15}$$

ergänzt, die in (4.9) in der $(2m-1)$-ten Zeile stehen. Für unser Beispiel (2.4) etwa bedeutet das, daß zu diesem Friesmuster eine geschlossene Kette von vierdimensionalen Orthoschemen gehört, die durch Nachbarbildung etwa aus dem Grundorthoschem

$$S^{(5)} \ (v_1^{(2)}, \ v_2^{(2)}, \ v_3^{(2)}, \ v_4^{(2)}) \tag{4.16}$$

mit

$$\tan^2 v_1^{(2)} = 5, \ \tan^2 v_2^{(2)} = \tan^2 v_3^{(2)} = \tan^2 v_4^{(2)} = 2 \tag{4.17}$$

konstruiert werden kann. Der Kantenzug, an dem diese Orthoschemkette zusammenhängt, besteht aus den Kanten $h_0, h_1, h_2, h_3, h_4, h_5, h_6$ und wird erklärt durch

$$
\begin{aligned}
\tan^2 h_0 &= 1, \\
\tan^2 h_1 &= \tan^2 v_1^{(2)} = 5, \\
\tan^2 h_2 &= \tan^2 h_3 = \tan^2 h_4 = 2 \ (= \tan^2 v_2^{(2)} = \tan^2 v_3^{(2)} = \tan^2 v_4^{(2)}), \\
\tan^2 h_5 &= \tan^2 h_6 = 3.
\end{aligned}
\tag{4.18}
$$

Im Fall eines Friesmusters der Ordnung $n = 5$ stellen die vierte und die $(n-2)$-te Zeile die beiden mittleren Zeilen dar, die von den Randzeilen mit Nullen und Einsen eingerahmt werden. In diesem einfachen Fall ist das Ergebnis besonders durchsichtig.

Der eben geschilderte Sachverhalt läßt sich nicht analog auf ein Friesmuster gerader Ordnung übertragen. Zunächst gilt aber, daß ein beliebiges Friesmuster gerader Ordnung wiederum mit einer Orthoschemkette wie oben beschrieben in Verbindung steht. Die Betrachtung des Friesmusters, in dem die Elemente als Zweizeigersymbole (r, s) geschrieben werden, zeigt dieses. Denn identifizieren wir

$$(0, 2\,m + 1) \tag{4.19}$$

mit der Zahl 1, dann haben wir das analoge Ergebnis wie im Fall der geraden Dimensionszahl (vgl. (4.9)). Die Umkehrung ist jedoch im allgemeinen nicht richtig, sondern nur für eine ganz bestimmte Klasse von Orthoschem-Ketten läßt sich ein zugehöriges Friesmuster finden. Ist also etwa

$$S^{(2m)} \ (v_1^{(2)}, \ \ldots, \ v_{2m-1}^{(2)}) \tag{4.20}$$

das die Kette erzeugende Orthoschem, dann ist für die Richtigkeit der Umkehrung notwendig und hinreichend, daß das Zweizeigersymbol $(0, 2\,m + 1)$, was im wesentlichen die Hauptinvariante (vgl. [2]) unseres Orthoschems darstellt, gleich 1 ist. Im Friesmuster sehen wir aber sofort, daß $(0, 2m + 1)$ durch entsprechende Operationen wie bei (4.6) und unter der Bedingung, daß die unimodulare Relation (2.7) erhalten bleibt, nicht nachträglich zu Eins gemacht werden kann, weil dadurch die zweite Randzeile, die aus Einsen besteht, verändert würde. Das würde aber die Grundeigenschaft unseres Friesmusters zerstören. Auf Grund der Beziehung (2.9) gelingt es, $(0, 2m + 1)$ durch die Zweizeigersymbole $(r, r + 3)$, also im wesentlichen durch die Keilwinkel des erzeugenden Orthoschems, darzustellen. Die Forderung $(0, 2m + 1) = 1$ bedeutet, daß zwischen den Keilwinkeln eine Bindung bestehen muß. Beispielsweise gehört zu dem Grundorthoschem

$$S^{(4)}(v_1{}^{(2)},\, v_2{}^{(2)},\, v_3{}^{(2)}) \tag{4.21}$$

genau dann ein Friesmuster, wenn

$$(0,5) = 1 \tag{4.22}$$

gilt, woraus

$$\cos^2 v_1{}^{(2)} + \cos^2 v_2{}^{(2)} + \cos^2 v_3{}^{(2)} = 1 \tag{4.23}$$

folgt. Das hat z. B. zur Folge, daß die Maßzahlen für die drei Keilwinkel mit den Maßzahlen für diejenigen Kanten (bzw. deren Komplemente) übereinstimmen, die für diese Keilwinkel die Scheitel bilden, in Formeln

$$v_1{}^{(2)} = h_4,$$
$$v_2{}^{(2)} = h_5, \tag{4.24}$$
$$v_3{}^{(2)} = h_0.$$

Das können wir auch aus dem periodischen Friesmuster sofort ablesen.

Wir erkennen folglich, daß auch hier wieder, wie oft bei geometrischen Fragen, ein wesentlicher Unterschied zwischen gerader und ungerader Dimension besteht, indem sich zu einem geraddimensionalen Orthoschem stets ein Friesmuster finden läßt, zu einem ungeraddimensionalen dagegen im allgemeinen kein Friesmuster angegeben werden kann.

LITERATUR

[1] BÖHM, J.: Über Spezialfälle bei der Inhaltsmessung in Räumen konstanter Krümmung. Wiss Z. Univ. Jena, Math.-Nat. Reihe, 5 (1955/56) 157—164.

[2] BÖHM, J.: Simplexinhalte in Räumen konstanter Krümmung beliebiger Dimension. J. Reine Angew. Math. 202 (1959) 16—51.

[3] BÖHM, J.: Zur Verallgemeinerung der Neperschen Regel in r-dimensionalen Riemannschen Räumen konstanter Krümmung. Can. J. Math. 19 (1967) 1129—1148.

[4] COXETER, H. S. M.: On Schläfli's generalisation of Napier's Pentagramma Mirificum. Bull. Calcutta Math. Soc. 28 (1936) 125—144.

[5] COXETER, H. S. M.: Frieze Patterns. Acta Arithmetica (Warschau 1970) (im Druck).

[6] GAUSS, C. F : Werke 3. Göttingen 1876, S. 481.

[7] NAPIER, J.: Mirifici logarithmorum canonis descriptio. Edinburg 1914, Buch 2, Kap. 4.

[8] PREŠIĆ, S., und D. S. MITRINOVIC: Sur une équation fonctionelle cyclique d'ordre supérieur. Publ. Elektrotechnik-Fak. Univ. Belgrad, Ser. Math.-Phys., No. 70 (1962).

[9] SCHLÄFLI, L.: Gesammelte math. Abh. 1, Theorie der vielfachen Kontinuität; aus dem Jahre 1852. Birkhäuser, Basel 1950, S. 227 ff.

Manuskriptabgabe: 20. 10. 1970

VERFASSER:

JOHANNES BÖHM, Sektion Mathematik der Friedrich-Schiller-Universität Jena

$\mathscr{A}$-Verbände I

ANDOR KERTÉSZ und MANFRED STERN

Herrn Prof. Dr. O.-H. Keller zum 65. Geburtstag gewidmet

§1. Einleitung

In den zwei früheren Arbeiten [6] und [7] hat der ältere der Verfasser relativ atomare Verbände untersucht. Das Ziel dieser Arbeit ist es, diese Untersuchungen auf Verbände auszudehnen, die einem wesentlich schwächeren Axiom als dem der Modularität genügen. In der Arbeit [6], die ein Vortragsauszug ist (Konferenz über allgemeine Algebra in Warschau, 7.—11. Sept. 1964), wurde ein Versuch in dieser Richtung unternommen. Jedoch stellte sich heraus, daß eine in [6] vorausgesetzte Bedingung eliminiert werden kann. Wir brauchen lediglich die Axiome (A_1) und (A_2), die in §3 definiert werden. Ein Verband, der gleichzeitig den Axiomen (A_1) und (A_2) genügt, wird in dieser Arbeit als $\mathscr{A}$-Verband bezeichnet.

In dem vorliegenden ersten Teil dieser Arbeit werden wir zunächst die Beziehungen der Axiome (A_1) und (A_2) zu anderen Axiomen, wie z. B. zu dem Axiom (E) von MACLANE [9] und zu (N) (Nachbarbedingung) bzw. (DN) (duale Nachbarbedingung) untersuchen. Danach charakterisieren wir die relativ atomaren $\mathscr{A}$-Verbände von endlicher Länge.

Im kommenden zweiten Teil dieser Arbeit werden wir algebraische (d. h. kompakt erzeugte vollständige) $\mathscr{A}$-Verbände untersuchen.

§2. Vorbereitungen

Es sei V ein algebraischer Verband mit dem minimalen Element 0 und mit dem maximalen Element 1. Ein Element $(0 <) p (\in V)$ wird *Atom* genannt, wenn aus $0 \leq x \leq p$ stets entweder $x = 0$ oder $x = p$ folgt. Dual hierzu wird ein Element $(1 >) m (\in V)$ *duales Atom* genannt, falls aus $m \leq x \leq 1$ stets entweder $x = m$ oder $x = 1$ folgt. Ist $a, b \in V$ und $a \leq b$, so verstehen wir unter dem Intervall $[a, b]$ die Menge aller Elemente $x \in V$, welche die Bedingung $a \leq x \leq b$ erfüllen. Das Intervall $[a, b]$ ist immer ein Unterverband von V.

In dieser Arbeit spielt der Begriff der direkten Summe (oder in der Terminologie von [8], IV, § 3.: der direkten Vereinigung) und der direkten Zerlegung von Elementen aus V eine wichtige Rolle. Im Gegensatz zu der multiplikativen Schreibweise in [8], wo die direkte Summe nur für modulare Verbände definiert wird, werden wir die additive Schreibweise benutzen. Eine endliche Menge $\langle b_1, \ldots, b_k \rangle$ der Elemente $(0 <) b_i (i = 1, \ldots, k)$ des vollständigen Verbandes V wird *unabhängig* genannt, falls für jedes i

$$b_i \cap (b_1 \cup \cdots \cup b_{i-1} \cup b_{i+1} \cup \ldots \cup b_k) = 0$$

gilt. Eine beliebige Menge $\langle \ldots, b_\nu, \ldots \rangle_{\nu \in \Gamma}$ der Elemente $(0 <) b_\nu (\in V)$ heißt *unabhängig*, wenn jede ihrer endlichen Untermengen unabhängig ist.[1]) Eine unabhängige Untermenge M einer Menge $H (\subseteq V)$ heißt *maximal unabhängig in H*, wenn für jedes Element $(0 <) c (\in H)$ die Relation $c \cap (\cup M) > 0$ besteht. Da die Unabhängigkeit von Untermengen aus H nach Definition eine Eigenschaft von endlichem Charakter ist, läßt sich — nach dem Lemma von Teichmüller-Tukey (siehe z. B. [10]) — jede unabhängige Untermenge von H zu einer maximalen unabhängigen Untermenge von H ergänzen.

Ist $B \overset{\text{def}}{=} \langle \ldots, b_\nu, \ldots \rangle_{\nu \in \Gamma}$ eine unabhängige Untermenge von V, so verstehen wir unter der *direkten Summe* von B das Element $a = \cup B$ und schreiben

$$a = \sum_{\nu \in \Gamma} b_\nu = \sum B.$$

Ist insbesondere $B = \langle b_1, \ldots, b_k \rangle$ eine endliche unabhängige Menge, dann schreiben wir

$$a = b_1 + \cdots + b_k$$

oder

$$a = \sum_{i=1}^{k} b_i.$$

Wenn wir nur direkte Summen von endlich vielen Elementen benutzen, brauchen wir nicht die Vollständigkeit des Verbandes zu verlangen. Es genügt vorauszusetzen, daß der Verband nach unten beschränkt ist.

Wir sagen, daß eine Menge P von Atomen eines Verbandes V eine *spezielle Basis* des Elementes $b (\in V)$ ist, wenn $b = \cup P$ ist und für je zwei disjunkte Untermengen P_1 und P_2 von P die Beziehung $(\cup P_1) \cap (\cup P_2) \doteq 0$ besteht. In diesem Fall gilt erst recht

$$b = \sum P.$$

Wie üblich bezeichnen wir mit $a \parallel b$ den Sachverhalt, daß die Elemente a und b unvergleichbar sind. Ferner deutet $a \prec b$ an, daß a ein unterer Nachbar (b ein

---

[1]) In der Literatur wird die Unabhängigkeit im Fall von nicht notwendig modularen Verbänden meistens in einer schärferen Form definiert: Eine Untermenge $\langle b_1, \ldots, b_k \rangle$ von V heißt *unabhängig*, wenn für je zwei disjunkte Untermengen Γ_1 und Γ_2 der Indexmenge $\langle 1, \ldots, k \rangle$ die Gleichheit $\left(\underset{i \in \Gamma_1}{\cup} b_i \right) \cap \left(\underset{i \in \Gamma_2}{\cup} b_j \right) = 0$ besteht. Bekanntlich stimmt die erste Definition im Fall von modularen Verbänden mit dieser überein. Wir haben absichtlich die schwächere Definition genommen, da wir an mehreren Stellen dieser Arbeit mit Hilfe dieser Definition auch die schärfere Unabhängigkeit nachweisen können.

oberer Nachbar) von b (von a) ist, d. h., es gilt $a < b$, und aus der Relation $a \leq x \leq b$ folgt stets entweder $x = a$ oder $x = b$. Ist für jedes Elementenpaar $u, v \in V$ die Implikation

$$u \cap v \prec v \Rightarrow u \prec u \cap v \qquad \text{(N)}$$

erfüllt, so sagen wir, daß V der *Nachbarbedingung* genügt. Ist für jedes Elementenpaar $u, v, \in V$ die Implikation

$$u \prec u \cup v \Rightarrow u \cap v \prec v \qquad \text{(DN)}$$

erfüllt, so sagen wir, daß V der *dualen Nachbarbedingung* genügt.

Ein Verband endlicher Länge mit (N) heißt ein *Birkhoffscher Verband*. Da ein modularer Verband stets der Nachbarbedingung (und auch der dualen Nachbarbedingung) genügt, ist jeder modulare Verband endlicher Länge ein Birkhoffscher Verband. Ein Verband V heißt *halbmodular*, wenn aus den Bedingungen

$$a \parallel b \quad \text{und} \quad a \cap b < x < a \qquad (a, b, x \in V)$$

die Existenz mindestens eines Elements $v \in V$ folgt, so daß

$$a \cap b < v \leq b$$

und

$$(x \cup v) \cap a = x$$

gelten. Jeder modulare Verband ist halbmodular, aber nicht umgekehrt.

Ein nach unten beschränkter Verband V heißt *relativ atomar*, falls für jedes Paar $a < b \, (a, b \in V)$ ein Atom p in V existiert, so daß $a < a \cup p \leq b$ ist. Dual hierzu heißt ein nach oben beschränkter Verband *relativ dual atomar*, wenn es für jedes Paar $b < a \, (a, b \in V)$ ein duales Atom m in V gibt, so daß $b \leq a \cap m < a$ gilt.

Für die hier nicht aufgezählten Begriffe und Definitionen verweisen wir auf [13].

§ 3. Allgemeines über $\mathscr{A}$-Verbände

MacLane führte in seiner Arbeit [9] den Begriff des sogenannten Austauschverbandes („exchange lattice") ein. Dieser ist wie folgt definiert.

Ein vollständiger Verband V heißt *Austauschverband*, wenn in V die folgenden Axiome (E), (G), (F) erfüllt sind:

(E) $a < a \cup p \leq a \cup q \Rightarrow q \leq a \cup p$ (für alle $a, p, q \in V$, wobei p, q Atome sind).

(G) V ist relativ atomar, d. h., für $b < a$ in V existiert in V ein Atom p, für welches $b < b \cup p \leq a$ ist.

(F) Ist Q eine Menge von Atomen in V, p ein Atom in V und $p \leq \bigcup Q$, dann existiert eine endliche Teilmenge $\langle q_1, \ldots, q_n \rangle$ von Q mit $p \leq \bigcup_{i=1}^{n} q_i$.

Bewiesen wurde das folgende

Lemma 1 (MacLane [9], Theorem 3). *Jedes Element eines Austauschverbandes V hat eine spezielle Basis.*

Es gilt ferner die folgende Behauptung, welche ausdrückt, daß die Mächtigkeit einer speziellen Basis eines Elements eine Invariante ist: Sind P und Q zwei spezielle Basen eines Elements des Austauschverbandes V, dann stimmen die Mächtigkeiten von P und Q überein (MacLane [9], Theorem 6).

Eine Verallgemeinerung dieses Ergebnisses gibt uns der folgende Satz.

Satz 1. *Sei V ein den Axiomen* (E) *und* (F) *genügender vollständiger Verband. Wenn ein Element $b \in V$ als direkte Summe von Atomen darstellbar ist, so stimmt die Mächtigkeit der Menge der direkten Summanden in je zwei solchen Darstellungen überein.*

Beweis. Nehmen wir an, daß $b = \sum_{\gamma \in \Gamma} p_\gamma = \sum_{\lambda \in \Lambda} q_\lambda$ ist, wobei die p_γ, q_λ Atome in V sind. Sei T die Menge sämtlicher Atome des Verbandes V. Zwischen den Elementen $x \in T$ und den Untermengen $A \subseteqq T$ definieren wir die Relation

$$D[x, A] \overset{\text{def}}{\Leftrightarrow} x \leqq \cup A.$$

Die so definierte Relation genügt auf Grund der Axiome (E) und (F) den Axiomen (I), (II, (III) und (IV) der abstrakten Abhängigkeit (siehe [5]).

Da weiter die Mengen $P = \langle p_\gamma \rangle_{\gamma \in \Gamma}$ bzw. $Q = \langle q_\lambda \rangle_{\lambda \in \Lambda}$ D-unabhängig und D-äquivalent sind (im Sinne von [5]), folgt aus Theorem 1 in [5], daß die Mächtigkeiten von P und Q übereinstimmen, was wir beweisen wollten.[1])

Dieser allgemeine Satz enthält zahlreiche interessante Sätze der Algebra, z. B. den Satz von STEINITZ [11] über die Invarianz des Transzendenzgrades, weiterhin Sätze über die Invarianz des Ranges von vollständig reduziblen algebraischen Strukturen, wie etwa den Satz, daß in der Darstellung des Sockels eines Ringes als direkte Summe von minimalen Linksidealen die Mächtigkeit der Menge der direkten Summanden eine Invariante ist (siehe [3, 4]). Da der Linksidealverband eines Ringes das Axiom (G) im allgemeinen nicht erfüllt, zeigt uns das letzte Beispiel, daß zum Theorem 6 der Arbeit [9] von MacLane nicht notwendig ist, daß der Verband ein Austauschverband ist.

Im weiteren brauchen wir zwei Axiome, die Verallgemeinerungen der Modularität darstellen, und aus deren erstem das Axiom (E) folgt:

Für beliebige Elemente $a, b, p, m \in V$ (p Atom, m duales Atom) gelte

$$a < b \leqq a \cup p \Rightarrow b = a \cup p, \tag{A_1}$$

$$m \cap a \leqq b < a \Rightarrow b = a \cap m. \tag{A_2}$$

Wenn für einen Verband V die Axiome (A_1) und (A_2) gleichzeitig erfüllt sind, dann sagen wir kurz, daß V ein $\mathscr{A}$-Verband ist.

Sei V ein modularer Verband und nehmen wir an, daß $a < b \leqq a \cup p$ ($a, b, p \in V$; p Atom). Dann ist wegen der Modularität und wegen $a < b$ die Gleichheit $b \cap (a \cup p) = a \cup (b \cap p)$ erfüllt. Da p ein Atom ist, haben wir entweder $b \cap p = 0$ oder

---

[1]) Da in einem den Bedingungen des Satzes 1 genügenden Verband V diejenigen Elemente von V, welche Vereinigungen von Atomen sind, einen Austauschunterverband von V bilden, kann der Satz auch mit Hilfe des MacLaneschen Satzes bewiesen werden. Wir berufen uns jedoch auf [5], wobei Theorem 1 mit Hilfe des Zornschen Lemmas bewiesen wurde, während MacLane mit transfiniter Induktion arbeitet.

$b \cap p = p$. Der erste Fall ist jedoch nicht möglich, da einerseits $b \cap (a \cup p) = a$ folgen würde, andererseits aber $b \leq a \cup p$, d. h. $b \cap (a \cup p) = b$ wäre, woraus wir $a = b$ schließen, was einen Widerspruch zu $a < b$ bedeutet. Also ist $b \cap p = p$. Dann haben wir $b \cap (a \cup p) = a \cup p$, d. h. $a \cup p \leq b$. Hieraus ergibt sich, unter Beachtung der Annahme $b \leq a \cup p$, die Gleichheit $b = a \cup p$, was wir zeigen wollten. Ein modularer Verband genügt also dem Axiom (A_1). Wegen des verbandstheoretischen Dualitätsprinzips ist für einen modularen Verband auch das Axiom (A_2) erfüllt. Jeder modulare Verband ist also ein $\mathscr{A}$-Verband.

Man sieht leicht ein, daß das Axiom (A_2) für einen Verband V zum Axiom

$$m \cap a < b \leq a \Rightarrow b = a \qquad (A_2')$$

äquivalent ist.

In welchem Verhältnis (N) bzw. (DN) und (A_1) bzw. (A_2) zueinander stehen, drückt die folgende Überlegung aus.

Lemma 2. $(N) \Rightarrow (A_1)$.

Gilt nämlich $a < b \leq a \cup p$, so ist $a \parallel p$. Daraus folgt $a \cap p = 0 \prec p$ (Abb. 1) und hieraus wegen (N) $a \prec a \cup p$.

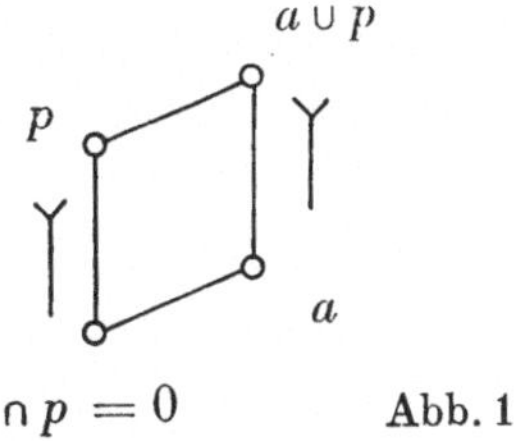

Abb. 1

Mithin muß $b = a \cup p$ gelten, d. h., (A_1) ist erfüllt, womit das Lemma bewiesen ist.

Die Umkehrung von Lemma 2 ist nicht richtig, wie Abb. 2 zeigt.

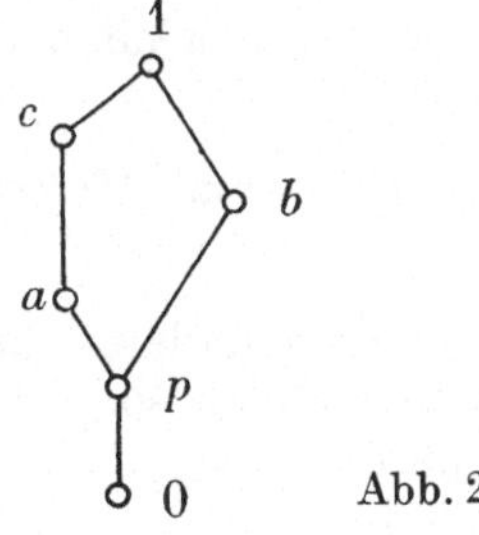

Abb. 2

In diesem Verband ist die Implikation (A_1) offenbar erfüllt, die Nachbarbedingung jedoch nicht. Wir haben nämlich

$$a \cap b = p \prec b, \quad \text{aber} \quad a < c < a \cup b = 1.$$

Dual zu Lemma 2 gilt das

Lemma 3. $(DN) \Rightarrow (A_2)$.

Die Umkehrung von Lemma 5 ist nicht richtig, wieder zu Abb. 2 duale Verband zeigt.

§ 4. Verbände, die dem Axiom (A₁) genügen

In diesem Paragraphen wollen wir uns lediglich auf das Axiom (A₁) beschränken.

Das Axiom (A₁) impliziert für jeden Verband das Axiom (E). Sei nämlich $a < a \cup p \leq a \cup q$ $(a, p, q \in V;\ p, q$ Atome$)$. Dann folgt nach (A₁) die Gleichheit $a \cup p = a \cup q$ und somit $q \leq a \cup p$. Im Fall, daß (G) erfüllt ist, sind (A₁) und (E) äquivalent ([9], Theorem 8). Ist nämlich $a < b \leq a \cup p$, dann gibt es auf Grund von (G) ein Atom $q \in V$ mit $a < a \cup q \leq b \leq a \cup p$. Nach (E) folgt hieraus $p \leq a \cup q \leq b$, und wir erhalten $b = a \cup p$.

Die eben bewiesene Implikation $(A_1) \Rightarrow (E)$ können wir wie folgt verschärfen:

Lemma 4. *Wenn für einen nach unten beschränkten Verband V das Axiom* (A₁) *erfüllt ist, dann folgt aus* $b \leq a \cup p$ $(a, b, p \in V;\ p$ Atom$)$ *und* $b \nleq a$ *die Relation* $p \leq a \cup b$.

In der Tat ist nach den Voraussetzungen $a < a \cup b \leq a \cup p$. Da p ein Atom ist, haben wir gemäß (A₁) die Gleichheit $a \cup b = a \cup p$, also $p \leq a \cup b$. Ferner zeigt das Beispiel in Abb. 3, daß aus (E) die Behauptung des Lemmas nicht folgt:

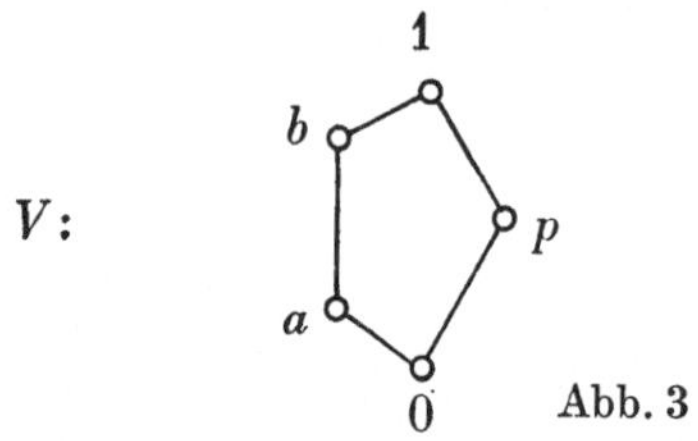

Abb. 3

Dabei ist einerseits $a < b$, folglich $b \nleq a$, weiter haben wir $b \leq a \cup p = 1$, während $p \parallel a \cup b = b$ gilt; andererseits erfüllt V das Axiom (E).

Auf Grund der eben gemachten Bemerkung können wir den folgenden Satz beweisen:

Satz 2. *Ein Verband ist dann und nur dann modular, wenn jeder seiner Unterverbände dem Axiom* (A₁) *genügt.*

Beweis. Ist V modular, so ist jeder seiner Unterverbände ebenfalls modular und genügt somit erst recht dem Axiom (A₁). Ist aber V nicht modular, so gibt es in V einen Unterverband, der dem Verband in Abb. 3 isomorph ist; dieser Unterverband von V erfüllt aber das Axiom (A₁) nicht, wie wir gesehen haben.

Nach Lemma 2 gilt $(N) \Rightarrow (A_1)$. Wir werden zeigen, daß für relativ atomare Verbände auch die Umkehrung gilt.

Lemma 5. *Für einen relativ atomaren Verband sind* (A₁) *und* (N) *äquivalent.*

Beweis. Die Implikation $(N) \Rightarrow (A_1)$ gilt nach Lemma 2. Es sei jetzt für V das Axiom (A₁) erfüllt, und es gelte

$$x \cap y \prec y \qquad (x, y \in V). \tag{1}$$

Nehmen wir an, daß für ein $v \in V$ die Relation

$$x < v \leqq x \cup y \tag{2}$$

gilt. Da V relativ atomar ist, folgt nach (1) die Existenz eines Atoms $p \in V$ mit

$$y = (x \cap y) \cup p.$$

Durch Einsetzen in (2) erhalten wir

$$x < v \leqq x \cup y \leqq [x \cup (x \cap y)] \cup p = x \cup p,$$

woraus gemäß (A$_1$)

$$v = x \cup p = x \cup y,$$

d. h. $x \prec x \cup y$ folgt. V genügt also der Nachbarbedingung.

Folgerung 1. *Ein relativ atomarer Verband ist dann und nur dann halbmodular, wenn er dem Axiom* (A$_1$) *genügt.*

Beweis. Aus Theorem 15 von [9][1]) folgt zunächst, daß jeder halbmodulare Verband der Nachbarbedingung genügt und demzufolge, nach Lemma 2, erst recht dem Axiom (A$_1$). Umgekehrt sind nach Lemma 5 für relativ atomare Verbände (A$_1$) und (N) äquivalent. Da ein relativ atomarer Verband die Eigenschaft besitzt, daß es zu jedem Element mindestens einen oberen Nachbarn gibt,[2]) folgt aus Satz 51 von [13][3]) die Behauptung der Folgerung.

Auf den Zusammenhang zwischen (A$_1$) und (N) weist auch der folgende Satz hin:

Satz 3. *Ein Verband V genügt der Nachbarbedingung* (N) *dann und nur dann, wenn jedes seiner Teilintervalle dem Axiom* (A$_1$) *genügt.*

Beweis. Da (N) eine in bezug auf Teilintervalle hereditäre Eigenschaft ist, brauchen wir wegen Lemma 2 nur noch einzusehen, daß auch die ,,dann''-Richtung gilt. Sei $x \cap y \prec y$ und betrachten wir das Intervall $[x \cap y, x \cup y]$. Es sei weiter

$$x < t \leqq x \cup y \qquad (t \in V). \tag{3}$$

Da in jedem Intervall von V das Axiom (A$_1$) erfüllt ist, folgt aus (3) die Gleichheit $t = x \cup y$, d. h., es ist in der Tat $x \prec x \cup y$.

Folgerung 2. *Genügt jedes Teilintervall eines Intervalls* $[a, b]$ *eines Verbandes dem Axiom* (A$_1$), *so ist in* $[a, b]$ *auch die Jordan-Dedekindsche Kettenbedingung erfüllt.*

Der Beweis folgt unmittelbar aus Satz 3 und aus Satz 31 von [13].

Folgerung 3. *Genügt ein relativ atomarer Verband V dem Axiom* (A$_1$), *so genügt jedes Intervall* $[a, b]$ *von V der Jordan-Dedekindschen Kettenbedingung.*

Der Beweis folgt aus Lemma 5 und aus Satz 31 von [13].

Für das weitere brauchen wir auch das an sich interessante

---

[1]) Siehe dazu auch [13], Satz 50.

[2]) Verbände mit dieser Eigenschaft werden im Buch von G. Szász [13] als relativ atomare Verbände bezeichnet.

[3]) Vgl. [9], Theorem 14 und Theorem 8.

Lemma 6. *Wenn V ein nach unten beschränkter Verband mit (A_1) ist und*

$$b = p_1 + \cdots + p_{k-1} + v_k \quad (b, p_i, v_k \in V;\ i = 1, \ldots, k-1), \tag{4}$$

wobei $p_i\ (i = 1, \ldots, k-1)$ Atom ist, sowie

$$v_k = p_k + v_{k+1} \quad (p_k, v_k \in V;\ p_k\ Atom) \tag{5}$$

gilt, dann ist

$$b = p_1 + \cdots + p_k + v_{k+1}. \tag{6}$$

Beweis. Einerseits ist es klar, daß $b = \left(\bigcup_{i=1}^{k} p_i\right) \cup v_{k+1}$. Andererseits müssen wir zeigen, daß für jeden Index i mit $1 \leq i \leq k$

$$p_i \cap (p_1 \cup \cdots \cup p_{i-1} \cup p_{i+1} \cdots \cup p_k \cup v_{k+1}) = 0 \tag{7}$$

und

$$v_{k+1} \cap \left(\bigcup_{i=1}^{k} p_i\right) = 0 \tag{8}$$

gilt. Wegen (4) und (5) ist es offenbar ausreichend, die Gleichheit (7) für den Fall $i = k$ und die Gleichheit (8) zu zeigen.
Nehmen wir an, daß

$$p_k \leq \left(\bigcup_{i=1}^{k-1} p_i\right) \cup v_{k+1} \tag{9}$$

gilt und daß j der kleinste Index ist, für welchen

$$p_k \leq \left(\bigcup_{i=j}^{k-1} p_i\right) \cup v_{k+1}, \tag{10}$$

aber

$$p_k \cap \left[\left(\bigcup_{i=j+1}^{k-1} p_i\right) \cup v_{k+1}\right] = 0 \tag{11}$$

ist. Dann ist wegen (9) und (5) $1 \leq j \leq k-1$. Wegen (11) und (10) haben wir

$$\left(\bigcup_{i=j+1}^{k-1} p_i\right) \cup v_{k+1} < \left(\bigcup_{i=j+1}^{k} p_i\right) \cup v_{k+1} \leq \left(\bigcup_{i=j}^{k-1} p_i\right) \cup v_{k+1}.$$

Hieraus folgt, da p_j Atom ist, gemäß (A_1)

$$v_{j+1} = \left(\bigcup_{i=j+1}^{k} p_i\right) \cup v_{k+1} = \left(\bigcup_{i=j}^{k-1} p_i\right) \cup v_{k+1} \geq p_j.$$

Die letzte Relation steht im Widerspruch zu (4). Damit haben wir (7) bewiesen.
Wir zeigen jetzt, daß (8) gilt. Nehmen wir im Gegensatz zu (8)

$$v_{k+1} \cap \left(\bigcup_{i=1}^{k} p_i\right) = d > 0$$

an. Dann ist

$$d \leq \bigcup_{i=1}^{k} p_i \tag{12}$$

und
$$d \leqq v_{k+1}. \tag{13}$$

Auf Grund von (4) und (13) ergibt sich
$$\left(\bigcup_{i=1}^{k-1} p_i \right) \cap d = 0.$$

Diese Relation, $d > 0$ und (12) benutzend, erhalten wir
$$\bigcup_{i=1}^{k-1} p_i < \bigcup_{i=1}^{k-1} p_i \cup d \leqq \bigcup_{i=1}^{k} p_i,$$

woraus sich, da p_k ein Atom ist, gemäß (A_1)
$$\bigcup_{i=1}^{k-1} p_i \cup d = \bigcup_{i=1}^{k} p_i$$

ergibt. Die letzte Gleichheit führt unter Beachtung von (13) zu der Relation
$$p_k \leqq \left(\bigcup_{i=1}^{k-1} p_i \right) \cup v_{k+1},$$

die im Widerspruch zu der bereits bewiesenen Gleichheit (7) steht. Damit ist das Lemma bewiesen.

§ 5. Relativ atomare $\mathscr{A}$-Verbände von endlicher Länge

In diesem Paragraphen wollen wir die relativ atomaren $\mathscr{A}$-Verbände endlicher Länge untersuchen. Wir beweisen den

Satz 4. *Für einen beschränkten $\mathscr{A}$-Verband V sind die folgenden Aussagen äquivalent:*

a) *1 ist die direkte Summe von endlich vielen Atomen:*
$$1 = a_1 + \cdots + a_n. \tag{14}$$

b) *Es gibt in V endlich viele duale Atome $m_1, \ldots, m_n$, für welche*
$$\bigcap_{i=1}^{n} m_i = 0. \tag{15}$$

c) *Jedes Element (> 0) von V besitzt eine endliche spezielle Basis.*

d) *V ist ein relativ atomarer und relativ dual atomarer modularer Verband von endlicher Länge.*

e) *V ist ein relativ atomarer Birkhoffscher Verband.*

f) *V ist ein relativ komplementärer Verband von endlicher Länge.*

g) *V ist von endlicher Länge, und für jede maximale unabhängige Untermenge S von Elementen aus V gilt $\sum S = 1$.*

h) *V enthält mindestens ein Atom, und jede maximale unabhängige Untermenge von Atomen in V ist eine endliche spezielle Basis von 1.*

Beweis. a) $\Rightarrow$ b). Auf Grund von a) ist $1 = a_1 \cup \cdots \cup a_n$, woraus sich infolge des verbandstheoretischen Dualitätsprinzips sofort b) ergibt.

b) $\Rightarrow$ c). Es sei $0 < d \in V$, und wir nehmen an, daß b) für V erfüllt ist. Wir wollen zeigen, daß d eine endliche spezielle Basis besitzt. Ohne Beschränkung der Allgemeinheit können wir noch voraussetzen, daß in (15) kein m_i weggelassen werden kann, d. h.

$$q_i \overset{\text{def}}{=} m_1 \cap \cdots \cap m_{i-1} \cap m_{i+1} \cap \cdots \cap m_n > 0$$

für alle i $(i = 1, \ldots, n)$. Da

$$d \cap m_1 \geqq d \cap m_1 \cap m_2 \geqq \cdots \geqq d \cap m_1 \cap \cdots \cap m_n = 0$$

ist, gibt es einen kleinsten Index $(1 \leqq) t (\leqq n)$ mit

$$(d \cap m_1 \cap \cdots \cap m_{t-1}) \cap m_t = 0.$$

Dabei ist $c_1 \overset{\text{def}}{=} d \cap m_1 \cap \cdots \cap m_{t-1} > 0$. Ist für ein $y \in V$

$$0 = c_1 \cap m_t \leqq y < c_1,$$

so folgt nach (A_2) die Gleichheit $y = 0$, d. h., c_1 ist ein Atom in V mit $c_1 \leqq d$. Nach (15) existiert ein duales Atom $m_{k_1} \in \langle m_1, \ldots, m_n \rangle$ mit $c_1 \nleqq m_{k_1}$, d. h. $c_1 \cap m_{k_1} = 0$ und damit $1 = c_1 + m_{k_1}$. Wir werden zeigen, daß

$$d = c_1 + (d \cap m_{k_1}) \tag{16}$$

gilt. Offenbar ist $c_1 \cap (d \cap m_{k_1}) = 0$. Ferner gilt

$$d \cap m_{k_1} < c_1 \cup (d \cap m_{k_1}) \leqq d.$$

Nach (A_2') folgt

$$d = c_1 \cup (d \cap m_{k_1}),$$

d. h., in der Tat gilt (16). Ist dabei $d \cap m_{k_1} = 0$, so sind wir fertig. Wenn $0 < d \cap m_{k_1}$ ist, so erhalten wir für dieses Element eine zu (16) analoge direkte Zerlegung

$$d \cap m_{k_1} = c_2 + (d \cap m_{k_1} \cap m_{k_2}), \tag{17}$$

wobei c_2 ein Atom ist und $(m_{k_1} \neq) m_{k_2} \in \langle m_1, \ldots, m_n \rangle$ gilt. Gemäß Lemma 6 ergibt sich aus (16) und (17)

$$d = c_1 + c_2 + (d \cap m_{k_1} \cap m_{k_2}).$$

Dieses Verfahren führt spätestens nach n Schritten zu der direkten Zerlegung

$$d = c_1 + \cdots + c_r + (d \cap m_{k_1} \cap \cdots \cap m_{k_r}), \tag{18}$$

wobei $d \cap m_{k_1} \cap \cdots \cap m_{k_r} = 0$ ist $(1 \leqq r \leqq n)$.

Wir werden noch zeigen, daß $P \overset{\text{def}}{=} \langle c_1, \ldots, c_r \rangle$ eine spezielle Basis von d ist. Dazu teilen wir P in zwei disjunkte Untermengen: $P_1 = \langle c_1, \ldots, c_q \rangle$ und $P_2 = \langle c_{q+1}, \ldots, c_r \rangle$. Nehmen wir nun an, daß

$$t \overset{\text{def}}{=} (\cup P_1) \cap (\cup P_2) > 0 \tag{19}$$

ist, dann existiert ein Index j mit $1 \leqq j \leqq q$, so daß

$$t \leqq (c_1 \cup \cdots \cup c_{j-1}) \cup c_j,$$

aber

$$t \nleq c_1 \cup \cdots \cup c_{j-1}$$

gilt. Gemäß Lemma 4 folgt

$$c_j \leqq t \cup c_1 \cup \cdots \cup c_{j-1},$$

woraus sich wegen (19)

$$c_j \leqq c_1 \cup \cdots \cup c_{j-1} \cup c_{j+1} \cup \cdots \cup c_k$$

ergibt, was im Widerspruch zu (18) steht. Damit ist der Beweis von c) erbracht.

c) $\Rightarrow$ d). Es sei für V die Bedingung c) erfüllt. Aus der Tatsache, daß jedes Element von V eine endliche spezielle Basis besitzt, folgt, daß V ein Verband von endlicher Länge ist.

Ist nun $a, b \in V$ und $a < b$, dann gibt es nach c) ein Atom $p \leqq b$ mit $a \cap p = 0$ und somit $a < a \cup p \leqq b$, d. h., V ist relativ atomar.

Um zu beweisen, daß V relativ dual atomar ist, nehmen wir an, daß für die Elemente $a, b \in V$ die Relation $a > b$ gilt. Da V nach dem vorigen Absatz relativ atomar ist, existiert ein Atom $p \in V$, so daß

$$a \geqq b \cup p > b \tag{20}$$

mit

$$b \cap p = 0 \tag{21}$$

gilt. Wir wählen ein Element $m \in V$ derart aus, daß es maximal unter den Elementen x ist, die die Relationen

$$x \cap p = 0 \quad \text{und} \quad x \geqq b$$

erfüllen. Ein solches m existiert, da die Menge der Elemente x mit (22) wegen (21) nicht leer ist und weil V von endlicher Länge ist. Wir wollen zeigen, daß m ein duales Atom ist. Das ist sicher der Fall, wenn $m \cup p = 1$ ist, da aus

$$m < y \leqq m \cup p = 1$$

wegen (A_1) die Gleichheit

$$y = 1$$

folgt. Nehmen wir nun an, daß

$$m < m \cup p < 1$$

gilt, dann gibt es in V (da V relativ atomar ist) ein Atom q mit

$$m < m \cup p < m \cup p \cup q \leqq 1. \tag{23}$$

Dabei ist offenbar $m < m \cup q$, woraus — gemäß der Definition von m —

$$p \leqq m \cup q \tag{24}$$

folgt. Da ferner $m \cap p = 0$ und somit

$$p \nleq m \tag{25}$$

gilt, ergibt sich aus (24) und (25) nach Anwendung von Lemma 4 die Relation

$$q \leqq m \cup p,$$

die im Widerspruch zu (23) steht. Damit ist m als duales Atom nachgewiesen. Offensichtlich ist $a > a \cap m$, da aus $a \cap m = a$ die Relation $p \leqq m$ folgen würde, was wegen der Wahl von m nicht möglich ist. Ferner folgt aus $b \leqq m$

$$(a \cap m) \cap b = (a \cap b) \cap m = b \cap m = b,$$

d. h.

$$b \leqq a \cap m.$$

Damit haben wir bewiesen, daß V relativ dual atomar ist.

Wir haben nun noch zu zeigen, daß V ein modularer Verband ist. Dazu genügt es auf Grund von Satz 33 aus [13] zu zeigen, daß V die doppelte Nachbarbedingung erfüllt. Die Gültigkeit der Nachbarbedingung folgt direkt aus Lemma 5. Auf Grund des verbandstheoretischen Dualitätsprinzips folgt auch die Gültigkeit der dualen Nachbarbedingung. Damit haben wir d) bewiesen.

d) $\Rightarrow$ e). Die Richtigkeit dieser Implikation ist evident.

e) $\Rightarrow$ f). Für den Verband V sei e) erfüllt. Dann ist V von endlicher Länge. Ist $0 < b$ ein Element aus V, so ist b offenbar eine Vereinigung von endlich vielen Atomen von V, denn V ist relativ atomar. Es folgt dann aus Satz 59 in [13] (siehe auch [2], § 76) die Eigenschaft f).

f) $\Rightarrow$ g). Es sei V ein Verband mit der Eigenschaft f), und S sei eine maximale unabhängige Untermenge von Elementen aus V. Wir werden zeigen, daß $\sum S = 1$ ist. Nehmen wir an, daß $\sum S < 1$ ist. Dann gibt es nach f) eine direkte Zerlegung

$$\sum S + v = 1 \quad \text{mit} \quad v > 0. \tag{26}$$

Wegen der endlichen Länge von V gibt es ein Atom $p \in V$ mit $p \leqq v$. Dabei ist offenbar

$$p \nleqq \sum S. \tag{27}$$

Wenn wir noch zeigen, daß die Menge $\langle S, p \rangle$ ebenfalls unabhängig ist, kommen wir zu einem Widerspruch zur Maximalität von S. Nehmen wir an, daß $\langle S, p \rangle$ nicht unabhängig ist, dann gibt es eine endliche Untermenge $S' \overset{\text{def}}{=} \langle s_1, \ldots, s_k \rangle$ von $\langle S, p \rangle$, die ebenfalls nicht unabhängig ist. Wegen (26) kommt

$$p \leqq \sum S'$$

nicht in Frage. Es bleibt also eine Abhängigkeitsrelation der Art

$$s_i \leqq s_1 \cup \cdots \cup s_{i-1} \cup s_{i+1} \cup \cdots \cup s_k \cup p$$

übrig. Daraus folgt nach Lemma 4

$$p \leqq \sum S'$$

im Widerspruch zu (27).

g) $\Rightarrow$ h). Hat V die Eigenschaft g), so gibt es mindestens ein Atom in V, da V von endlicher Länge ist. Ist S eine maximale unabhängige Untermenge von Atomen aus V, so ist diese Untermenge maximal unabhängig in ganz V. Im gegenteiligen Fall könnten wir nämlich (wegen der endlichen Länge von V) ein weiteres Atom zu S adjungieren, so daß die ergänzte Menge immer noch unabhängig bleibt. Es folgt also

$$\sum S = 1.$$

Wir haben nur noch zu zeigen, daß für je zwei disjunkte Untermengen S_1 und S_2 von S

$$(\cap S_1) \cap (\cap S_2) = 0$$

gilt. Ohne Beschränkung der Allgemeinheit können wir — wegen der endlichen Länge von V — voraussetzen, daß die beiden Mengen S_1 und S_2 nur endlich viele Elemente enthalten. Für den weiteren Verlauf des Beweises verweisen wir auf die Methode, die schon einmal bei der Implikation b) $\Rightarrow$ c) verwendet wurde.

h) $\Rightarrow$ a). Die Richtigkeit dieser Implikation ist evident.

Damit haben wir den Beweis des Satzes 4 erbracht.

Aus dem eben Bewiesenen ergibt sich unmittelbar die

Folgerung 4. *Jeder relativ atomare Birkhoffsche Verband ist modular.*

Folgerung 5. *Für einen beschränkten $\mathscr{A}$-Verband V sind die folgenden Aussagen äquivalent:*

a) 1 *ist die Vereinigung von endlich vielen Atomen.*

b) *V ist von endlicher Länge, und jedes seiner Elemente ist ein Servanzelement in V.*

Die Behauptung von Folgerung 5 ergibt sich unmittelbar aus Satz 4 dieser Arbeit und aus Satz 2 in [7]. Bezüglich der Definition des Servanzelements siehe [7].

LITERATUR

[1] BIRKHOFF, G.: On the combination of subalgebras. Proc. Camb. Phil. Soc. *29* (1933) 441 to 464.

[2] BIRKHOFF, G.: Lattice theory. Amer. Math. Soc. Coll. Publ. 25, revised edition, New York 1948.

[3] JACOBSON, N.: Structure of Rings, Providence 1968, S. 62, Th. 3.

[4] KERTÉSZ, A.: Beiträge zur Theorie der Operatormoduln. Acta Math. Acad. Sci. Hungar. *8* (1957) 235—257.

[5] KERTÉSZ, A.: On independent sets of elements in algebra, Acta Sci. Math. Szeged *21* (1960) 260—269.

[6] KERTÉSZ, A.: Lattice theory remarks on completely reducible algebras, Coll. Math. *14* (1966) 361—363.

[7] KERTÉSZ, A.: Zur Theorie der kompakt erzeugten modularen Verbände, Publ. Math. *15* (1968) 1—11.

[8] KUROŠ, A. G.: Vorlesungen über allgemeine Algebra. B. G. Teubner, Leipzig 1964 (Übersetzung aus dem Russischen).

[9] MACLANE, S.: A lattice formulation for transcendence degrees and p-bases. Duke Math. J. *4* (1938) 455—468.

[10] RÉDEI, L.: Algebra I. Geest & Portig K.-G., Leipzig 1959 (Übersetzung aus dem Ungarischen).

[11] STEINITZ, E.: Algebraische Theorie der Körper, Berlin —Leipzig 1930.

[12] SZÁSZ, G.: On the structure of semimodular lattices of infinite length. Acta Sci. Math. Szeged *14* (1951—52) 239—245.

[13] SZÁSZ, G.: Einführung in die Verbandstheorie. B. G. Teubner, Leipzig 1962 (Übersetzung aus dem Ungarischen).

Manuskripteingang: 22. 10. 1970

VERFASSER:

ANDOR KERTÉSZ, Mathematisches Institut der Kossuth-Lajos-Universität Debrecen

MANFRED STERN, Sektion Mathematik der Martin-Luther-Universität Halle—Wittenberg

Über einen Satz von Zariski

Gustav Burosch

Herrn Prof. Dr. O.-H. Keller zum 65. Geburtstag gewidmet

In [7] beweist Zariski folgende Aussage für projektive Varietäten. Sei V^* das monoidale Bild einer Varietät V mit der Untervarietät $W \subset V$ als Zentrum. Möge W_1 eine Untervarietät von W bezeichnen, die einfach auf W und einfach auf V ist. Dann ist mit $s = : \dim W$ und $s_1 =: \dim W_1$ sowie $r =: \dim V$ das (eigentliche) Bild $T[W_1]$ von W_1 auf V^* eine irreduzible Untermannigfaltigkeit von $T[W]$, hat die Dimension $r - 1 - s + s_1$ und ist einfach auf $T[W]$ und einfach auf V^*. Außerdem ist jede irreduzible Untervarietät von $T[W_1]$, die W_1 entspricht, einfach auf $T[W_1]$, $T[W]$ und auf V^*.

Ist V_a eine affine Varietät von V mit dem Koordinatenring $A = k[w_1, \ldots, w_n]$, die die Untervarietät W_1 enthält, und ist $\mathfrak{p}$ bzw. $\mathfrak{p}_1$ das Primideal aus A, das der Varietät W bzw. W_1 entspricht, so sind die Voraussetzungen über die Einfachheit von W_1 auf W und V bekanntlich gleichwertig damit, daß die lokalen Ringe $R_1 = A_{\mathfrak{p}_1}$ und $R_1/\mathfrak{p} R_1$ regulär sind. Nun kann man versuchen, für beliebige lokale Integritätsbereiche R_1 und $R = (R_1)_\mathfrak{v}$, $\mathfrak{p} \subset R_1$ Primideal, die diesen Bedingungen genügen, den Oberring $\bar{R} = R_1\left[\dfrac{\mathfrak{p}}{u}\right]$, $u \in \mathfrak{p}$, zu bilden, den Ringen R_1 und R Ringe R_1^* bzw. R^* aus $M(\bar{R})$, die R_1 bzw. R dominieren, zuzuordnen und den Satz von Zariski als Aussage über die Dimension und Regularität dieser Ringe bzw. des durch R^* bestimmten Restklassenringes von R_1^* zu beweisen. Dieses Problem löste Northcott in [6]. Für Ringe A, die über einem Körper endlich erzeugt sind, liefert das Resultat von Northcott das Ergebnis von Zariski, da man dann bekanntlich von der Dimension eines lokalen Ringes auf seine Kodimension schließen kann (der Begriff Kodimension eines lokalen Ringes in einer gewissen Menge V von lokalen Ringen wird dabei im Sinne der kombinatorischen Kodimension aus [4] verwendet; vgl. auch [2]). Für beliebige noethersche Integritätsbereiche A ist das nicht möglich. Daher kann man als eigentliche Verallgemeinerung des Satzes von Zariski solche Aussagen ansehen, die (unter anderem) über die Dimension und die Kodimension der entsprechenden lokalen Ringe in dem monoidalen Bild von V Auskunft geben. Wir werden diese Aufgabe im folgenden für noethersche Integritätsschemata lösen und dabei noch die Zariskischen und Northcottschen Voraussetzungen über die Einfachheit z. T. abschwächen, indem wir statt regulärer lokaler Ringe Macaulay-Ringe betrachten. Speziell wird bewiesen, daß bei den betrachteten monoidalen Abbildungen jedes lokal Macaulaysche noethersche Integritätsschema in ein ebensolches übergeführt wird. Bezüglich der verwendeten Bezeichnungen sei auf [4] und die Arbeiten [1] und [2] verwiesen.

Ausgangspunkt ist ein gewisses noethersches Integritätsschema V, welches zwei Eigenschaften habe:

I. V ist die Vereinigungsmenge $\bigcup\limits_{i=1}^{n} M(A_i)$, wobei $A_1, \ldots, A_n$ Integritätsbereiche mit dem gleichen Quotientenkörper K sind und $M(B)$ für einen Integritätsbereich B stets die Menge aller Quotientenringe von B bezüglich Primidealen aus B bedeute.

II. Keine verschiedenen lokalen Ringe aus V werden von ein und demselben Bewertungsring von K dominiert.

Für die Elemente $x_1, x_2, \ldots, x_m$ aus K nennen wir mit den Bezeichnungen

$$x_i = \frac{a_{ji}}{a_{j0}}, \quad a_{jk} \in A_j; \quad j = 1, \ldots, n; \quad k = 0, \ldots, m; \quad i = 1, \ldots, m,$$

$$A_{jk}^* = A\left[\frac{a_{j0}}{a_{jk}}, \ldots, \frac{a_{jm}}{a_{jk}}\right], \quad 0 \leq k \leq m,$$

die Menge $V^* = \bigcup\limits_{j,k} M(A_{jk}^*)$ das durch $x_1, \ldots, x_m$ bestimmte monoidale Bild von V.

Mit V hat auch V^* die Eigenschaften I und II. Für $R \in V$ bzw. $R^* \in V^*$ bedeute codim R bzw. codim R^* stets die bzgl. V bzw. V^* definierte (kombinatorische) Kodimension.

Satz 1. *Sei $R \in V$ ein Macaulay-Ring und $\dim R = d$, $\operatorname{codim} R = c$ gesetzt. Dann existiert zu jeder Zahl i, $0 \leq i \leq d - 1$ ein monoidales Bild V_i^* von V mit den folgenden Eigenschaften:*

1. *In der Menge der R dominierenden lokalen Ringe aus V_i gibt es genau ein maximales Element R_i^*.*

2. *Es ist $\dim R_i^* = d - i$, $\operatorname{codim} R_i^* = c + i$.*

Beweis. Mit $a_1, \ldots, a_d$ als Parametersystem von R setzen wir $x_i =: \dfrac{a_i}{a_d}, i = 1, 2,$ $\ldots, d - 1$, und bezeichnen mit V_i^* das durch $x_1, \ldots, x_i$ bestimmte monoidale Bild von V. Sei $R_i =: R[x_1, \ldots, x_i]$. Nach [1], Lemma 2, ist $\mathfrak{m}^* =: \mathfrak{m}R_i$ ein über $\mathfrak{m}$ liegendes Primideal, $\mathfrak{m}$ bezeichne das Maximalideal von R, und daher $R_i^* =: (R_i)_{\mathfrak{m}^*}$ einziger maximaler Ring in der Menge der R dominierenden Ringe aus $M(R_i)$. Bezeichnet ν die durch die Ordnungsfunktion des Ideals $(a_1, \ldots, a_d)R$ bestimmte Bewertung von K, so überlegt man sich, daß

$$\bar{R}_j =: R\left[\frac{a_1}{a_j}, \ldots, \frac{a_i}{a_j}, \frac{a_d}{a_j}\right] \subseteq R_\nu, \quad j = \{1, \ldots, i, d\},$$

und ν in dem Ring R_j das Zentrum $\mathfrak{m}\bar{R}_j$ hat (dieser Gedanke ist im Beweis von [1], Lemma 2, ausführlich dargelegt). Daher ist R_i^* der einzige maximale Ring in der Menge der R dominierenden Ringe aus V_i. Sei Φ_i der kanonische Homomorphismus von R mit dem Kern $\mathfrak{m}R_i$ auf den Ring $\bar{\bar{R}}_i =: k_\mathfrak{m}[\bar{x}_1, \ldots, \bar{x}_i]$, $k_\mathfrak{m} =: R/\mathfrak{m}$, $\bar{x}_i$ bedeutet den $\mathfrak{m}R_i$-Rest von x_i. Der R-Rang von V_i^*, d. h. der Transzendenzgrad von

$\bar{\bar{R}}_i$ über $k_\mathfrak{m}$ (vgl. [2]), ist gleich i. Denn angenommen, es gibt ein Polynom $\bar{f}(X_1, \ldots, X_i)$ vom Grad t mit Koeffizienten aus $k_\mathfrak{m}$ mit $\bar{f}(\bar{x}_i \ldots, \bar{x}_i) = 0$. Dann bezeichne $f(X_1, \ldots X_i) \in R[X_1, \ldots, X_i]$ ein Urbild von f, dessen Koeffizienten Einheiten in R sind. Wegen $f(x_1, \ldots, x_i) \in \mathfrak{m} R_i$ ist für eine gewisse Zahl r

$$a_d^{r+t} \cdot f(x_1 \ldots, x_i) \in (\mathfrak{a} R_r)^{r+t} \cdot \mathfrak{m},$$

wobei $\mathfrak{a} =: (a_1, \ldots, a_d) R$ ist; $a_d^{r+t} f(x_1, \ldots, x_i)$ ist aber gleich $a_d^r \cdot g(a_1, \ldots, a_i, a_d)$, wobei $g(X_1, \ldots, X_{i+1})$ eine Form vom t-ten Grad mit Einheiten aus R als Koeffizienten ist. Das widerspricht aber einem bekannten Satz über das Parametersystem in einem lokalen Ring (vgl. [8], Kap. VIII, Satz 21). Die Aussage über die Kodimension von $R_i{}^*$ und die Behauptung 1 ergeben sich nun aus [2], Lemma 4.

Es bleibt die Behauptung über die Dimension von $R_i{}^*$ zu beweisen. Offenbar ist $\mathfrak{m}^*$ ein isoliertes Primideal von $\mathfrak{a} R_i = (a_{i+1}, \ldots, a_d) R_i$, denn jedes Primideal zwischen $\mathfrak{a} R_i$ und $\mathfrak{m}^*$ würde ein Primideal zwischen $\mathfrak{a}$ und $\mathfrak{m}$ bedeuten. Daher ist $h(\mathfrak{m})^* = \dim R_i{}^* \leq d - i$. Um $h(\mathfrak{m}^*) \geq d - i$ zu erhalten, zeigen wir, daß kein isoliertes Primideal von $(a_{i+1}, \ldots, a_{i+j}) R_i$ das Element a_{i+j+1} enthält, $1 \leq j \leq d - i - 1$. Denn dann enthält $\mathfrak{m}^*$ echt ein gewisses Primideal $\mathfrak{p}_1{}^*$ von $(a_{i+1}, \ldots, a_{d-1}) R_i$, $\mathfrak{p}_1{}^*$ enthält echt ein gewisses Primideal $\mathfrak{p}_2{}^*$ von $(a_{i+1}, \ldots, a_{d-2}) R_i$ usw. Schließlich enthält $\mathfrak{p}_{d-i-2}^*$ echt ein isoliertes Primideal $\mathfrak{p}_{d-i-1}^*$ von (a_{i+1}), und wegen

$$\mathfrak{m}^* \supset \mathfrak{p}_i{}^* \supset \cdots \supset \mathfrak{p}_{d-i-1}^* \supset (0)$$

gilt $h(\mathfrak{m}^*) \geq d - i$, d. h. $h(\mathfrak{m}^*) = \dim R_i{}^* = d - i$.
Sei nun $\mathfrak{q}^*$ ein isoliertes Primideal von $(a_{i+1}, \ldots, a_{i+j}) R_i$, $1 \leq j \leq d - i - 1$. Dann gilt mit $\mathfrak{q} =: \mathfrak{q}^* \cap R$ nach [1], Satz 1, $R_\mathfrak{q} = (R_i)_{\mathfrak{q}^*}$, und $\mathfrak{q}$ ist isoliertes Primideal von $(a_{i+1}, \ldots, a_{i+j}) R$, enthält also nicht das Element a_{i+j+1}, da die Elemente $a_1, \ldots, a_d$ eine Primfolge in R bilden. Damit ist Satz 1 bewiesen.

Satz 2. *Sind R, R_1 lokale Ringe aus V, R_1 eine Spezialisierung von R und Macaulay-Ring und wird $d =: \dim R$, $d_1 =: \dim R_1$, $c =: \operatorname{codim} R$, $c_1 =: \operatorname{codim} R_1$ gesetzt, so gibt es ein monoidales Bild V^* von V mit folgenden Eigenschaften:*
1. In der Menge der R bzw. R_1 dominierenden lokalen Ringe aus V^* gibt es genau ein maximales Element R^* bzw. $R_1{}^*$, wobei $R_1{}^*$ eine Spezialisierung von R^* ist.
2. Es gilt $\dim R^* = 1$, $\dim R_1{}^* = d_1 - d + 1$, $\operatorname{codim} R^* = d + c - 1$, $\operatorname{codim} R_1{}^* = d + c_1 - 1$. $R_1{}^*$ und R^* sind Macaulay-Ringe.

Beweis. Mit $R = (R_1)_\mathfrak{p}$ ist $\mathfrak{p} \subset R_1$ ein Primideal der Höhe d, und es existiert ein Parametersystem $(a_1, \ldots, a_{d_1})$ in R_1, für welches $\mathfrak{p}$ ein isoliertes Primideal des Teilsystems $(a_1, \ldots, a_d)$, $d \leq d_1$ ist. Sei V^* das durch die Elemente $\dfrac{a_1}{a_d}, \ldots, \dfrac{a_{d-1}}{a_d}$ bestimmte monoidale Bild von V. Durch Betrachtung der Ringe $\bar{R}_j =: R\left[\dfrac{a_1}{a_j}, \ldots, \dfrac{a_d}{a_j}\right]$ bzw. $\bar{\bar{R}}_j =: R_1\left[\dfrac{a_1}{a_j}, \ldots, \dfrac{a_d}{a_j}\right]$, $j = 1, \ldots, d$, überzeugt man sich wie Beweis des Satzes 1 davon, daß es in der Menge der R bzw. R_1 dominierenden Ringe aus V^* jeweils genau ein größtes Element gibt. Speziell folgt aus der Tatsache $\mathfrak{p}\bar{\bar{R}}_d \subset \mathfrak{m}_1 \bar{\bar{R}}_d$, $\mathfrak{m}_1$ das Maximalideal von R_1, da nach [1], Lemma 3, $\mathfrak{p}\bar{\bar{R}}_d$ ein Primideal ist, daß $R_1{}^*$ eine Spezialisierung von R^* darstellt.

Die behaupteten Dimensions- und Kodimensionsaussagen für $R_1{}^*$ und R^* folgen aus Satz 1 für $i = d - 1$. Wir haben noch zu zeigen, daß $R_1{}^*$ und damit auch der Quotientenring R^* ein Macaulay-Ring ist. Sei $\overline{\overline{R}}_d \subseteq R_1{}^*$. Mit $\mathfrak{a}_1 =: (a_1, \ldots, a_{d_1}) R_1$ gilt $\mathfrak{a}_1 R_d = (a_d, \ldots, a_{d_1}) \overline{\overline{R}}_d$. Nach [1], Lemma 2, ist $\mathfrak{m}_1{}^* = : \mathfrak{m}_1 \overline{\overline{R}}_d$ ein isoliertes Primideal von $\mathfrak{a}_1 \overline{\overline{R}}_1$. Daher ist $a_d, \ldots, a_{d_1}$ ein Parametersystem in $R_1{}^*$, und nach Definition eines Macaulay-Ringes haben wir $a_d, \ldots, a_{d_1}$ als Primfolge in R nachzuweisen.

Wir setzen $a_d = : a_{d_1+1}$, Nach [8], Anhang 5, Lemma 2, genügt es zu zeigen, daß aus der Annahme, ein isoliertes Primideal $\mathfrak{p}^{**}$ von $(a_{d+1}, \ldots, a_{d+j}) R_1{}^*$, $1 \leqq j \leqq d_1 - d$, enthalte das Element a_{d+j+1}, ein Widerspruch resultiert.

Sei also $a_{d+j+1} \in \mathfrak{p}^{**}$ angenommen. Dann ist $\mathfrak{p}^* = : \mathfrak{p}^{**} \cap \overline{\overline{R}}_d$ ein isolierter Primideal von $(a_{d+1}, \ldots, a_{d+j}) \overline{\overline{R}}_d$ und enthält a_{d+j+1}. Nach [1], Satz 1, ist dann $\overline{\mathfrak{p}} = : \mathfrak{p}^* \cap R_1$ ein isoliertes Primideal von $(a_{d+1}, \ldots, a_{d+j})$, welches das Element a_{d+j+1} enthält. Da die Elemente $a_1, \ldots, a_{d_1}$ eine Primfolge in R_1 bilden, bedeutet das einen Widerspruch. Damit ist $R_1{}^*$ ein Macaulay-Ring und der Satz 2 bewiesen.

Folgerung. *Ist mit den Bezeichnungen und Voraussetzungen von Satz 2 $R_1{}^{**}$ eine R_1 dominierende Spezialisierung von $R_1{}^*$, so ist $R_1{}^{**}$ ein Macaulay-Ring.*

Beweis. Man kann etwa $R_1{}^{**} = (\overline{\overline{R}}_d)_{\mathfrak{m}_1{}^{**}}$ annehmen. Das Primideal $\mathfrak{m}_1{}^{**}$ ist in einem maximalen Primideal aus $\overline{\overline{R}}_d$ enthalten, welches notwendig ebenfalls über $\mathfrak{m}_1$ liegt. Ist der Quotientenring von $\overline{\overline{R}}_d$ bzgl. dieses maximalen Primideals Macaulaysch, so gilt gleiches offenbar für $\mathfrak{m}_1{}^{**}$. Daher kann man o.B.d.A. $\mathfrak{m}_1{}^{**}$ als maximal ansehen.

Nach dem Beweis von Satz 1 ist

$$\tilde{R} = : \overline{\overline{R}}_d/\mathfrak{m}_1{}^* = k_{\mathfrak{m}_1}[\overline{x}_1, \ldots, \overline{x}_{d-1}]$$

ein Polynomring. Das Bildideal von $\mathfrak{m}_1{}^{**}$ in diesem Polynomring hat eine Basis

$$\overline{f}_1(\overline{x}_1, \ldots, \overline{x}_{d-1}), \ldots, \overline{f}_{d-1}(\overline{x}_1, \ldots, \overline{x}_{d-1})$$

aus $d - 1$ Elementen. Mit $f_k(x_1, \ldots, x_{d-1}) \in \overline{\overline{R}}_d$ als Urbild von $\overline{f}_k(\overline{x}_1, \ldots, \overline{x}_{d-1})$ bilden die Elemente

$$f_1, \ldots, f_{d-1}, a_d, \ldots, a_{d_1} \tag{1}$$

eine Primfolge und ein Parametersystem in dem lokalen Ring $(\overline{\overline{R}}_d)_{\mathfrak{m}_1{}^{**}}$. Dazu überlegt man sich zunächst, daß $\mathfrak{m}_1{}^{**}$ ein isoliertes Primideal des von dem System (1) in $\overline{\overline{R}}_d$ erzeugten Ideals ist und wegen $h(\mathfrak{m}_1{}^{**}) \geqq h(\mathfrak{m}^*) + d - 1 =: (d_1 - d + 1) + d - 1 = d_1$ das System (1) in $(\overline{\overline{R}}_d)$ tatsächlich ein Parametersystem ist. Die Primfolgeneigenschaft des Systems $a_d, \ldots, a_{d_1}$ in $R_1{}^{**}$ überlegt man sich ähnlich wie in obigem Beweis für den Ring $R_1{}^*$. Da ferner die Elemente $\overline{f}_1, \ldots, \overline{f}_{d-1}$ eine Primfolge in $\tilde{R}$ bilden, überlegt man sich leicht, daß auch das System (1) eine Primfolge in R darstellt.

LITERATUR

[1] BUROSCH, G.: Über Beziehungen zwischen den Primidealen noetherscher Integritätsbereiche mit gleichem Quotientenkörper III. Math. Nachr. (im Druck).

[2] BUROSCH, G.: Über die Erhöhung der Kodimension eines lokalen Ringes bei monoidalen Abbildungen. Math. Nachr. (im Druck)

[3] BUROSCH, G.: Verwandte Mannigfaltigkeiten. Habilitationsschrift, Rostock 1969.

[4] GROTHENDIECK, A., und J. DIEUDONNÉ: Eléments de géometrie algébrique I, IV$_1$, IV$_2$, IV$_3$. Publ. Math. Inst. des Hautes Etudes *4* (1960), *20* (1964), *24* (1965), *28* (1966).

[5] Kurke, H.: Einige Eigenschaften von quasiendlichen Morphismen. Monatsber. Dt. Akad. Wiss. Berlin, Bd. 9, Heft 4/5 (1967).
[6] Northcott, D. G.: On the algebraic foundations of the theory of local dilatations. Proc. London Math. Soc. (3) 6 (1956), 267—285.
[7] Zariski, O.: Foundations of a general theory of birational correspondences. Trans. Amer. Math. Soc. 53 (1943) 490—542.
[8] Zariski, O., and P. Samuel: Commutative algebra I, II. New York 1958, 1960.

Manuskripteingang: 27. 10. 1970

VERFASSER:

Gustav Burosch, Sektion Mathematik der Universität Rostock

Über Ringe mit eingeschränkter Minimalbedingung für Rechtsideale

Alfred Widiger

Herrn Prof. Dr. O.-H. Keller zum 65. Geburtstag gewidmet

1. Einleitung

Wir betrachten in dieser Arbeit assoziative Ringe.

Ein Ring R genügt der eingeschränkten Minimalbedingung für Rechtsideale, wenn für jedes Ideal $I \neq (0)$ von R der Faktorring R/I die Minimalbedingung für Rechtsideale erfüllt, d. h. wenn R/I Artinsch ist. Der Kürze halber werden wir einen solchen Ring in der vorliegenden Arbeit einen EMI-Ring nennen. Ein EMI-Ring soll EEMI-Ring heißen, wenn er nicht Artinsch ist (echt eingeschränkte Minimalbedingung).

Ganz analog ist ein EMA-Ring ein Ring mit eingeschränkter Maximalbedingung für Rechtsideale, und ein EEMA-Ring ist ein EMA-Ring, der nicht Noethersch ist.

Entsprechend verstehen wir unter einer EMI-Gruppe eine abelsche Gruppe mit eingeschränkter Minimalbedingung für Untergruppen und unter einer EEMI-Gruppe eine EMI-Gruppe ohne Minimalbedingung für Untergruppen.

Nach einigen notwendigen Vorbereitungen untersuchen wir das Verhältnis von EEMI-Ringen zu EEMA-Ringen (Sätze 1 und 2). In Abschnitt 4 wird im wesentlichen gezeigt, daß ein nilpotentes Ideal eines EEMI-Ringes höchstens den Nilpotenzgrad 2 hat. Abschnitt 5 beschäftigt sich mit der additiven Gruppe der EEMI-Ringe.

Dann klassifizieren wir in gewisser Weise alle nicht primen EEMI-Ringe (Satz 5). Als Folgerung erhalten wir ein Ergebnis über die EEMI-Ringe mit Minimalbedingung für Linksideale (Satz 6). Wir geben auch noch die Struktur der nicht primen Ringe mit echt eingeschränkter Minimalbedingung für Unterringe an (Satz 7).

2. Vorbereitungen

Für eine beliebige Primzahl p bezeichnet $Z(p^i)$ die zyklische Gruppe der Ordnung p^i, falls i eine nichtnegative ganze Zahl ist, bzw. die Prüfersche p-Gruppe, falls $i = \infty$ ist. $Z(\infty)$ soll die unendliche zyklische Gruppe darstellen. K_0 sei die additive Gruppe aller rationalen Zahlen. Das Zeichen $\sum$ soll stets die diskrete direkte Summe bezeichnen. $\bigoplus$ und $\sum^{\oplus}$ stehen für eine gruppentheoretische direkte Zerlegung. Für einen Ring

R und eine natürliche Zahl n sei R_n stets der Ring aller n-reihigen Matrizen mit Elementen aus R. $(R, +)$ sei die additive Gruppe von R.

Wir brauchen den folgenden einfachen, aber wichtigen

Hilfssatz 1 (Hsieh [5]). *Sind* $A \neq (0)$ *und* $B \neq (0)$ *zwei Ideale des EEMI-Ringes* R, *so ist* $A \cap B \neq (0)$.

Beweis. Es gibt eine echt absteigende unendliche Kette

$$J_1 \supset J_2 \supset \cdots \supset J_n \supset \cdots$$

von Rechtsidealen aus R. Da R ein EMI-Ring ist, gilt für eine natürliche Zahl N

$$J_N + A = J_{N+1} + A = \cdots .$$

Wegen $(J_n + A)/A \cong J_n/(J_n \cap A)$ für alle $n = 1, 2, \ldots$ folgt

$$J_N/(J_N \cap A) = J_{N+1}/(J_{N+1} \cap A) = \cdots.$$

Aus $J_N \supset J_{N+1} \supset \cdots$ folgt daher $J_N \cap A \supset J_{N+1} \cap A \supset \cdots$. Genauso schließt man, daß für eine natürliche Zahl $L \geq N$

$$(J_L \cap A) \cap B \supset (J_{L+1} \cap A) \cap B \supset \cdots,$$

also insbesondere $A \cap B \neq (0)$ gilt.

Es sei G eine torsionsfreie abelsche Gruppe und $a \neq 0$ ein Element aus G. Die größte nichtnegative ganze Zahl n, für die die Gleichung $p^n x = a$, mit einer Primzahl p, eine Lösung in G hat, heißt die Höhe von a bezüglich p, falls so ein größtes n existiert. Gibt es kein größtes n, so ist die Höhe von a bezüglich p gleich ∞. Denkt man sich die Menge aller Primzahlen in der natürlichen Ordnung aufgeschrieben und ist k_i die Höhe von a bezüglich der i-ten Primzahl p_i, so heißt das System $(k_1, k_2, \ldots, k_i, \ldots)$ die Höhe von a. In der Menge der Höhen kann man eine Halbordnung $\geq$ einführen durch die Definition: $(k_1, k_2, \ldots,) \geq (k_1', k_2', \ldots)$, wenn $k_i \geq k_i'$ für alle i. Man nennt zwei Höhen ähnlich, $(k_1, k_2, \ldots) \sim (k_1', k_2', \ldots)$, wenn $k_i = k_i'$ für fast alle i ist, und wenn $k_i \neq k_i'$ gilt, so soll weder k_i noch k_i' gleich ∞ sein. Die so definierte Ähnlichkeit ist eine Äquivalenzrelation (siehe [3], S. 145—147). Die Klassen ähnlicher Elemente werden Typen genannt. Gehört die Höhe des Elementes a zum Typ $\mathfrak{a}$, so sagt man auch, das Element a habe den Typ $\mathfrak{a}$. Man schreibt $\mathfrak{a} \geq \mathfrak{b}$ für zwei Typen $\mathfrak{a}$ und $\mathfrak{b}$, wenn es Höhen $H \in \mathfrak{a}$ und $H' \in \mathfrak{b}$ gibt, so daß $H \geq H'$ gilt. Dies ist eine Halbordnung. Für einen festen Typ $\mathfrak{a}$ sei $G(\mathfrak{a})$ die Menge aller Elemente aus G, deren Typ $\geq \mathfrak{a}$ ist. $G(\mathfrak{a})$ ist Untergruppe von G. Es sei U eine Untergruppe von G. U heißt Servanzuntergruppe, wenn jede Gleichung $nx = a (\in U)$, die eine Lösung in G hat, auch eine Lösung in U hat (n ist eine beliebige natürliche Zahl). $G(\mathfrak{a})$ ist Servanzuntergruppe von G.

Jetzt können wir einen Satz von Fuchs über die additive Gruppe der EMI-Ringe formulieren:

Hilfssatz 2 (Fuchs [3], S. 289). *Es sei* R *ein EMI-Ring. Ist* R *torsionsfrei, so haben alle Elemente den gleichen Typ* $(k_1, k_2, \ldots)$ *mit* $k_i = 0$ *oder* $k_i = \infty$. *Ist* R *nicht torsionsfrei, so hat die additive Gruppe* $(R, +)$ *von* R *die Struktur*

$$(R, +) = \sum{}^{\oplus} K_0 \oplus \sum_{\text{endl.}}{}^{\oplus} Z(p_i^{\infty}) \oplus \sum_{p^k/m}{}^{\oplus} Z(p^k),$$

wobei m eine feste natürliche Zahl ist und nur endlich viele Summanden der Form $Z(p_i^\infty)$ vorkommen.

Für den Beweis verweisen wir auf [3].

Hilfssatz 3. *Ist G eine abelsche EEMI-Gruppe, so ist G isomorph zur Gruppe aller rationalen Zahlen der Form*

$$\frac{r}{q_1^{n_1} \cdots q_l^{n_l}},$$

wobei eine beliebige ganze Zahl im Zähler steht und $q_1, \ldots, q_l$ endlich viele feste Primzahlen sind.

Beweis. G erfülle die Voraussetzungen des Satzes. G ist torsionsfrei, da G anderenfalls einen direkten Summanden $Z(p^k)$ (k natürliche Zahl oder ∞) enthielte ([7], S. 251), was nicht möglich ist (Hilfssatz 1 für EEMI-Gruppen!). G hat den Rang 1, da die Faktorgruppe nach der von einem beliebigen von Null verschiedenen Element erzeugten Untergruppe Minimalbedingung hat, also Torsionsgruppe ist. Die abelschen Gruppen vom Rang 1 sind aber bekannt ([3], S. 149). Da G eine EEMI-Gruppe sein soll, folgt die Behauptung.
Wir bemerken, daß die Elemente von G alle den gleichen Typ $(k_1, k_2, \ldots)$ haben, wo fast alle $k_i = 0$ sind und genau die $k_i = \infty$, für die p_i unter den Primzahlen $q_1, \ldots, q_l$ vorkommt. Ist die Primzahlmenge $q_1, \ldots, q_l$ leer, so liegt die unendliche zyklische Gruppe vor.

3. Zusammenhang zwischen EMI- und EMA-Ringen

FUCHS und SZELE haben ein notwendiges und hinreichendes Kriterium dafür angegeben, daß ein Artinscher Ring Noethersch sei. Die umgekehrte Fragestellung ist von KERTÉSZ vollständig behandelt worden. Die Ergebnisse sind:

Satz (FUCHS, SZELE [4]). *Ein Artinscher Ring ist genau dann Noethersch, wenn er keine Untergruppen vom Typ $Z(p^\infty)$ enthält.*

Satz (KERTÉSZ [8]). *Ein Noetherscher Ring R ist genau dann Artinsch, wenn die folgenden zwei Bedingungen erfüllt sind:*

(a) *Der Linksannullator jedes Faktorringes ist endlich.*

(b) *Jedes Primideal P von R ist maximal, und R/P ist Artinsch.*

Man kann die entsprechende Frage auch für die eingeschränkte Minimal- bzw. die eingeschränkte Maximalbedingung stellen. In einem Fall ergibt sich ein völlig analoges Resultat, nämlich:

Satz 1. *Ein EEMA-Ring ist genau dann ein EEMI-Ring, wenn die beiden folgenden Bedingungen erfüllt sind.*

(a) *Der Linksannullator jedes echten Faktorringes ist endlich.*

(b) *Jedes Primideal $P \neq (0)$ ist maximal, und der Faktorring nach P ist Artinsch.*

Beweis. R sei EEMI- und zugleich EEMA-Ring. Bedingung (a) ist nach dem Satz von KERTÉSZ erfüllt. Ist $P \neq (0)$ ein Primideal von R, so ist R/P Artinsch und prim, also einfach.

(a) und (b) seien erfüllt. Wäre R Artinsch, so wäre nach dem Satz von Fuchs und Szele R auch Noethersch. Es sei $J \neq (0)$ ein Ideal von R, $\overline{R} = R/J$ und $\overline{P}$ ein Primideal von $\overline{R}$. P sei das vollständige Urbild von $\overline{P}$ in R. P ist ein Primideal von R. Offenbar gilt $R/P \cong \overline{R}/\overline{P}$. Auf der linken Seite steht wegen (b) ein einfacher Artinscher Ring. Also sind für den Faktorring R/J die Voraussetzungen des Satzes von Kertész erfüllt. Mit diesem folgt die Behauptung.

Folgerung (Ornstein [10]). *Ein Ring R mit Einselement ist genau dann ein EMI-Ring, wenn die folgenden Bedingungen erfüllt sind:*

(a) *R ist ein EMA-Ring.*

(b) *Für jedes Primideal $P \neq (0)$ von R ist R/P ein einfacher Artinscher Ring.*

Satz 2. *Genau dann ist der EEMI-Ring R kein EMA-Ring, wenn $R^2 = (0)$ und $(R, +) \neq Z(\infty)$ ist.*

Beweis. Ist R nicht torsionsfrei, so ist R nach dem ersten Teil des Beweises von Satz 4 ein beschränkter p-Ring. (Dabei ist also nicht Satz 3 und damit auch nicht Satz 2 benutzt worden.) Als EMI-Ring ist R dann auch ein EMA-Ring.
Es sei jetzt R torsionsfrei, und $A \neq (0)$ sei ein Ideal von R, so daß R/A eine Untergruppe $Z(p^\infty)$ enthält. Es sei B das von A erzeugte Servanzideal; wir bilden auch $A(\mathfrak{a})$, wobei $\mathfrak{a}$ der (feste) Typ der Elemente von R sei (Hilfssatz 2). Da B/A ein $Z(p^\infty)$ enthält, liegt $A(\mathfrak{a})$ echt in A. Alle Elemente von RA und AR haben den Typ $\mathfrak{a}$. Es ist also $A(\mathfrak{a}) \neq (0)$, falls nicht $RA = AR = (0)$ gilt. Sei dies nicht der Fall, und sei C das von $A(\mathfrak{a})$ erzeugte Servanzideal, so ist $RB, BR \subseteqq C$ wegen $RA, AR \subseteqq A(\mathfrak{a})$. Daraus folgt, daß die Untergruppen, die zwischen B und C liegen, Ideale sind. Aber B/C ist torsionsfrei, folglich ohne Minimalbedingung für Untergruppen, was nicht sein darf.[1]
Es sei nun A der Annullator $\bigl(\neq (0)\bigr)$ von R. Jede Untergruppe des Annullators ist ein Ideal von R, folglich ist $(A, +)$ eine EEMI-Gruppe. Ist für eine Primzahl p die Gleichung $px = a (a \in A)$ in R lösbar, so liegt die Lösung schon in A wegen der Torsionsfreiheit von R. Also ist A ein Servanzideal, und alle Elemente von R haben den Typ $(k_1, k_2, \ldots)$ wie in Hilfssatz 3. Wir wollen $R = A$ zeigen. Wäre $R \neq A$, so wäre $R/A = \overline{R}$ ein torsionsfreier Artinscher Ring. $\overline{R}$ wäre daher kein Zeroring und $(\overline{R}, +)$ eine teilbare abelsche Gruppe. Es existieren Elemente $\bar{a}, \bar{r} \in \overline{R}$ mit $\bar{a}\bar{r} \neq 0$. Die Gleichungen

$$q^n \bar{x} = \bar{a}, \quad n = 1, 2, \ldots,$$

haben Lösungen $\bar{x}_n$ in $\overline{R}$. Es sei q eine Primzahl p_i, so daß im Typ $\mathfrak{a} = (k_1, k_2, \ldots)$ der Elemente von R $k_i = 0$ gilt. Es folgt

$$q^n x_n - a \in A.$$

Also $q^n x_n r - ar = 0$, da A der Annullator von R ist. Das heißt, ar hat bezüglich q die Höhe ∞, was nach der Wahl von q nicht sein kann. Es müßte also $ar = 0$ sein, im Widerspruch zu $\bar{a}\bar{r} \neq 0$. R ist also Zeroring, und es gilt natürlich $(R, +) \neq Z(\infty)$. Umgekehrt ist ein EEMI-Ring, der Zeroring ist, kein EMA-Ring, falls $(R, +) \neq Z(\infty)$ ist, wie aus Hilfssatz 3 folgt.

---

[1] Bis hierher folgt der Beweis Fuchs [3], S. 290.

4. Das Baersche Radikal eines EEMI-Ringes

Das Baersche Radikal B eines Ringes R kann definiert werden als das kleinste Radikal mit der Eigenschaft, daß alle nilpotenten Ringe B-Radikalringe sind ([1]). B ist gleich dem Durchschnitt aller Primideale des Ringes R.

Ein Ring heißt semiprim, wenn er keine von Null verschiedenen nilpotenten Ideale besitzt. Genau dann ist ein Ring semiprim, wenn sein Baersches Radikal gleich Null ist.

Hilfssatz 4. *Ein nilpotenter Ring R ist genau dann ein EEMI-Ring, wenn $(R, +)$ eine EEMI-Gruppe ist.*

Beweis. Ist $(R, +)$ eine EEMI-Gruppe, so ist der nilpotente Ring R sicher EMI-Ring. Wäre R Artinsch, so hätte $(R, +)$ Minimalbedingung für Untergruppen ([7], S. 228). Es sei nun R ein EEMI-Ring mit dem Nilpotenzgrad k. R/R^{k-1} ist ein nilpotenter Artinscher Ring, d. h., $(R/R^{k-1}, +)$ genügt der Minimalbedingung für Untergruppen. Jede Untergruppe von $(R^{k-1}, +)$ ist ein Ideal von R, folglich ist $(R^{k-1}, +)$ eine EEMI-Gruppe. Wegen Hilfssatz 2 ist R also nicht Torsionsring. Es folgt, daß R torsionsfrei ist, denn der Faktorring von R nach dem maximalen Torsionsideal wäre sonst ein nilpotenter Artinscher Ring, also Torsionsring.

Es sei $U \neq (0)$ eine beliebige Untergruppe von $(R, +)$. Es ist

$$\{U, (R^{k-1}, +)\} \,/\, (R^{k-1}, +) \cong U/\big(U \cap (R^{k-1}, +)\big).$$

Links steht eine Torsionsgruppe, daher gilt $U \cap (R^{k-1}, +) \neq (0)$. $U \cap (R^{k-1}, +)$ ist aber sogar Ideal von R, also $R/\big(U \cap (R^{k-1}, +)\big)$ ein nilpotenter Artinscher Ring. Folglich ist $(R, +)/\big(U \cap (R^{k-1}, +)\big)$ und erst recht $(R, +)/U$ eine Gruppe mit Minimalbedingung für Untergruppen. Damit ist Hilfssatz 4 bewiesen.

Satz 3. *Das Baersche Radikal B eines EEMI-Ringes R ist ein Zeroring.*

Beweis. Ist $B = (0)$, so ist der Satz richtig. Es sei $B \neq (0)$, d. h., R enthalte ein nilpotentes Ideal $J \neq (0)$. Da R/J Artinsch ist, ist B/J nilpotent, also auch B nilpotent. (Genauso zeigt man, daß auch das Jacobson-Radikal in diesem Fall nilpotent ist.) Ist $R = B$, so folgt aus Hilfssatz 4 und Hilfssatz 3, daß R ein Zeroring ist (denn R hat Nullteiler). Es bleibt nur noch der Fall, daß $R \neq B$ ist. Sei $B^k \neq (0)$, $B^{k+1} = (0)$. Wir nehmen an, es wäre $k > 1$. R/B^k ist ein Artinscher Ring, also B^{k-1}/B^k ein Artinscher R/B^k-Modul. B^{k-1}/B^k wird zu einem R/B-Modul durch die Definition

$$\bar{a}\,\bar{\bar{r}} = \bar{a}\,\bar{r} \quad (\bar{a} \in B^{k-1}/B^k, \bar{r} \in R/B^k, \bar{\bar{r}} \in R/B).$$

Hierbei stimmen die R/B^k-Untermoduln mit den R/B-Untermoduln überein. Also ist B^{k-1}/B^k ein Artinscher R/B-Modul. R/B ist ein halbeinfacher Artinscher Ring. Nach dem Satz von Goldmann ([7], S. 205) gilt

$$B^{k-1}/B^k = \bar{H} \oplus \bar{M}_1 \oplus \cdots \oplus \bar{M}_n, \tag{1}$$

wobei $\bar{H}$ ein trivialer R/B-Modul ist, und die $\bar{M}_j$ einfache unitäre R/B-Moduln sind. Da B^{k-1}/B^k Artinscher R/B-Modul ist, genügt $\bar{H}$ der Minimalbedingung für Untergruppen. Wegen Satz 2 hat R/B^k Maximalbedingung für Rechtsideale. Nach dem Satz von Fuchs und Szele bedeutet das, daß in R/B^k und daher in B^{k-1}/B^k keine quasizyklischen Untergruppen vorkommen, also ist $\bar{H}$ endlich.

Es seien $\bar{x}_j \in \overline{M}_j$ $(j = 1, 2, \ldots, n)$ Basiselemente von $\overline{M}_j$. Nach (1) kann man jedes Element aus B^{k-1} in der folgenden Form schreiben:

$$a = g + \sum_{j=1}^{n} x_j r_j + z,$$

wobei g, x_j feste Urbilder aus B^{k-1} von $\bar{g} \in \overline{H}$ bzw. $\bar{x}_j$ sind, und $r_j \in R$, $z \in B^k$ ist. R/B^2 ist ein Artinscher Ring, B/B^2 ein Artinscher R/B^2-Modul und wie oben ein R/B-Modul. Wie oben schließt man

$$B/B^2 = \overline{H}^* \oplus \overline{M}_1^* \oplus \cdots \oplus \overline{M}_m^*. \tag{1'}$$

$\overline{H}^*$ ist ein trivialer endlicher R/B-Modul, $\overline{M}_i^*$ $(i = 1, \ldots, m)$ sind einfache unitäre R/B-Moduln. Für jedes $b \in B$ gilt

$$b = g^* + \sum_{i=1}^{m} x_i^* r_i^* + z^* \tag{2}$$

mit $\bar{g}^* \in \overline{H}^*$; $\bar{x}_i^*$ erzeugendes Element von $\overline{M}_i^*$; g^*, x_i^* feste Urbilder aus B von $\bar{g}^*$ bzw. $\bar{x}_i^*$; $z^* \in B^2$.

Es sei $x \in B^k = B^{k-1} B$; $x = \sum_l a_l b_l$, $a_l \in B^{k-1}$, $b_l \in B$. Es folgt

$$x = \sum_l \left(g_l + \sum_{j=1}^{n} x_j r_{jl} + z_l \right) \left(g_l^* + \sum_{i=1}^{m} x_i^* r_{il}^* + z_l^* \right). \tag{3}$$

Wegen $B^{k+1} = (0)$ bleiben beim Ausmultiplizieren nur Produkte der Form

$$g_l g_h^*, \; g_l x_i^* r_i^*, \; x_j r_j g_h^*, \; x_j r_j x_i^* r_i^*$$

übrig. Offenbar gilt $r_j g_h^*, r_j x_i^* r_i^* \in B$. Man stelle diese Elemente nach (2) dar und setze in die ausmultiplizierte Formel (3) ein. Man erhält, daß sich jedes Element aus B^k als eine endliche Summe schreiben läßt:

$$x = \sum g_l g_h^* + \sum g_l x_i^* r_{li} + \sum x_j g_h^* + \sum x_j x_i^* r_{ji}$$

mit $g_l g_h^*, g_l x_i^*, x_j g_h^*, x_j x_i^* \in B^k$; $r_{li}, r_{ji} \in R$. Also erzeugen die endlich vielen Elemente $g_l g_h^*, x_j g_h^*, x_j x_i^*, g_l x_i^*$ den R-Modul B^k. Man kann B^k wie oben als einen R/B-Modul auffassen, wobei wieder die R/B-Untermoduln mit den R-Untermoduln übereinstimmen. Nach dem Satz von Goldmann gilt

$$B^k = H \oplus \sum_\nu M_\nu, \tag{4}$$

wobei H ein trivialer R/B-Modul ist und die M_ν einfache und unitäre R/B-Moduln sind. Da B^k endlich erzeugt wird, kommen nur endlich viele M_ν vor. $\bar{1}$ sei das Einselement von R/B, 1 ein Urbild von $\bar{1}$ aus R (1 ist nicht notwendig Einselement von R). Es gilt

$$(x_j x_i^*)\, \bar{1} = (x_j x_i^*)\, 1 = x_j (x_i^*\, 1).$$

Es ist aber mit $\bar{1} \in R/B^2$: $\bar{x}_i^*\,\bar{1} = \bar{x}_i^*\,\bar{\bar{1}} = \bar{x}_i^*$, da $\overline{M}_i^*$ ein unitärer R/B-Modul war. Das bedeutet $x_i^* 1 = x_i^* + z^*$, $z^* \in B^2$, also $(x_j x_i^*)\bar{1} = x_j x_i^*$, woraus $x_j x_i^* \in \sum_\nu M_\nu$ folgt. Die Elemente $g_l g_h^*, x_j g_h^*, g_l x_i^*$ haben endliche Ordnung, da g_h^* und g_l endliche Ordnung modulo B^2 bzw. B^k haben. Daher wird der triviale Modul H von endlich vielen Elementen endlicher Ordnung erzeugt, ist also endlich.

Das bedeutet, daß B^k ein Artinscher R-Modul ist. Da R/B^k Artinsch ist, würde folgen, daß R Artinsch wäre, im Widerspruch zur Voraussetzung. Es gilt also $B^2 = (0)$. Damit ist der Beweis des Satzes in allen Teilen erbracht.

Für EEMI-Ringe mit Einselement findet sich das Ergebnis auch bei ORNSTEIN ([10]).

5. Die additive Gruppe der EEMI-Ringe

Wir geben den folgenden Hilfssatz ohne Beweis an.

Hilfssatz 5 ([7], S. 71). *Es sei die additive Gruppe $(A, +)$ eines Unterringes A des Ringes R ein direkter Summand der Gruppe $(R, +)$:*

$$(R, +) = (A, +) \oplus (C, +).$$

Gibt es in R ein Rechtseinselement mod A, d. h. ein Element $e \in R$ mit $x - xe \in A$ für jedes $x \in R$, und gilt $AC = CA = (0)$, so ist A ein direkter Summand von R.

Satz 4. *Die additive Gruppe $(R, +)$ eines EEMI-Ringes R ist entweder torsionsfrei (dann haben alle Elemente von R den gleichen Typ $(k_1, k_2, \ldots)$ mit $k_i = 0$ oder $k_i = \infty$), oder $(R, +)$ ist eine unendliche elementare abelsche p-Gruppe, d. h., es gibt eine Primzahl p mit $pR = (0)$. Umgekehrt läßt sich auf jeder unendlichen elementaren abelschen p-Gruppe ein EEMI-Ring aufbauen.*

Beweis. Nach Hilfssatz 2 ist der erste Teil des Satzes richtig. Es sei jetzt $(R, +)$ nicht torsionsfrei. Hilfssatz 2 liefert

$$(R, +) = \sum{}^{\oplus} K_0 \oplus T,$$

wobei T das maximale Torsionsideal von R ist. Wegen der Teilbarkeit von $\sum{}^{\oplus} K_0$ gilt offenbar $T \sum{}^{\oplus} K_0 = (0) = (\sum{}^{\oplus} K_0) T$. R/T ist ein torsionsfreier Artinscher Ring und besitzt als solcher ein Rechtseinselement ([7], S. 235). Daher sind die Voraussetzungen von Hilfssatz 5 erfüllt. T ist also direkter Summand von R. Hilfssatz 1 liefert $R = T$, und aus dem gleichen Grunde ist R ein p-Ring. Die quasizyklischen Untergruppen fehlen, da sie im Annullator liegen. R ist also sogar ein beschränkter p-Ring.
Wir bemerken, daß damit auch der Beweis des Satzes 2 vollständig ist.
Angenommen, es gilt $pR \neq (0)$. Da pR ein nilpotentes Ideal von R ist, gilt für das Baersche Radikal B von R $B \neq (0)$, aber nach Satz 3 ist $B^2 = (0)$. Daraus folgt (wegen $pR \subseteq B$) $pBR = RpB = (0)$, d. h., pB liegt im Annullator von R. Daher ist entweder $pB = (0)$, oder pB genügt der echt eingeschränkten Minimalbedingung für Untergruppen. Letzteres kann aber nicht sein, da R ein Torsionsring ist. R/B hat als Artinscher R-Modul (R/B-Modul) eine direkte Zerlegung,

$$R/B = \overline{M}_1 \oplus \cdots \oplus \overline{M}_l,$$

in einfache unitäre R-Moduln $\overline{M}_i$. Es sei $\overline{x}_i$ ein Basiselement von $\overline{M}_i$. Jedes Element $r \in R$ besitzt eine Darstellung

$$r = x_1 r_1 + \cdots + x_l r_l + r' \quad (r' \in B, r_i \in R),$$

wobei die x_i feste Urbilder von $\overline{x}_i$ sind. Es folgt

$$pr = (px_1) r_1 + \cdots + (px_l) r_l,$$

da $pB = (0)$ ist. pR ist aber auch ein R/B-Modul (wobei die R-Untermoduln wieder mit den R/B-Untermoduln übereinstimmen). Also hat pR nach dem Satz von GOLD-MANN eine Darstellung

$$pR = H \oplus \sum M_\nu,$$

wobei H trivial ist, und die M_ν einfache und unitäre R/B-Moduln sind. Aber die endlich vielen Elemente px_i $(i = 1, 2, \ldots, l)$ erzeugen pR, daher kommen nur endlich viele M_ν vor, und da R ein Torsionsring ist, ist H auch endlich. Also ist pR ein Artinscher R-Modul. Da R/pR ein Artinscher Ring ist, müßte R Artinsch sein, im Widerspruch zur Voraussetzung.

Umgekehrt baue man auf $G = \sum_{\text{unendl.}}^{\oplus} Z(p)$ einen Körper K auf, was stets möglich ist. Dann ist der Matrizenring

$$\begin{bmatrix} K & K \\ 0 & 0 \end{bmatrix}$$

ein EEMI-Ring mit zu G isomorpher additiver Gruppe.

6. Die Struktur der nicht primen EEMI-Ringe

Hilfssatz 6. *Für einen EEMI-Ring sind die folgenden Bedingungen äquivalent*:

(a) *R ist prim.*

(b) *R ist semiprim.*

Beweis. Es ist nur zu zeigen, daß aus (b) die Bedingung (a) folgt. Seien $A \neq (0)$, $C \neq (0)$ zwei Ideale von R. Wäre $AC = (0)$, so folgte $(A \cap C)^2 \subseteq AC = (0)$. Wegen (b) ergibt sich $A \cap C = (0)$, im Widerspruch zu Hilfssatz 1.

Ein EEMI-Ring ist also entweder ein Primring, oder er besitzt ein von Null verschiedenes nilpotentes Ideal. Die primen EEMI-Ringe sind von HSIEH in [5] untersucht worden. Wir betrachten im folgenden nicht prime EEMI-Ringe. Diese besitzen also ein von Null verschiedenes (Jacobson-) Radikal, das nach Satz 3 ein Zeroring ist.

Satz 5. *Es sei R ein nicht primer EEMI-Ring. Dann gehört R zu genau einer der folgenden vier Klassen, und jeder Ring aus einer dieser Klassen ist ein nicht primer EEMI-Ring*:

(I) $R^2 = (0)$, $(R, +)$ *ist eine EEMI-Gruppe, hat also die Struktur von Hilfssatz 3.*

II) *R ist voller Matrizenring über einem vollständig primären nicht primen EEMI-Ring $A: R = A_m$. Ist C das Radikal von A, so gilt $C^2 = (0)$, und C ist als A/C $(=S)$-Rechtsmodul isomorph zu einer diskreten direkten Summe von Exemplaren des Schiefkörpers S*:

$$C \cong \sum_{\nu \in \Gamma} x_\nu S, \quad |\Gamma| \geq \aleph_0. \tag{*}$$

Entsprechend gilt

$$C \cong \sum_{\mu \in \Lambda} S y_\mu \tag{**}$$

als S-Linksmodul. Ist $D \neq (0)$ *ein in C liegendes Ideal von A, so gilt die Zerlegung in S-Rechtsmoduln:*

$$C = D \oplus D',$$

wobei D' in endlich viele einfache Summanden zerfällt.

(III) *R ist isomorph zum Ring quadratischer Matrizen der Form*

$$S_n \begin{bmatrix} \begin{bmatrix} S & 0 & \cdots & 0 \\ S & 0 & \cdots & 0 \\ \vdots & \vdots & & \vdots \\ S & 0 & \cdots & 0 \end{bmatrix} \\ 0 \qquad\qquad 0 \end{bmatrix}$$

mit einem unendlichen Schiefkörper S.

(IV) *R besitzt die gruppentheoretische direkte Zerlegung*

$$R = S_n \oplus K_m \oplus B. \tag{1}$$

Dabei sind S und K Schiefkörper gleicher Charakteristik, B ist das Radikal von R, und es gilt

$$B^2 = S_n K_m = K_m S_n = B S_n = K_m B = (0). \tag{2}$$

B ist unitärer K_m-Rechts- und S_n-Linksmodul, d. h., es gilt

$$B \cong \sum_{\nu \in \Gamma} x_\nu \begin{bmatrix} K & K & \cdots & K \\ 0 & 0 & \cdots & 0 \\ \vdots & \vdots & & \vdots \\ 0 & 0 & \cdots & 0 \end{bmatrix}, \quad |\Gamma| \geqq \aleph_0, \tag{*}$$

$$B \cong \sum_{\mu \in \Lambda} \begin{bmatrix} S & 0 & \cdots & 0 \\ S & 0 & \cdots & 0 \\ \vdots & \vdots & & \vdots \\ S & 0 & \cdots & 0 \end{bmatrix} y_\mu. \tag{**}$$

Für jedes zweiseitige Ideal D von R, das in B liegt, gilt die Zerlegung als K_m-Rechtsmodul:

$$B = D \oplus D',$$

und D' zerfällt in nur endlich viele einfache Summanden.

Beweis. Ist R nilpotent, so trifft (I) zu (Hilfssatz 3 und Satz 3), und jeder Ring aus (I) ist offenbar ein EEMI-Ring. Es sei R nicht nilpotent. Für das Radikal $B \neq (0)$ von R gilt nach Satz 3 $B^2 = (0)$. R/B ist ein halbeinfacher Artinscher Ring. Nach [6], S. 56, existiert für R eine gruppentheoretische direkte Zerlegung

$$R = e_1 R e_1 \oplus \cdots \oplus e_l R e_l \oplus U, \tag{3}$$

wobei die e_i orthogonale Idempotente und die $e_i R e_i$ volle Matrizenringe über vollständig primären Ringen sind. U ist eine Untergruppe von B.

Wir betrachten den Fall $U = (0)$. Wegen Hilfssatz 1 ist $R = e_1 R e_1$, und R ist also voller Matrizenring über einem vollständig primären Ring $A : R = A_m$. A ist offenbar selbst nicht primer EEMI-Ring; für das Radikal C von A gilt also $C^2 = (0)$. Daher ist C auch ein A/C-Modul $(A/C = S =$ Schiefkörper) und zwar ein unitärer, da A ein Einselement hat. Also gelten in der Tat (*) und (**) in Satz 5, (II). Die Indexmenge Γ ist unendlich, da anderenfalls C ein Artinscher A-Modul, folglich auch A ein Artinscher Ring wäre. Ist D ein zweiseitiges Ideal von A, das in C liegt, so ist D direkter Summand von C ([7], S. 108). Da A/C Artinsch ist, zerfällt der zu D komplementäre direkte Summand in endlich viele einfache Summanden. Umgekehrt ist ein Ring wie unter (II) im Satz nicht Artinsch. Sei $D \neq (0)$ ein Ideal von A. Wäre $D \cap C = (0)$, so wählen wir ein $0 \neq d \in D$. Da $Cd \subseteq C \cap D = (0)$ folgt, ist auch $C\bar{d} = (\bar{0})$ $(\bar{d} \in A/C)$, was wegen (*) und $\bar{d} \neq \bar{0}$ nicht sein kann. Also gilt $D \cap C \neq (0)$. Da dann nach Voraussetzung $C/(C \cap D)$ Artinscher A-Modul ist, ist $A/(C \cap D)$ und erst recht A/D Artinscher Ring.

Wir nehmen jetzt an, daß $U \neq (0)$ ist. Das Radikal von $e_i R e_i$ ist $e_i B e_i$ ([7], S. 157). Wegen $B^2 = (0)$ ist $e_i B e_i$ ein Ideal von R. Daher ist nach Hilfssatz 1 höchstens für ein i, etwa $i = 1$, $e_i B e_i \neq (0)$. $e_j B$ und $B e_j$ sind für $j \neq 1$ Ideale von R. Gilt $e_1 B e_1 \neq (0)$, so folgt wegen $e_j B \cap e_1 B e_1 = (0)$ auch $e_j B = (0)$ und entsprechend $B e_j = (0)$. Dies besagt insbesondere, daß $e_j R e_j$ ein Ideal von R ist. Daher gilt $e_j R e_j = (0)$ wieder wegen $e_j R e_j \cap e_1 B e_1 = (0)$. Das würde bedeuten:

$$R = e_1 R e_1 \oplus U. \tag{4}$$

Es sei $0 \neq r \in U, e_1 r = r'$, also $e_1 (r - r') = 0$. $(r - r') e_1 R e_1$ ist ein Ideal J von R mit $e_1 B e_1 \cap J = (0)$, also $J = (0)$, d. h., $(r - r')$ liegt im Annullator A von R. A ist Ideal von R, und wegen $A \cap e_1 B e_1 = (0)$ ist $A = (0)$. Das bedeutet $e_1 r = r$, und analog folgt $r e_1 = r$, also $e_1 r e_1 = r$, d. h. $U \subseteq e_1 R e_1$, im Widerspruch zu (4).

Wir haben $e_i B e_i = (0)$ für alle i gezeigt, d. h. die $e_i R e_i$ sind volle Matrizenringe über Schiefkörpern. Wegen $B e_i \cap B e_j = (0)$ für $i \neq j$ gilt für höchstens ein i $e_i B \neq (0)$ und für höchstens ein j $B e_j \neq (0)$. Insbesondere kann daher nur sein:

$$R = e_1 R e_1 \oplus e_2 R e_2 \oplus B. \tag{5}$$

Wir nehmen zuerst an, daß $B e_i = (0)$ für $i = 1, 2$; d. h., B liegt im Linksannullator von R. Da auch etwa $e_2 B = (0)$ ist, folgt

$$R = eRe \oplus B.$$

Es sei $b \in B, eb = b'$. $b - b' \neq 0$ bedeutet, daß R einen von Null verschiedenen Annullator A besitzt. Offenbar gilt $A \subseteq B$. A müßte eine EEMI-Gruppe sein. Dann hätten alle Elemente von R einen Typ wie in Hilfssatz 3. $R/B \cong eRe$ wäre aber ein torsionsfreier Artinscher Ring, d. h., die Elemente von eRe hätten den Typ $(\infty, \infty, \ldots)$. Dies ist der Widerspruch. Also ist e ein Linkseinselement von R. B ist deshalb die direkte Summe von minimalen eRe-Linksmoduln. Wir setzen $eRe = S_n$ mit dem Schiefkörper S. Wegen Hilfssatz 1 kann nur ein direkter Summand vorkommen. Es gilt also (III). S ist unendlich, da anderenfalls R endlich wäre.

Umgekehrt ist ein Ring aus Satz 5, (III) ein EEMI-Ring.

Jetzt bleibt noch der Fall, daß etwa $B e_2 \neq (0)$ ist. Es folgt $e_2 B = (0)$, da wegen $e_2 B e_2 = (0)$ auch $B e_2 \cap e_2 B = (0)$ ist. Wäre $e_1 R e_1 = (0)$, so läge B im Rechtsannullator von R.[1]) Wie oben zeigt man, daß e_2 ein Rechtseinselement von R und B die direkte Summe von mehr als einem (nämlich unendlich vielen) Rechtsidealen (e_2Re_2-Rechtsmoduln) ist. Jedes solche Rechtsideal ist aber ein Ideal, und daher ergibt sich ein Widerspruch zu Hilfssatz 1. Folglich gilt (5) mit $Be_1 = e_2B = (0)$. B ist ein e_2Re_2-Rechtsmodul, also (nach dem Satz von GOLDMANN) die direkte Summe eines unitären vollständig reduziblen e_2Re_2-Rechtsmoduls und eines trivialen Moduls E. Offenbar sind aber beide Moduln zweiseitige Ideale von R. Wegen Hilfssatz 1 und $B_2e \neq (0)$ gilt $E = (0)$. Ebenso erhält man, daß B auch ein unitärer e_1Re_1-Linksmodul ist.

Wir setzen noch $e_1Re_1 = S_n$, $e_2Re_2 = K_m$ (S, K Schiefkörper). Dann sind (1), (2), (*) und (**) von Satz 5, (IV) klar. Die letzte Behauptung folgt wie die unter (II).

Umgekehrt sei $D \neq (0)$ ein Ideal eines Ringes R wie unter (IV) von Satz 5. Wir brauchen nur zu zeigen, daß $D \cap B \neq (0)$ ist. Sei $0 \neq d \in D$, $d = e_1r_1e_1 + e_2r_2e_2 + b$. Ist $b \neq 0$, so folgt $e_1de_2 = e_1be_2 = b \in D \cap B$. Ist $b = 0$, so ist etwa $0 \neq e_1r_1e_1 \in D$. Da e_1Re_1 ein einfacher Ring ist, folgt $e_1Re_1 \subseteq D$, also $e_1 \in D$. Das bedeutet $e_1B = B \subseteq D$.

Damit ist Satz 5 bewiesen.

Wir geben zwei Beispiele zu Satz 5 an. Der Ring

$$\begin{bmatrix} K_0 & K_0 \\ 0 & 0 \end{bmatrix}$$

gehört zur Klasse (III). Der Ring

$$\begin{bmatrix} L(x) & L(x) \\ 0 & L \end{bmatrix},$$

wobei L ein beliebiger Körper und x transzendent über L ist, gehört zu (IV).

SZÁSZ ([11]) hat eine Klasse von Ringen konstruiert, die genau drei Linksideale haben, aber nicht der Minimalbedingung für Rechtsideale genügen. Diese Ringe gehören zur Klasse (I) (siehe für die Konstruktion auch [7], S. 148).

ORNSTEIN hat in [10] die EMI-Ringe mit Einselement untersucht. Wir weisen darauf hin. daß die nicht primen EEMI-Ringe mit Einselement gerade die Ringe unter (II) und (IV) sind.

7. Folgerungen

Die Ringe von Satz 5, (III) sind EEMI-Ringe, die der Minimalbedingung für Linksideale genügen. Man kann die Frage nach allen solchen Ringen stellen. So ein Ring kann nicht radikalfrei sein, da er dann auch der Minimalbedingung für Rechtsideale genügen würde. Er besitzt daher ein von Null verschiedenes nilpotentes Ideal, ist also ein nicht primer EEMI-Ring. Daher folgt unmittelbar:

Satz 6. *Die EEMI-Ringe mit Minimalbedingung für Linksideale sind die Ringe von Satz 5, (II), (III), (IV), wobei in den Formeln* (**) *von* (II) *und* (IV) *die Indexmenge Λ endlich ist.*

---

[1]) Dies ist aber möglich bei Satz 7.

Ein Ring mit echt eingeschränkter Minimalbedingung für Unterringe werde ein EEMU Ring genannt. Da ein EEMU-Ring ein EMI-Ring ist, gelten die Hilfssätze 1 und 2 auch für EEMU-Ringe. Auch der Satz 3 gilt für EEMU-Ringe. Man schließt nämlich so: Der Nilpotenzgrad von B sei wieder $k+1$ und $k > 1$. Der Zeroring B^{k-1}/B^k von R/B^k hat Minimalbedingung für Unterringe, ist also endlich, da keine quasi-zyklischen Untergruppen vorkommen können. Ebenso ist B/B^2 endlich. Hieraus folgt wegen $B^{k+1} = (0)$, daß auch B^k endlich sein müßte. Daraus und aus der Tatsache, daß R/B^k-Minimalbedingung für Unterringe hat, würde folgen, daß auch R Minimalbedingung für Unterringe hat.

Auch Satz 4 gilt dann für EEMU-Ringe, und man kann daher bei der Untersuchung der nichtprimen EEMU-Ringe genauso vorgehen wie beim Beweis von Satz 5. Man erhält:

Satz 7. *Es sei R ein nicht primer EEMU-Ring. Dann gehört R zu genau einer der folgenden vier Klassen, und jeder Ring aus einer dieser Klassen ist ein nicht primer EEMU-Ring. Diese Ringe sind abzählbar.*

(I) *$R^2 = (0)$, $(R, +)$ ist EEMI-Gruppe, hat also die Struktur von Hilfssatz 3.*

(II) *R ist ein vollständig primärer Ring, $R/B = S$ ist ein unendlicher Körper mit Minimalbedingung für Unterkörper. Es gilt $B^2 = (0)$. B ist ein unendliches minimales Ideal von R.*

(III) $R \cong \begin{bmatrix} K & K \\ 0 & 0 \end{bmatrix}$ *oder* $R \cong \begin{bmatrix} K & 0 \\ K & 0 \end{bmatrix}$,

wobei K ein unendlicher Körper mit Minimalbedingung für Unterkörper ist.

(IV) *R besitzt die gruppentheoretische Zerlegung*

$$R = L \oplus K \oplus B,$$

wobei K, L Körper gleicher Charakteristik mit Minimalbedingung für Unterkörper sind. Es gilt

$$B^2 = LK = KL = KB = BL = (0).$$

B ist ein unendliches minimales Ideal von R; B ist unitärer K-Rechts- und L-Linksmodul.

Beweis. Wir führen den Beweis nur soweit aus, wie er nicht mit dem Beweis des Satzes 5 übereinstimmt. Gilt $R^2 = (0)$, so ist (I) klar. Sei $R^2 \neq (0)$. Wäre R ein voller Matrizenring vom Grad > 1 über einem vollständig primären Ring, so wäre R/B ein Matrizenring vom Grad > 1 über einem Schiefkörper, könnte also keine Minimalbedingung für Unterringe haben [9]. Also ist R vollständig primär. R/B ist ein Schiefkörper mit Minimalbedingung für Unterringe, also (vgl. [12]) ein Körper mit Minimalbedingung für Unterkörper. R/B ist insbesondere abzählbar. B ist notwendig unendlich.

Für jedes $0 \neq b (\in B)$ hat $S = R/B$ die gleiche Mächtigkeit wie bR. Wegen der Abzählbarkeit von S ist also bR und damit auch $R(bR)$ abzählbar. $B/R(bR)$ ist endlich, B folglich abzählbar und schließlich R abzählbar. Wäre S endlich, so auch das von Null verschiedene Ideal $R(bR)$ (R ist Torsionsring), was nicht sein kann. Ist D ein Ideal von R mit $D \subsetneqq B$, so ist B/D einerseits ein (unitärer) S-Modul, andererseits endlich, falls $D \neq (0)$ ist. Da S unendlich ist, folgt dann $D = B$. Schließt man weiter wie im Beweis von Satz 5, so kommt man zu (III) und (IV). Der Ring $\begin{bmatrix} K & K \\ 0 & 0 \end{bmatrix}$ ist zu $\begin{bmatrix} K & 0 \\ K & 0 \end{bmatrix}$ antiisomorph.[1]) Daß B auch im Fall (IV) minimales Ideal ist, folgt wie bei (II), denn mindestens einer der beiden Körper L und K muß unendlich sein. Auch das folgt wie im Beweis von (II).

---

[1]) Zum Ring $\begin{bmatrix} K & 0 \\ K & 0 \end{bmatrix}$ siehe die Fußnote im Beweis von Satz 5.

LITERATUR

[1] DIVINSKY, N. J.: Rings and radicals. Allen and Unwin, London 1965.

[2] FUCHS, L.: Ringe und ihre additive Gruppe. Publ. Math. Debrecen *4* (1956) 488—508.

[3] FUCHS, L.: Abelian groups. Akadémiai Kiadó, Budapest 1958.

[4] FUCHS, L., und T. SZELE: On Artinian rings. Acta Sci. Math. Szeged *17* (1956) 30—40.

[5] HSIEH, P. C.: Rings with semi-minimum condition. Scientia Sinica *14* (1965) 343—362.

[6] JACOBSON, N.: Structure of rings. Amer. Math. Soc. Colloquium Publications, vol. 37, Providence 1956.

[7] KERTÉSZ, A.: Vorlesungen über artinsche Ringe. Akadémiai Kiadó/B. G. Teubner, Budapest/Leipzig 1968.

[8] KERTÉSZ, A.: Noethersche Ringe, die artinsch sind. Acta Sci. Math. Szeged *31* (1970) 219—221.

[9] KERTÉSZ, A. und A. WIDIGER: Artinsche Ringe mit artinschem Radikal. J. Reine Angew. Math. *242* (1970) 8—15.

[10] ORNSTEIN, A. J.: Rings with restricted minimum condition. Proc. Amer. Math. Soc. *19* (1968) 1145—1150.

[11] SZÁSZ, F.: Über Ringe mit Minimalbedingung für Hauptrechtsideale III. Acta Math. Acad. Sci. Hungar. *14* (1963) 447—461.

[12] ШНЕЙДМЮЛЛЕР, В. И.: Бесконечные кольца с конечными убывающими цепями подколец. Мат. Сб. Н. С. *27* (62) (1950) 219—228.

Manuskriptabgabe: 28. 10. 1970

VERFASSER:

ALFRED WIDIGER, Sektion Mathematik der Martin-Luther-Universität Halle—Wittenberg

Verallgemeinerung eines Satzes von Prüfer und Baer

Reiner Fritzsche

Herrn Prof. Dr. O.-H. Keller zum 65. Geburtstag gewidmet

Ein Satz von H. Prüfer [4] und R. Baer [1] besagt, daß jede primäre abelsche Gruppe, deren Elemente von beschränkter Ordnung sind, eine direkte Summe zyklischer Gruppen ist. Ein Analogon zu diesem Satz läßt sich für eine Klasse algebraischer modularer Verbände, die die Klasse der Untergruppenverbände der primären abelschen Gruppen umfaßt, beweisen.

1. Es sei P ein algebraischer (d. h. kompakt erzeugter vollständiger) modularer Verband, $0 \in P$ sei das Nullelement, $1 \in P$ das Einselement von P. Für $a, b \in P$ mit $a \leq b$ bilden alle $x \in P$ mit $a \leq x \leq b$ einen Unterverband von P, welcher mit b/a bezeichnet werden soll. Da P modular ist, gilt für beliebige Elemente $a, b \in P$ stets $(a \cap b)/a \simeq b/(a \cap b)$ (siehe z. B. [3]).

Ein Element $z \in P$ heiße genau dann ein *ausgezeichnetes Element*, wenn z kompakt ist und wenn $z/0$ eine endliche Kette ist. Die Länge dieser Kette werde mit $O(z)$ bezeichnet und heiße die *Ordnung* des Elementes z. Z sei die Menge der ausgezeichneten Elemente von P. Ist $z \in Z$, so ist z' durch $z' \leq z$ und $O(z') = O(z) - 1$ im Fall $z > 0$ bzw. $0' \overset{\text{def}}{=\!=} 0$ eindeutig definiert. Für ein beliebiges Element $a \in P$ werde gesetzt:

$$a' \overset{\text{def}}{=\!=} \bigcup_{(\text{alle})\, z \leq a} z' \qquad (z \in Z),$$

$$a^{(n)} \overset{\text{def}}{=\!=} (a^{(n-1)})' \qquad (n \geq 1),$$

$$a^{(0)} \overset{\text{def}}{=\!=} a.$$

2. Ist P ein algebraischer modularer Verband, welcher die Eigenschaften

$$(\mathrm{I}) \qquad a \in P \Rightarrow a = \bigcup_{\nu \in N} z_\nu, \qquad z_\nu \in Z;$$

$$(\mathrm{II}) \qquad z \leq \bigcup_{\nu \in N} b_\nu \Rightarrow z' \leq \bigcup_{\nu \in N} b_\nu' \qquad (z \in Z, b_\nu \in P)$$

besitzt, wobei N jeweils eine geeignete Indexmenge bezeichnet, so gelten die folgenden Hilfssätze.

Hilfssatz 1. $a \in P \Rightarrow a' \leq a$.

Beweis. Es ist $a = \bigcup\limits_{z \leq a} z$ nach (I) und $a' = \bigcup\limits_{z \leq a} z'$ sowie $z' \leq z$ nach Definition. Daher gilt $\bigcup\limits_{z \leq a} z' \leq \bigcup\limits_{z \leq a} z$, also $a' \leq a$, q.e.d.

Hilfssatz 2. $a \leq \bigcup\limits_{\nu \in N} b_\nu \; (a, b_\nu \in P) \Rightarrow a' \leq \bigcup\limits_{\nu \in N} b_\nu'$.

Beweis. $a = \bigcup\limits_{z \leq a} z \leq \bigcup\limits_{\nu \in N} b_\nu \Rightarrow z \leq \bigcup\limits_{\nu \in N} b_\nu$ für alle $z \leq a \Rightarrow z' \leq \bigcup\limits_{\nu \in N} b_\nu'$ für alle $z \leq a$ nach (II) $\Rightarrow \bigcup\limits_{z \leq a} z' = a' \leq \bigcup\limits_{\nu \in N} b_\nu'$, q.e.d.

Hilfssatz 3. $\left(\bigcup\limits_{\nu \in N} a_\nu \right)^{(n)} = \bigcup\limits_{\nu \in N} a_\nu^{(n)}$ für beliebige Elemente $a_\nu \in P \, (\nu \in N)$ und alle natürlichen Zahlen $n \geq 1$.

Beweis. Es ist nach (I) $\bigcup\limits_{\nu \in N} a_\nu = \bigcup\limits_{\nu \in N} \left(\bigcup\limits_{z \leq a_\nu} z \right) = \bigcup\limits_{z \leq \bigcup\limits_{\nu \in N} a_\nu} z$.

Falls $c = \bigcup\limits_{z \leq c} z \Rightarrow c^{(n)} = \bigcup\limits_{z \leq c} z^{(n)}$ für alle $n \geq 1$ bewiesen ist, folgt $\left(\bigcup\limits_{\nu \in N} a_\nu \right)^{(n)} = \bigcup\limits_{z \leq \bigcup\limits_{\nu \in N} a_\nu} z^{(n)}$ $= \bigcup\limits_{\nu \in N} \left(\bigcup\limits_{z \leq a_\nu} z^{(n)} \right) = \bigcup\limits_{\nu \in N} a_\nu^{(n)}$ für alle $n \geq 1$, was zu beweisen war.

Es sei also $c = \bigcup\limits_{z \leq c} z$. Dann gilt $c' = \bigcup\limits_{z \leq c} z'$ nach Definition. Unter der Annahme $c^{(n-1)} = \bigcup\limits_{z \leq c} z^{(n-1)}$ für $n \geq 2$ gilt für jedes Element $z \leq c$ stets $z^{(n-1)} \leq c^{(n-1)}$, also $z^{(n)} \leq c^{(n)}$ nach (II), also gilt

$$\bigcup\limits_{z \leq c} z^{(n)} \leq c^{(n)}. \tag{1}$$

Andererseits ist $c^{(n)} = (c^{(n-1)})' = \bigcup\limits_{z \leq c^{(n-1)}} z'$. Für jedes Element $y \in Z$ mit $y \leq c^{(n-1)}$ gilt nach Annahme $y \leq \bigcup\limits_{z \leq c} z^{(n-1)}$, also $y' \leq \bigcup\limits_{z \leq c} z^{(n)}$ nach (II), woraus $\bigcup\limits_{z \leq c^{(n-1)}} z' \leq \bigcup\limits_{z \leq c} z^{(n)}$ folgt. Hieraus und aus (1) ergibt sich die Behauptung.

3. Im folgenden bezeichne $\sum\limits_{\nu \in N} b_\nu$ stets die *direkte Vereinigung* der Elemente $b_\nu \in P$. Gemäß [2] heiße eine Untermenge $Q \subseteq P$ genau dann *unabhängig*, wenn die direkte Vereinigung der Elemente von Q existiert, und *maximal unabhängig* in R, wenn unter der Voraussetzung $Q \subseteq R \subseteq P$ außerdem für jedes Element $c \in R$ die Relation $c \cap \left(\sum\limits_{d \in Q} d \right) > 0$ besteht. Ferner heiße eine unabhängige Menge kompakter Elemente des Verbandes P genau dann eine *Basis* von P, wenn deren direkte Vereinigung das Einselement von P ist. Bilden insbesondere ausgezeichnete Elemente von P eine Basis, so werde diese eine *ausgezeichnete Basis* genannt. Dann kann der zu beweisende Satz folgendermaßen formuliert werden.

Satz. *Es sei P ein algebraischer modularer Verband mit den Eigenschaften* (I), (II) (siehe oben) *sowie*

(III) $z_1 \leq z_2 \cup a$ *und* $z_1 \nleq z_2' \cup a \Rightarrow z_2 \leq z_1 \cup a$ $(z_1, z_2 \in Z, a \in P)$;

(IV) $a^{(n)} \leq b^{(n)}$ *und* $a^{(n-1)} \nleq b^{(n-1)} \Rightarrow$ *es existiert ein Element* $z \in Z$ *mit* $z \leq a \cup b$, $z^{(n)} = 0$ *und* $z^{(n-1)} \nleq b^{(n-1)}$ $(a, b \in P, n \geq 1)$;

(V) $O(z) \leq n$ *für alle* $z \in Z$, *wobei n eine natürliche Zahl ist.*

Dann besitzt P eine ausgezeichnete Basis.

Beweis. Da jedes ausgezeichnete Element kompakt ist, ist eine Untermenge $Y \subseteq Z$ genau dann unabhängig, wenn jede endliche Untermenge von Y unabhängig ist, so daß nach dem Lemma von Teichmüller—Tukey jede Untermenge von Z eine maximale unabhängige Untermenge enthält. Ist $Z_\nu \subseteq Z$ die Menge aller Elemente $z \in Z$ mit $O(z) \geq \nu$, so enthält insbesondere Z_n eine maximale unabhängige Untermenge W_n (wobei ohne Einschränkung der Allgemeinheit $Z_n \neq \emptyset$ vorausgesetzt werden kann), und diese kann zu einer maximalen unabhängigen Untermenge W_{n-1} von Z_{n-1} erweitert werden. Ist allgemein W_{n-r+1} eine maximale unabhängige Untermenge von Z_{n-r+1} $(1 \leq r < n)$, so existiert eine maximale unabhängige Menge $W_{n-r} \subseteq Z_{n-r}$ mit der Eigenschaft $W_{n-r+1} \subseteq W_{n-r}$. Nach $t < n$ Schritten bricht das Erweiterungsverfahren ab, so daß $W \overset{\text{def}}{=} W_{n-t}$ eine maximale unabhängige Untermenge von Z mit

$$W_n \subseteq W_{n-1} \subseteq \cdots \subseteq W_{n-t} = W \subseteq Z$$

ist. Setzt man

$$w_\nu \overset{\text{def}}{=} \sum_{z \in W_\nu} z \quad (\nu = n - t, \ldots, n), \quad w \overset{\text{def}}{=} w_{n-t},$$

so gilt

$$z \in Z \text{ und } O(z) = 1 \Rightarrow z \leq w,$$

denn aus $z \nleq w$ würde $z \cap w = 0$ folgen im Widerspruch zur Maximalität von W. Unter der Annahme, daß die Aussage

$$z \in Z \text{ und } O(z) \leq k - 1 \Rightarrow z \leq w$$

richtig ist, sei $z \in Z$ ein Element mit den Eigenschaften

$$O(z) = k \text{ und } z \nleq w.$$

Dann gilt $z \notin W_k$ und, da W_k maximal unabhängig in Z_k ist, $z \cap w_k > 0$. Wegen $z \in Z$ existiert daher eine natürliche Zahl r mit $1 \leq r < k$ und

$$z \cap w_k = z^{(r)} \leq w_k, \quad z^{(r-1)} \nleq w_k.$$

Nunmehr werde angenommen, daß die folgende Aussage richtig ist:

$$\left. \begin{array}{l} z_0 \in Z \text{ mit } z_0 \leq w_k \text{ und } O(z_0) = k - s \ (1 \leq s < k) \Rightarrow \text{ es existiert} \\ \text{ein Element } y_0 \in P \text{ sowie eine ganze Zahl } j \text{ mit } y_0 \leq w_k, z_0^{(j)} \leq y_0^{(s+j)} \\ \text{und } 0 \leq j < k - s. \end{array} \right\} \quad \text{(A)}$$

Setzt man $z_0 = z^{(r)}$ und $s = r$, so folgt die Existenz eines Elementes $y_0 \leq w_k$ mit $z^{(r+j)} \leq y_0^{(r+j)}$ $(0 \leq j < k - r)$, und wegen $y_0^{(r-1)} \leq y_0 \leq w_k$ und $z^{(r-1)} \nleq w_k$

existiert eine ganze Zahl j' mit $0 \leqq j' \leqq j$, so daß

$$z^{(r+j')} \leqq y_0^{(r+j')}, \quad z^{(r+j'-1)} \nleqq y_0^{(r+j'-1)}$$

gilt. Nach (IV) existiert daher ein Element $y_1 \in Z$ mit den Eigenschaften

$$y_1 \leqq y_0 \cup z, \quad y_1^{(r+j')} = 0, \quad y_1^{(r+j'-1)} \nleqq y_0^{(r+j'-1)}, \tag{2}$$

woraus $O(y_1) = r + j' < k$ und nach Induktionsannahme $y_1 \leqq w$ folgt. Nimmt man an, daß

$$y_1 \leqq y_0 \cup z'$$

gilt, so folgt unter Benutzung der Hilfssätze 2 und 1

$$y_1^{(r+j'-1)} \leqq y_0^{(r+j'-1)} \cup z^{(r+j')} \leqq y_0^{(r+j'-1)} \cup y_0^{(r+j')} = y_0^{(r+j'-1)}$$

im Widerspruch zu (2). Aus der Annahme

$$y_1 \nleqq y_0 \cup z'$$

folgt andererseits nach (III)

$$z \leqq y_0 \cup y_1 \leqq w_k \cup w = w,$$

was der Voraussetzung über z widerspricht. Diese Voraussetzung ist daher unzulässig, und es gilt

$$z \leqq w \text{ für alle } z \in Z,$$

also

$$a = \bigcup_{z \leqq a} z \leqq w \text{ für alle } a \in P,$$

was mit

$$w = 1$$

gleichbedeutend ist. W ist demnach eine ausgezeichnete Basis von P.

Es muß nun noch die Richtigkeit der Aussage (A) nachgewiesen werden. Da jedes ausgezeichnete Element $z_0 \in Z$ nach Voraussetzung kompakt ist, folgt aus $z_0 \leqq w_k$ stets $z_0 \leqq \sum_{i=1}^m z_i$, wobei $\{z_1, \ldots, z_m\}$ eine geeignete endliche Untermenge der Menge W_k ist, und $y \leqq \sum_{i=1}^m z_i \Rightarrow y \leqq w_k$ gilt für jedes Element $y \in P$ und jede endliche Untermenge $\{z_1, \ldots, z_m\} \subseteq W_k$. Es genügt daher, für jede endliche Untermenge $\{z_1, \ldots, z_m\}$ von W_k zu beweisen, daß aus $z_0 \in Z$ mit $z_0 \leqq \sum_{i=1}^m z_i$ und $O(z_0) = k - s$ $(1 \leqq s < k)$ die Existenz eines Elementes $y_0 \in P$ und einer ganzen Zahl j mit $y_0 \leqq \sum_{i=1}^m z_i$, $z_0^{(j)} \leqq y_0^{(s+j)}$ und $0 \leqq j < k - s$ folgt. Dies ist mittels vollständiger Induktion möglich.

Für $m = 1$ ist $z_0 \leqq z_1$, also $z_0 = z_1^{(t)}$ mit $t \overset{\text{def}}{=} O(z_1) - O(z_0) \geqq k - (k - s) \geqq s$, so daß $z_0 \leqq z_1^{(s)}$, also $z_0^{(j)} \leqq y_0^{(s+j)}$ mit $y_0 \overset{\text{def}}{=} z_1$ und $j = 0$ gilt. Es werde angenommen, daß die Behauptung für jede Untermenge $\{z_1, \ldots, z_{m'}\} \subseteq W_k$ mit $m' < m$ richtig ist, und es sei

$$z_0 \leqq \sum_{i=1}^m z_i.$$

Falls

$$z_0 \cap \sum_{l=1}^{m'} z_{i_l} > 0 \quad (1 \leq i_1 < \cdots < i_{m'} \leq m)$$

mit $1 \leq m' < m$ gilt, ist

$$z_0 \cap \sum_{l=1}^{m'} z_{i_l} = z_0^{(h)} \quad \left(0 \leq h < O(z_0)\right),$$

woraus wegen $O(z_0^{(h)}) = O(z_0) - h = k - (s + h) > 0$, d. h. $1 \leq s + h < k$, nach Induktionsannahme die Existenz eines Elementes $y_0 \leq \sum\limits_{l=1}^{m'} z_{i_l} \leq \sum\limits_{i=1}^{m} z_i$ und einer ganzen Zahl $j' \left(0 \leq j' < k - (s + h)\right)$ mit $z_0^{(h+j')} \leq y_0^{(s+h+j')}$ folgt, so daß die Behauptung mit $j \overset{\text{def}}{=\!=} h + j' < k - s$ richtig ist. Es muß demnach noch der Fall

$$z_0 \cap \sum_{i=1}^{m-1} z_i = z_0 \cap z_m = 0$$

untersucht werden. Zur Abkürzung werde

$$v_m \overset{\text{def}}{=\!=} \sum_{i=1}^{m-1} z_i, \quad x \overset{\text{def}}{=\!=} z_0 \cup z_m, \quad y \overset{\text{def}}{=\!=} z_0 \cup v_m$$

gesetzt. Da P modular ist, gilt

$$x/z_m \cong z_0/(z_0 \cap z_m) = z_0/0. \tag{3}$$

Ferner ist

$$(x \cap y) \cup z_m = (z_m \cup y) \cap x = (x \cup y) \cap x = x,$$

also

$$x/z_m \cong (x \cap y)/\left((x \cap y) \cap z_m\right) = (x \cap y)/(y \cap z_m). \tag{4}$$

Weiterhin gilt

$$(x \cap v_m) \cup (y \cap z_m) = \left((x \cap v_m) \cup z_m\right) \cap y = x \cap y,$$

so daß

$$(x \cap y)/(y \cap z_m) \cong (x \cap v_m)/\left((x \cap v_m) \cap (y \cap z_m)\right) = (x \cap v_m)/0 \tag{5}$$

folgt. Des weiteren gelten die Gleichungen

$$z_0 \cup (y \cap z_m) = (z_0 \cup z_m) \cap y = x \cap y, \tag{6}$$

$$z_0 \cup (x \cap v_m) = (z_0 \cup v_m) \cap x = x \cap y, \tag{7}$$

woraus sich

$$(x \cap y)/z_0 \cong (y \cap z_m)/\left((y \cap z_m) \cap z_0\right) = (y \cap z_m)/0, \tag{8}$$

$$(x \cap y)/z_0 \cong (x \cap v_m)/\left((x \cap v_m) \cap z_0\right) = (x \cap v_m)/0 \tag{9}$$

ergibt. Aus (3), (4), (5) folgt

$$(x \cap v_m)/0 \cong z_0/0, \tag{10}$$

was insbesondere bedeutet, daß $(x \cap v_m)/0$ eine Kette der Länge $k - s$ ist, so daß

$$z_* \overset{\text{def}}{=\!=} x \cap v_m$$

die Eigenschaften $z_* \in Z$, $O(z_*) = k - s$, $z_* \leqq v_m$ besitzt, woraus nach Induktionsannahme die Existenz eines Elementes $y_* \in P$ und einer ganzen Zahl j mit

$$y_* \leqq v_m, \quad z_*^{(j)} \leqq y_*^{(s+j)}, \quad 0 \leqq j < k - s \tag{11}$$

folgt. Aus (8), (9), (10) ergibt sich

$$(x \cap y)/z_0 \cong (y \cap z_m)/0 \cong (x \cap v_m)/0 \cong z_0/0, \tag{12}$$

so daß diese Unterverbände sämtlich Ketten der Länge $k - s$ sind. Sind $u, v \in P$ Elemente mit

$$0 \leqq u \leqq x \cap v_m, \quad 0 \leqq v \leqq y \cap z_m,$$

so gilt $u, v \in Z$ wegen (12), $u \cap v = 0$ wegen $v_m \cap z_m = 0$ und

$$z_0 \leqq v \cup z_0 \leqq x \cap y, \quad z_0 \leqq u \cup z_0 \leqq x \cap y \tag{13}$$

wegen (6) bzw. (7). Ist

$$O(u) \leqq O(v),$$

so ergibt sich aus (12) und (13) $u \cup z_0 \leqq v \cup z_0 = (u \cup v) \cup z_0$, und daher gilt

$$\big((u \cup v) \cap z_0\big) \cup v = (v \cup z_0) \cap (u \cup v) = u \cup v.$$

Hieraus und aus

$$\big((u \cup v) \cap z_0\big) \cap v = v \cap z_0 \leqq z_m \cap z_0 = 0$$

folgt schließlich

$$\big((u \cup v) \cap z_0\big)/0 \cong (u \cup v)/v \cong u/(u \cap v) = u/0,$$

so daß wegen $(u \cup v) \cap z_0 \leqq z_0 \in Z$

$$(u \cup v) \cap z_0 = z_0^{(g)} \leqq u \cup v \tag{14}$$

mit $g = k - s - O(u)$ gelten muß. Es sei jetzt

$$y_0 \overset{\text{def}}{=\!=} y_* \cup z_m^{(k')}$$

mit $k' \overset{\text{def}}{=\!=} O(z_m) - k \geqq 0$. Dann gilt nach Hilfssatz 3 und (11)

$$y_0^{(s+j)} = y_*^{(s+j)} \cup z_m^{(s+j+k')} \geqq z_*^{(j)} \cup z_m^{(s+j+k')}. \tag{15}$$

Dabei ist

$$0 < z_*^{(j)} \leqq z_* = x \cap v_m, \quad 0 < z_m^{(s+j+k')} \leqq y_0 \cap z_m,$$

letzteres wegen

$$O(z_m^{(s+j+k')}) = O(z_m) - (s + j + k') = O(z_m) - (s + j + O(z_m) - k)$$
$$= k - s - j \leqq k - s = O(y \cap z_m)$$

nach (12).

Da auch $O(z_*^{(j)}) = k - s - j$ gilt, ist die Voraussetzung

$$O(z_*^{(j)}) \leq O(z_m^{(s+j+k')})$$

erfüllt, so daß aus (14)

$$z_0^{(g)} \leq z_*^{(j)} \cup z_m^{(s+j+k')}$$

mit $g = k - s - O(z_*^{(j)}) = k - s - (k - s - j) = j$ folgt. Zusammen mit (15) liefert dies

$$z_0^{(j)} \leq y_0^{(s+j)},$$

was zu beweisen war.

LITERATUR

[1] BAER, R.: Der Kern, eine charakteristische Untergruppe. Comp. Math. *1* (1934) 254—283.
[2] KERTÉSZ, A.: Zur Theorie der kompakt erzeugten modularen Verbände. Publ. Math. Debrecen *15* (1968) 1—11.
[3] KUROŠ, A. G.: Vorlesungen über allgemeine Algebra. B. G. Teubner Verlagsgesellschaft, Leipzig 1964.
[4] PRÜFER, H.: Untersuchungen über die Zerlegbarkeit der abzählbaren primären abelschen Gruppen. Math. Z. *17* (1923) 35—61.

Manuskripteingang: 12. 11. 1970

VERFASSER:

REINER FRITZSCHE, Sektion Mathematik der Martin-Luther-Universität Halle—Wittenberg

Die irreduziblen Darstellungen abelscher Gruppen über beliebigen Körpern

Gerhard Pazderski

Herrn Prof. Dr. O.-H. Keller zum 65. Geburtstag gewidmet

Einleitung

Die irreduziblen Darstellungen einer endlichen abelschen Gruppe $\mathfrak{g}$ über einem algebraisch abgeschlossenen Körper K mit einer die Ordnung von $\mathfrak{g}$ nicht teilenden Charakteristik sind wohlbekannt. Ist $a_1, \ldots, a_r$ eine Basis von $\mathfrak{g}$, so wähle man zu jedem a_i in K eine Einheitswurzel ζ_i, deren Ordnung mit der Ordnung h_i von a_i übereinstimmt. Dann durchläuft

$$a_1{}^{x_1} a_2{}^{x_2} \cdots a_r{}^{x_r} \to \zeta_1{}^{t_1 x_1} \zeta_2{}^{t_2 x_2} \cdots \zeta_r{}^{t_r x_r} \tag{1}$$

alle irreduziblen Darstellungen von $\mathfrak{g}$ über K und jede genau einmal, wenn $t_1, t_2 \ldots, t_r$ alle n-Tupel ganzer rationaler Zahlen mit $0 \leqq t_i < h_i$ für $i = 1, \ldots, r$ durchläuft. Nun führen gewisse Anwendungen der Darstellungstheorie auf endliche Gruppen häufig zu Darstellungen über solchen Grundkörpern, die entweder nicht algebraisch abgeschlossen sind oder eine die Gruppenordnung teilende Charakteristik haben. Das typische Beispiel hierfür sind Gruppen mit einem elementar abelschen p-Normalteiler. Die Faktorgruppe nach diesem Normalteiler erfährt auf ihm als Darstellungsmodul in bekannter Weise (vgl. auch § 2) eine Darstellung über $GF(p)$. Diese Darstellung spiegelt die Transformationswirkung der Gesamtgruppe auf den Normalteiler wider. Hierbei kann p die Ordnung der Faktorgruppe teilen. Bei Betrachtung der Darstellung im Zusammenhang mit der Gruppenstruktur ist es prinzipiell unmöglich, den Grundkörper $GF(p)$ durch einen umfassenderen, etwa einen algebraisch abgeschlossenen Oberkörper, zu ersetzen. Somit scheint die Zugrundelegung eines möglichst allgemeinen Grundkörpers bei der Untersuchung von Gruppendarstellungen angebracht. § 1 enthält eine vollständige Aufzählung der inäquivalenten irreduziblen Darstellungen einer endlichen abelschen Gruppe über einem beliebigen Körper. Sie leiten sich ab aus der regulären Darstellung gewisser Kreisteilungskörper über dem Grundkörper in Anlehnung an die Abbildung (1). Die Äquivalenzfrage hängt naturgemäß eng mit den Automorphismen der genannten Körpererweiterungen zusammen. In § 2 liefern wir als Anwendung der gewonnenen Erkenntnisse eine Klassifikation der endlichen Gruppen mit folgender Eigenschaft:

$\mathscr{E}$: Die Gruppe ist zerfallende Erweiterung ihrer Ableitung, welche ihrerseits direkt zerfällt in abelsche minimale Normalteiler der ganzen Gruppe.

Solche Gruppen werden charakterisiert durch abelsche Gruppen und Systeme irreduzibler Darstellungen derselben über endlichen Primkörpern.

Bezeichnungen

$\mathfrak{g}$ = Gruppe (alle vorkommenden Gruppen seien endlich); $|\mathfrak{g}|$ = Ordnung von $\mathfrak{g}$; $\exp \mathfrak{g}$ = Exponent von $\mathfrak{g}$ (= kleinstes gemeinschaftliches Vielfaches der Ordnungen aller Elemente von $\mathfrak{g}$); $\mathfrak{g}'$ = Kommutatorgruppe von $\mathfrak{g}$ = Ableitung von $\mathfrak{g}$; Frattinigruppe von $\mathfrak{g}$ = Durchschnitt aller maximalen Untergruppen von $\mathfrak{g}$; $\mathfrak{h} \leq \mathfrak{g}$ (bzw. $\mathfrak{h} < \mathfrak{g}$): $\mathfrak{h}$ ist Untergruppe (bzw. echte Untergruppe) von $\mathfrak{g}$; $\langle a_1, \ldots, a_k \rangle$ = die aus den Gruppenelementen $a_1, \ldots, a_k$ erzeugte Untergruppe; $\mathrm{ord}\, a$ = Ordnung des Gruppenelementes a; p, q (auch mit Index und Stern) bezeichnen stets Primzahlen; K = (kommutativer) Körper; $\mathrm{char}\, K$ = Charakteristik von K, $\sqrt[n]{1}$ = primitive n-te Einheitswurzel in einem Oberkörper von K, falls $\mathrm{char}\, K \nmid n$.

Ist Λ endlichdimensionale Algebra über K, so bezeichnet $a \to (a)_{\Lambda|K}$ die rechtsreguläre Darstellung von Λ über K. Wir wollen sie als Matrixdarstellung auffassen, so daß also nach Wahl einer Basis $u_1, \ldots, u_n$ von Λ über K gilt $(a)_{\Lambda|K} = ||\alpha_{ij}||$ mit Elementen α_{ij} aus K, welche gemäß

$$u_i a = \sum_{j=1}^{n} \alpha_{ij} u_j \qquad (i = 1, \ldots, n)$$

zu bestimmen sind. Mit $\mathrm{aut}\,(\Lambda|K)$ wird die Gruppe der K elementweise festlassenden Automorphismen von Λ bezeichnet. Jedes $\sigma \in \mathrm{aut}\,(\Lambda|K)$ ist eine K-lineare Transformation und kann in bezug auf die Basis $u_1, \ldots, u_n$ durch eine Matrix $(\sigma)_{\Lambda|K} = ||\beta_{ij}||$ beschrieben werden mit Elementen β_{ij} von K, die sich aus

$$u_i^{\sigma} = \sum_{j=1}^{n} \beta_{ij} u_j \qquad (i = 1, \ldots, n)$$

ergeben. $\sigma \to (\sigma)_{\Lambda|K}$ ist eine Darstellung von $\mathrm{aut}\,(\Lambda|K)$ über K. Wird für die Darstellungen $(a)_{\Lambda|K} (a \in \Lambda)$ und $(\sigma)_{\Lambda|K} \big(\sigma \in \mathrm{aut}\,(\Lambda|K)\big)$ dieselbe Basis zugrunde gelegt — wie es hier geschehen ist und auch im folgenden angenommen werden soll —, so gilt

$$(\sigma)_{\Lambda|K}^{-1}\,(a)_{\Lambda|K}\,(\sigma)_{\Lambda|K} = (a^{\sigma})_{\Lambda|K}\,.$$

Der Grad der Matrizen $(a)_{\Lambda|K}$, $(\sigma)_{\Lambda|K}$ ist die Dimension n von Λ bezüglich K, die auch mit $|\Lambda : K|$ bezeichnet wird. Für eine Teilmenge $\Lambda_1 \subseteq \Lambda$ sei $(\Lambda_1)_{\Lambda|K} = \{(a)_{\Lambda|K}\,|\,a \in \Lambda_1\}$.

Für zwei Darstellungen $\partial_1 : s \to A_1(s)$, $\partial_2 : s \to A_2(s)$ von $\mathfrak{g}$ bedeutet $\partial_1 \sim \partial_2$ die Äquivalenz von ∂_1 und ∂_2 über dem gemeinsamen Grundkörper, d. h. die Existenz einer Matrix T mit $T^{-1} A_1(s) T = A_2(s)$ für alle $s \in \mathfrak{g}$. Ist π ein Homomorphismus von $\mathfrak{g}$ in die Gruppe $\mathfrak{g}^*$ und $\partial^* : s^* \to A^*(s^*)$ eine Darstellung von $\mathfrak{g}^*$, so bezeichne $\partial^{*\pi}$ die Darstellung $s \to A^*(s^{\pi})\,(s \in \mathfrak{g})$ von $\mathfrak{g} \cdot \mathrm{grad}\, \partial$ = Grad der Darstellung ∂; $\ker \partial$ = Kern der Darstellung ∂; triviale Darstellung = Darstellung durch eine Einheitsmatrix.

§ 1

Hilfssatz 1. *Sei* $\mathfrak{g}$ *abelsch. Ist* $h \mid \exp \mathfrak{g}$, *char* $K \nmid h$, $\Lambda = K\left(\sqrt[h]{1}\right)$ *und* $s \to \zeta(s)$ $(s \in \mathfrak{g})$ *eine homomorphe Abbildung von* $\mathfrak{g}$ *auf* $\left\langle \sqrt[h]{1} \right\rangle$, *dann ist*

$$s \to \bigl(\zeta(s)\bigr)_{\Lambda \mid K} \qquad (s \in \mathfrak{g})$$

eine irreduzible Darstellung von $\mathfrak{g}$ *über* K. *Umgekehrt kann jede irreduzible Darstellung von* $\mathfrak{g}$ *über* K *bis auf Äquivalenz auf diese Weise gewonnen werden.*

Beweis. Die über K gebildete lineare Hülle aller $\zeta(s)$ $(s \in \mathfrak{g})$ ist ganz Λ. Wäre $\bigl(\zeta(\mathfrak{g})\bigr)_{\Lambda \mid K}$ reduzibel, so wäre auch $(\Lambda)_{\Lambda \mid K}$ reduzibel, wonach Λ ein von sich selbst und dem Nullideal verschiedenes Rechtsideal haben müßte, was nicht der Fall ist.

Sei umgekehrt $s \to A(s)$ eine beliebige irreduzible Darstellung von $\mathfrak{g}$ über K. Da die lineare Hülle $\mathfrak{A}$ von $A(\mathfrak{g})$ über K eine einfache Matrixalgebra ist, gibt es zu ihr eine Divisionsalgebra $\Delta \mid K$ und eine natürliche Zahl n, so daß $\mathfrak{A}$ nach geeigneter Transformation mit der Gesamtheit aller Matrizen

$$\left\| \begin{array}{ccc} (a_{11})_{\Delta \mid K} & \cdots & (a_{1n})_{\Delta \mid K} \\ \cdots\cdots\cdots\cdots\cdots \\ (a_{n1})_{\Delta \mid K} & \cdots & (a_{nn})_{\Delta \mid K} \end{array} \right\|$$

übereinstimmt, wo die a_{ij} beliebige Elemente aus Δ sind (vgl. etwa WEYL [4], S. 91). Wegen der Kommutativität von $A(\mathfrak{g})$ muß $n = 1$ und $\Delta \mid K$ eine Körpererweiterung sein. Es wird dann $A(s) = \bigl(\zeta(s)\bigr)_{\Delta \mid K}$ mit $\zeta(s) \in \Delta$. Die Elemente $\zeta(s)$ $(s \in \mathfrak{g})$ bilden eine zu $\mathfrak{g}$ homomorphe Untergruppe der multiplikativen Gruppe von Δ. Diese Untergruppe muß zyklisch sein, wird also aus einer Einheitswurzel η erzeugt. Ist h deren Ordnung, so gilt char $K \nmid h$, und wir können $\eta = \sqrt[h]{1}$ schreiben. Da die über K gebildete lineare Hülle $\mathfrak{A}$ aller $\bigl(\zeta(s)\bigr)_{\Delta \mid K}$ mit $s \in \mathfrak{g}$ ganz $(\Delta)_{\Delta \mid K}$ ist, muß die lineare Hülle der η-Potenzen über K ganz Δ sein. Daher ist $\Delta = K(\eta) = K\left(\sqrt[h]{1}\right)$. Schließlich haben wir $h \mid \exp \mathfrak{g}$, weil die zyklische Gruppe $\langle \eta \rangle$ der Ordnung h homomorphes Bild von $\mathfrak{g}$ ist.

Satz 1. *Sei* $\mathfrak{g}$ *eine abelsche Gruppe mit der Basis* $a_1, \ldots, a_r$, *weiter* h_i *der größte nicht durch* char K *teilbare Teiler von* ord a_i $(i = 1, \ldots, r)$ *sowie* h *das kleinste gemeinschaftliche Vielfache von* $h_1, \ldots, h_r$. *Mit* ζ *werde eine fest gewählte primitive* h-te Einheitswurzel bezeichnet. Dann ist durch jedes Zahlensystem $t_1, \ldots, t_r$ mit $\dfrac{h}{h_i} \,\Big|\, t_i$ $(i = 1, \ldots, r)$ gemäß

$$a_1 \to (\zeta^{t_1})_{K(\zeta^d)\mid K}, \ldots, a_r \to (\zeta^{t_r})_{K(\zeta^d)\mid K}, \tag{2}$$

wo $d = (t_1, \ldots, t_r, h)$, *eine irreduzible Darstellung von* $\mathfrak{g}$ *über* K *gegeben, und man erhält so alle irreduziblen Darstellungen von* $\mathfrak{g}$ *über* K.

Die durch das System $t_1, \ldots, t_r$ *bestimmte Darstellung* (2) *ist genau dann zu der durch das System* $t_1', \ldots, t_r'$ *bestimmten Darstellung äquivalent, wenn folgende Bedingungen erfüllt sind:*

1. $(t_1, \ldots, t_r, h)$ *und* $(t_1', \ldots, t_r', h)$ *sind dieselbe Zahl* d.

2. Es gibt ein $\sigma \in$ aut $\bigl(K(\zeta^d) \mid K\bigr)$ *mit* $(\zeta^{t_i})^\sigma = \zeta^{t_i'}$ *für* $i = 1, \ldots, r$.

Beweis. Beim Nachweis der Irreduzibilität und Vollständigkeit der angegebenen Darstellungen benutzen wir Hilfssatz 1. Danach erhält man stets irreduzible und auch sämtliche irreduziblen Darstellungen von $\mathfrak{g}$ über K durch

$$s \to \big(\zeta(s)\big)_{K(\zeta^d)\mid K} \qquad (s \in \mathfrak{g}),$$

wenn dabei d alle Teiler von h und jeweils $s \to \zeta(s)$ alle Homomorphismen von $\mathfrak{g}$ auf $\langle \zeta^d \rangle$ durchläuft. Offenbar wird durch $a_1 \to \zeta^{t_1}, \dots, a_r \to \zeta^{t_r}$ genau dann ein Homomorphismus von $\mathfrak{g}$ auf $\langle \zeta^d \rangle$ vermittelt, wenn $\zeta^{t_i h_i} = 1$, d. h. $h \mid t_i h_i$ oder $\dfrac{h}{h_i} \Big| t_i$ für $i = 1, \dots, r$ sowie $\langle \zeta^{t_1}, \dots, \zeta^{t_r} \rangle = \langle \zeta^d \rangle$, was bei $d \mid h$ mit $(t_1, \dots, t_r, h) = d$ gleichwertig ist.

Sind die Bedingungen 1. und 2. erfüllt, so gilt

$$(\sigma)^{-1}\,(\zeta^{t_i})\,(\sigma) = (\zeta^{t_i{}'}) \qquad (i = 1, \dots, r),$$

wo $(\ ) = (\ )_{K(\zeta^d)\mid K}$ zu setzen ist, und wir haben damit Äquivalenz der zu $t_1, \dots, t_r$ und $t_1{}', \dots, t_r{}'$ gehörenden Darstellungen.

Nun seien umgekehrt die zu $t_1, \dots, t_r$ und $t_1{}', \dots, t_r{}'$ gehörenden Darstellungen äquivalent. Dann haben $\langle \zeta^{t_1}, \dots, \zeta^{t_r} \rangle$ und $\langle \zeta^{t_1{}'}, \dots, \zeta^{t_r{}'} \rangle$ dieselbe Ordnung, woraus 1. folgt. Weiter gibt es eine nichtsinguläre Matrix T über K vom Grad $\mid K(\zeta^d) : K \mid$ mit

$$T^{-1}\,(\zeta^{t_i})_{K(\zeta^d)\mid K}\,T = (\zeta^{t_i{}'})_{K(\zeta^d)\mid K} \qquad (i = 1, \dots, r). \tag{3}$$

Beachten wir, daß die lineare Hülle über K von $\langle \zeta^{t_1}, \dots, \zeta^{t_r} \rangle$ und auch die von $\langle \zeta^{t_1{}'}, \dots, \zeta^{t_r{}'} \rangle$ gleich $K(\zeta^d)$ ist, so ergibt sich aus (3), daß die Abbildung $\zeta^{t_i} \to \zeta^{t_i{}'}$ $(i = 1, \dots, r)$ fortgesetzt werden kann zu einem Automorphismus σ von $K(\zeta^d)$ bezüglich K. Damit ist 2. gezeigt.

Wir wollen dem Satz 1 noch eine andere Formulierung geben, die sich mehr an (1) anschließt.

Satz 1'. *Seien $\mathfrak{g}, a_1, \dots, a_r, \ h_1, \dots, h_r$ wie in Satz 1 erklärt. Mit ζ_i werde eine fest gewählte primitive h_i-te Einheitswurzel bezeichnet. Dann ist für beliebige $t_1, \dots, t_r$ durch*

$$a_1 \to (\zeta_1{}^{t_1})_{\Lambda\mid K}, \dots, a_r \to (\zeta_r{}^{t_r})_{\Lambda\mid K}, \tag{4}$$

wo $\Lambda = K(\zeta_1{}^{t_1}, \dots, \zeta_r{}^{t_r})$, eine irreduzible Darstellung von $\mathfrak{g}$ über K gegeben, und man erhält so alle irreduziblen Darstellungen von $\mathfrak{g}$ über K.

Die durch das System $t_1, \dots, t_r$ bestimmte Darstellung (4) ist genau dann mit der durch $t_1{}', \dots, t_r{}'$ bestimmten Darstellung äquivalent, wenn folgende Bedingungen erfüllt sind:

1. (t_i, h_i) und $(t_i{}', h_i)$ sind dieselbe Zahl d_i für $i = 1, \dots, r$.

2. Es gibt ein $\sigma \in \mathrm{aut}\,(K(\zeta_1{}^{d_1}, \dots, \zeta_r{}^{d_r}) \mid K)$ mit $(\zeta_i{}^{t_i})^\sigma = \zeta_i{}^{t_i{}'}$ für $i = 1, \dots, r$.

Beweis. Sei ζ die in Satz 1 gewählte primitive h-te Einheitswurzel. Dann gilt $\zeta_i = \zeta^{\frac{h}{h_i} g_i}$ mit einer gewissen ganzen rationalen Zahl g_i, die notwendigerweise zu h_i teilerfremd ist $(i = 1, \dots, r)$. Wir betrachten die Kongruenzen

$$\frac{h}{h_i} g_i t_i \equiv t_i\,(h) \qquad \text{für } i = 1, \dots, r. \tag{5}$$

Diese sind bei gegebenen $t_1, \ldots, t_r$ nach $\bar{t}_1, \ldots, \bar{t}_r$ auflösbar, und dann ist $\dfrac{h}{h_i}\Big|\,\bar{t}_i$ für $i = 1, \ldots, r$, sowie umgekehrt bei gegebenen $\bar{t}_1, \ldots, \bar{t}_r$ mit $\dfrac{h}{h_i}\Big|\,\bar{t}_i$ nach $t_1, \ldots, t_r$ auflösbar. Setzen wir $(\bar{t}_1, \ldots, \bar{t}_r, h) = d$, dann wird $K(\zeta_1^{t_1}, \ldots, \zeta_r^{t_r})$ $= K(\zeta^{\bar{t}_1}, \ldots, \zeta^{\bar{t}_r}) = K(\zeta^d)$. Denken wir uns in Satz 1 überall $\bar{t}_i$ statt t_i geschrieben, so erkennen wir auf Grund von (5), daß jede Darstellung (2) in die Form (4) und jede Darstellung (4) in die Form (2) umgesetzt werden kann.

Wir müssen noch zeigen, daß die Eigenschaften 1. und 2. von Satz 1 für Systeme $\bar{t}_1, \ldots, \bar{t}_r$ und $\bar{t}_1', \ldots, \bar{t}_r'$ an Stelle von $t_1, \ldots, t_r$ und $t_1', \ldots, t_r'$ gleichwertig sind mit den Eigenschaften 1. und 2. in Satz 1' für die gemäß (5) zugeordneten Systeme $t_1, \ldots, t_r$ und $t_1', \ldots, t_r'$. Setzen wir zunächst erstere voraus. Aus 2. folgt $(\bar{t}_i, h)$ $= (\bar{t}_i', h)$ und daraus mit (5) weiter $(g_i t_i, h_i) = (g_i t_i', h_i)$. Wegen $(g_i, h_i) = 1$ ist dann $(t_i, h_i) = (t_i', h_i)$. Ferner haben wir zufolge 2. und (5) $(\zeta_i^{t_i})^\sigma = \zeta_i^{t_i'}$. Seien nun umgekehrt die Bedingungen 1. und 2. von Satz 1' erfüllt. Aus 2. folgt $\left(\zeta^{\frac{h}{h_i} g_i t_i}\right)^\sigma$ $= \zeta^{\frac{h}{h_i} g_i t_i'}$, d. h. $(\zeta^{\bar{t}_i})^\sigma = \zeta^{\bar{t}_i'}$ und daraus weiter $(\bar{t}_i, h) = (\bar{t}_i', h)$ $(i = 1, \ldots, r)$. Damit ist auch $(\bar{t}_1, \ldots, \bar{t}_r, h) = (\bar{t}_1', \ldots, \bar{t}_r', h)$.

Es sei bemerkt, daß in den Sätzen 1 und 1' jeweils die Bedingung 1. dazu dient, die Bedingung 2. formulieren zu können. In Fällen, bei denen 2. unabhängig von 1. formulierbar ist, folgt natürlich 1. aus 2. Ein Beispiel hierfür enthält der

Zusatz zu den Sätzen 1 und 1'. Im Falle $K = GF(p^f)$ können die Bedingungen 1. und 2. in Satz 1 (bzw. Satz 1') ersetzt werden durch die einzige Bedingung: Es gibt ein x mit $t_i p^{fx} \equiv t_i' \mod h$ (bzw. $\mod h_i$) für $i = 1, \ldots, r$.

Wir zeigen dies für Satz 1; hinsichtlich Satz 1' schließt man analog. Man hat $K(\zeta^d)$ $= GF(p^{fg})$, wo g minimal ist mit $\dfrac{h}{d}\Big|\,p^{fg} - 1$. Die Automorphismen von $GF(p^{fg})$ über $GF(p^f)$ sind gegeben durch $\xi \to \xi^{p^{fx}}$ $(x = 1, \ldots, g)$. Aus 2. folgt $t_i p^{fx} \equiv t_i'(h)$ mit geeignetem x und aus diesem umgekehrt 2. sowie 1. wegen $p \nmid h$.

Als Anwendung betrachten wir die irreduziblen Darstellungen der zyklischen Gruppe $\mathfrak{g} = \langle a \rangle$ über dem rationalen Zahlkörper K und über $K = GF(p^f)$. Wir wenden Satz 1 an mit $r = 1$, $a_1 = a$, $t_1 = t$.

a) $K = $ rationaler Zahlkörper. Mit $h = \operatorname{ord} a$, $\zeta = \sqrt[h]{1}$ erhält man die Darstellungen in der Form $a \to (\zeta^{dt})_{K(\zeta^d)|K}$, wo d alle positiven Teiler von h und t bei festem d alle zu $\dfrac{h}{d}$ primen Zahlen durchläuft. Offenbar sind hier ζ^{dt} gerade die Nullstellen des $\dfrac{h}{d}$-ten Kreisteilungspolynoms über K. Wegen dessen Irreduzibilität können sie alle durch Automorphismen aus $\operatorname{aut}(K(\zeta^d) \mid K)$ ineinander übergeführt werden. Daher sind sämtliche inäquivalenten irreduziblen Darstellungen von $\langle a \rangle$ über K gegeben durch

$$a \to (\zeta^d)_{K(\zeta^d)|K},$$

wo d alle positiven Teiler von h durchläuft.

b) $K = GF(p^f)$. Wir verwenden wieder Satz 1 und berücksichtigen den angefügten Zusatz. Sei h der größte zu p prime Teiler von $\operatorname{ord} a$ und $\zeta = \sqrt[h]{1}$. Dann sind mit

$$a \to (\zeta^{dt})_{K(\zeta^d)|K} \tag{6}$$

sämtliche inäquivalenten irreduziblen Darstellungen von $\langle a \rangle$ über K gegeben, wenn d alle positiven Teiler von h sowie t bei festem d ein Vertretersystem für die aus p^f erzeugte Untergruppe in der primen Restklassengruppe mod $\dfrac{h}{d}$ durchläuft. Die Anzahl dieser Darstellungen ist

$$\sum_{d/h} \frac{\varphi(d)\,(p(d),\,f)}{p(d)},$$

wobei φ die Eulersche Funktion und $p(n)$ für $p \nmid n$ die Ordnung von $p \bmod n$ bezeichnet. Ist die prime Restklassengruppe mod h zyklisch (d. h. $h = 2, 4$, ungerade Primzahlpotenz oder Doppeltes einer solchen) und etwa w eine Primitivwurzel mod h, so gilt $p^f \equiv w^k$, (h) mit geeignetem k, und man kann für t in (6) die Zahlen w^i mit $i = 1, \ldots, \left(k, \varphi\left(\dfrac{h}{d}\right)\right)$ nehmen.

Wie im konkreten Einzelfall die dargelegte Methode zur Bestimmung irreduzibler Darstellungen rechnerisch zu handhaben ist, zeigen wir an folgendem

Beispiel. $\mathfrak{g} = \langle a_1 \rangle \times \langle a_2 \rangle$, $\operatorname{ord} a_1 = 6$, $\operatorname{ord} a_2 = 9$, $K = GF(13)$. Wir wenden Satz 1 an. Es ist $h_1 = 6$, $h_2 = 9$, $h = 18$, $K\left(\sqrt[18]{1}\right) = GF(13^3) = GF(13)(\vartheta)$ mit $\vartheta^3 - 2 = 0$. Man kann $\zeta = \vartheta^2$ wählen, ferner $1, \vartheta, \vartheta^2$ als Basis von $K(\zeta)$ über K. Dann wird

$$(\zeta)_{K(\zeta)|K} = \left\|\begin{matrix} 0 & 0 & 1 \\ 2 & 0 & 0 \\ 0 & 2 & 0 \end{matrix}\right\|.$$

Für $d = 1, 2$ ist $K(\zeta^d) = K(\zeta)$, und für $3\,|\,d\,|\,18$ haben wir $K(\zeta^d) = K$. Die irreduziblen Darstellungen von $\mathfrak{g}$ über K sind

$$\partial(t_1, t_2) : a_1^{x_1} a_2^{x_2} \to \begin{cases} (\zeta)_{K(\zeta)|K}^{x_1 t_1 + x_2 t_2} & \text{für } (t_1, t_2, 18)\,|\,2, \\[2ex] 2^{x_1 \frac{t_1}{3} + x_2 \frac{t_2}{3}} & \text{für } 3\,|\,(t_1, t_2, 18). \end{cases}$$

Dabei sind nur Paare t_1, t_2 mit $3\,|\,t_1$, $2\,|\,t_2$ zugelassen. Zu $\partial(t_1, t_2)$ äquivalent sind genau die $\partial(t_1{}', t_2{}')$ mit $t_1{}' = 13^x t_1$, $t_2{}' = 13^x t_2 \bmod 18$, wo $x = 0, 1, 2, \ldots$ ist. Somit ergeben sich folgende inäquivalenten irreduziblen Darstellungen $\partial(t_1, t_2)$, geordnet nach $d = (t_1, t_2, 18)$:

$$d = 1: \qquad \partial(3, 2), \quad \partial(3, 4), \quad \partial(9, 2), \quad \partial(9, 4), \quad \partial(15, 2), \quad \partial(15, 4);$$

$$d = 2: \qquad \partial(6, 2), \quad \partial(6, 4), \quad \partial(12, 2), \quad \partial(12, 4), \quad \partial(18, 2), \quad \partial(18, 4);$$

$$d = 3: \qquad \partial(3, 6), \quad \partial(3, 12), \quad \partial(3, 18), \quad \partial(9, 6), \quad \partial(9, 12), \quad \partial(15, 6), \quad \partial(15, 12), \quad \partial(15, 18);$$

$$d = 6: \qquad \partial(6, 6), \quad \partial(6, 12), \quad \partial(6, 18), \quad \partial(12, 6), \quad \partial(12, 12), \quad \partial(12, 18), \quad \partial(18, 6), \quad \partial(18, 12);$$

$$d = 9: \qquad \partial(9, 18);$$

$$d = 18: \qquad \partial(18, 18).$$

Während die zu $d = 1, 2$ gehörenden Darstellungen den Grad 3 haben, sind die übrigen linear. In jedem Fall ist $3d$ die Ordnung des Kerns.

§ 2

In der Gruppe $\mathfrak{G}$ sei $\mathfrak{g}$ Untergruppe, $\mathfrak{m}$ elementar abelscher Normalteiler mit der Ordnung q^n, und es gelte

$$\mathfrak{G} = \mathfrak{g}\mathfrak{m}, \qquad \mathfrak{g} \cap \mathfrak{m} = 1. \tag{7}$$

Wählen wir eine Basis $b_1, \ldots, b_n$ von $\mathfrak{m}$, so gilt für $s \in \mathfrak{g}$

$$s^{-1}b_j s = b_1^{\alpha_{j1}(s)} \cdots b_n^{\alpha_{jn}(s)} \qquad (j = 1, \ldots, n) \tag{8}$$

mit ganzen rationalen Zahlen $\alpha_{jk}(s)$. Die α_{jk} sind nur mod q bestimmt und können als Elemente von $GF(q)$ angesehen werden. Dann ist

$$\partial : s \to ||\alpha_{jk}(s)|| = A(s) \qquad (s \in \mathfrak{g}) \tag{9}$$

eine Darstellung von $\mathfrak{g}$ über $GF(q)$ mit $\mathfrak{m}$ als Darstellungsmodul. Läßt man $b_1, \ldots, b_n$ alle Basen von $\mathfrak{m}$ durchlaufen, so durchläuft ∂ eine volle Klasse einander äquivalenter Darstellungen von $\mathfrak{g}$ über $GF(q)$.

Sei nun umgekehrt eine Gruppe $\mathfrak{g}$ und eine Darstellung (9) von $\mathfrak{g}$ über $GF(q)$ gegeben. Ist $b_1, \ldots, b_n$ eine Basis des zugehörigen Darstellungsmoduls $\mathfrak{m}$ und $b_j{}^s$ die rechte Seite von (8), so kann die Abbildung $b_j \to b_j{}^s$ $(j = 1, \ldots, n)$ in eindeutiger Weise zu einem Automorphismus von $\mathfrak{m}$ fortgesetzt werden, den wir dem Element $s \in \mathfrak{g}$ zuordnen wollen. Die auf Grund dieser Automorphismenzuordnung gebildete zerfallende Erweiterung von $\mathfrak{m}$ mit $\mathfrak{g}$ ist eine Gruppe $\mathfrak{G}$, in der die Beziehungen (7) und (8) gelten. Bei Zugrundelegung einer zu ∂ äquivalenten Darstellung oder einer anderen Basis von $\mathfrak{m}$, was ja beides im Grunde dasselbe bedeutet, ergibt sich eine zu $\mathfrak{G}$ isomorphe Gruppe. Unter Beachtung dieses Sachverhaltes wollen wir die konstruierte Gruppe L auch mit $(\mathfrak{g}, \partial)$ bezeichnen.

Die Irreduzibilität bzw. vollständige Reduzibilität von ∂ ist gleichwertig mit der Minimalität des Normalteilers $\mathfrak{m}$ bzw. seinem vollständigen Zerfall in minimale Normalteiler von $\mathfrak{G} = (\mathfrak{g}, \partial)$.

Wir wollen nun feststellen, wann

$$(\mathfrak{g}, \partial) \cong (\mathfrak{g}^*, \partial^*) \tag{10}$$

gilt, wobei $\mathfrak{g}^*$ eine Gruppe mit der Darstellung $\partial^* : s \to A^*(s)$ $(s \in \mathfrak{g}^*)$ über $GF(q^*)$ bezeichnen möge. Der Vergleich von (10) mit folgender Eigenschaft liegt nahe:

$$\left. \begin{array}{l} \text{Es ist } q = q^*, \text{ und es existiert ein Isomorphismus } \pi \text{ von } \mathfrak{g} \\ \text{auf } \mathfrak{g}^*, \text{ so daß } \partial \sim \partial^{*\pi} \text{ über } GF(q). \end{array} \right\} \tag{11}$$

Satz 2. (11) *ist hinreichend für* (10).

Beweis. Man kann durch geeignete Basiswahl in $\mathfrak{m}$ oder der entsprechenden Untergruppe $\mathfrak{m}^*$ von $(\mathfrak{g}^*, \partial^*)$ erreichen, daß $A(s) = A^*(s^\pi)$ ist für $s \in \mathfrak{g}$. Ist dabei $b_1, \ldots, b_n$ Basis von $\mathfrak{m}$, $b_1^*, \ldots, b_n^*$ Basis von $\mathfrak{m}^*$, so läßt sich offenbar die Abbildung $s \to s^\pi$, $b_i \to b_i^*$ $(s \in \mathfrak{g}; i = 1, \ldots, n)$ zu einem Isomorphismus von $(\mathfrak{g}, \partial)$ auf $(\mathfrak{g}^*, \partial^*)$ fortsetzen.

Folgerungen. 1. *Für jeden Isomorphismus π von $\mathfrak{g}$ ist $(\mathfrak{g}, \partial) \cong (\mathfrak{g}^\pi, \partial^{\pi^{-1}})$.*
2. *$(\mathfrak{g}, \partial) \cong (\mathfrak{g}, \partial^*)$ gilt sicher dann, wenn ein Automorphismus π von $\mathfrak{g}$ existiert mit $\partial \sim \partial^{*\pi}$.*

Unter gewissen zusätzlichen Voraussetzungen ist (11) auch notwendig für (10). Dabei spielt es eine Rolle, wie der Normalteiler $\mathfrak{m}$ bei einem Isomorphismus von $(\mathfrak{g}, \partial)$ abgebildet wird. Im folgenden Satz nutzen wir die Tatsache aus, daß die Kommutatorgruppenbildung gegenüber Isomorphismen invariant ist.

Satz 3. *Seien $\mathfrak{g}, \mathfrak{g}^*$ abelsche Gruppen und ∂, ∂^* vollständig reduzible Darstellungen derselben über Galoisfeldern $GF(q), GF(q^*)$ ohne die Einsdarstellung als Bestandteil. Dann folgt aus (10) die Eigenschaft (11).*

Beweis. Es ist $(\mathfrak{g}, \partial)' \leqq \mathfrak{m}$. Da $\mathfrak{m}$, aufgefaßt als $\mathfrak{g}$-Modul, vollständig reduzibel und $(\mathfrak{g}, \partial)'$ eine $\mathfrak{g}$-zulässige Untergruppe von $\mathfrak{m}$ ist, gilt $\mathfrak{m} = (\mathfrak{g}, \partial)' \times \mathfrak{n}$ mit einem Normalteiler $\mathfrak{n}$ von $\mathfrak{g}$. Die Untergruppe $\mathfrak{g}\mathfrak{n}$ ist wegen $\mathfrak{g}\mathfrak{n} \cap (\mathfrak{g}, \partial)' = 1$ abelsch. Wäre $\mathfrak{n} \neq 1$, so würde $\mathfrak{g}$ auf $\mathfrak{n}$ trivial dargestellt werden. Dann enthielte ∂ die Einsdarstellung von $\mathfrak{g}$ als Bestandteil, gegen die Voraussetzung. Also ist $(\mathfrak{g}, \partial)' = \mathfrak{m}$. Entsprechend ergibt sich $(\mathfrak{g}^*, \partial^*)' = \mathfrak{m}^*$. Wir nehmen nun an, $x \to x^*$ sei ein Isomorphismus von $(\mathfrak{g}, \partial)$ auf $(\mathfrak{g}^*, \partial^*)$. Dabei geht die Ableitung der einen Gruppe in die der anderen über, also $\mathfrak{m} \to \mathfrak{m}^*$. Hieraus folgt $q = q^*$ sowie die Gleichheit der Ränge von $\mathfrak{m}$ und $\mathfrak{m}^*$. Für $s \in \mathfrak{g}$ besitzt s^* eine eindeutige Zerlegung $s^* = s^\pi b$ mit $s^\pi \in \mathfrak{g}^*$, $b \in \mathfrak{m}^*$. Die Abbildung $s \to s^\pi$ ist ein Isomorphismus von $\mathfrak{g}$ auf $\mathfrak{g}^*$. Beruht die Darstellung $\partial : s \to A(s)$ auf der Basiswahl $b_1, \ldots, b_n$ von $\mathfrak{m}$ und beziehen wir die Darstellung $\partial^* : s^* \to A^*(s^*)$ auf die Basis $b_1^*, \ldots, b_n^*$ von $\mathfrak{m}^*$, so gilt $A(s) = A^*(s^\pi)$. Bezüglich einer beliebigen Basis von $\mathfrak{m}^*$ haben wir jedenfalls Äquivalenz der Darstellungen ∂ und $\partial^{*\pi}$ von $\mathfrak{g}$.

Die bisherigen Betrachtungen dieses Paragraphen übertragen sich ohne weiteres auf den etwas allgemeineren Fall, daß an die Stelle von $\mathfrak{m}$ ein direktes Produkt $\mathfrak{m}_1 \times \cdots \times \mathfrak{m}_r$ von elementar abelschen Gruppen $\mathfrak{m}_i$ mit paarweise teilerfremden Ordnungen $|\mathfrak{m}_i| = q_i^{n_i}$ $(i = 1, \ldots, r)$ tritt. In der Gruppe $\mathfrak{G} = \mathfrak{g}(\mathfrak{m}_1 \times \cdots \times \mathfrak{m}_r)$ erfährt $\mathfrak{g}$ für jedes $i = 1, \ldots, r$ auf $\mathfrak{m}_i$ eine Darstellung

$$\partial_i : s \to \|\alpha_{jk}^{(i)}(s)\| = A_i(s) \qquad (s \in \mathfrak{g})$$

über $GF(q_i)$. Liegen umgekehrt solche Darstellungen einer beliebig gegebenen Gruppe $\mathfrak{g}$ vor und gehört zu ∂_i der Darstellungsmodul $\mathfrak{m}_i$ mit der Basis $b_1^{(i)}, \ldots, b_{n_i}^{(i)}$, dann kann man die zerfallende Erweiterung von $\mathfrak{m}_1 \times \cdots \times \mathfrak{m}_r$ mit $\mathfrak{g}$ so bilden, daß analog zu (8)

$$s^{-1} b_j^{(i)} s = b_1^{(i)\alpha_{j1}^{(i)}(s)} \cdots b_{n_i}^{(i)\alpha_{jn_i}^{(i)}(s)}$$

gilt für $s \in \mathfrak{g}$, $i = 1, \ldots, r$, $j = 1, \ldots, n_i$. Diese Erweiterung bezeichnen wir mit $(\mathfrak{g}, \partial_1, \ldots, \partial_r)$. Hierbei spielt die Anordnung der ∂_i sowie deren Ersetzung durch äquivalente Darstellungen keine Rolle.

Über das Bestehen einer Isomorphie

$$(\mathfrak{g}, \partial_1, \ldots, \partial_r) \cong (\mathfrak{g}^*, \partial_1^*, \ldots, \partial_r^*) \tag{12}$$

kann man analoge Aussagen machen wie in den Sätzen 2 und 3. Vergleichseigenschaft ist

$$\left.\begin{array}{l} \text{Es ist } r = r^*, \text{ und bei geeigneter Indizierung der } \partial_i \text{ bzw. } \partial_i^* \text{ gilt} \\ q_i = q_i^*, \quad \partial_i \sim \partial_i^{*\pi} \text{ über } GF(q_i) \text{ für } i = 1, \ldots, r \text{ mit einem ge-} \\ \text{wissen Isomorphismus } \pi \text{ von } \mathfrak{g} \text{ auf } \mathfrak{g}^*. \end{array}\right\} \tag{13}$$

Satz 4. (13) *ist hinreichend für* (12).

Satz 5. *Sei* $\mathfrak{g}$ *abelsch und* ∂_i *für* $i = 1, \ldots, r$ *eine vollständig reduzible Darstellung von* $\mathfrak{g}$ *über* $GF(q_i)$ *ohne die Einsdarstellung als Bestandteil; Entsprechendes gelte für die Gruppe* $\mathfrak{q}^*$ *und ihre Darstellungen* ∂_i^* *über* $GF(q_i^*)$ *für* $i = 1, \ldots, r^*$. *Dann folgt* (13) *aus* (12).

Die Sätze 4 und 5, deren Beweise denen der Sätze 2 und 3 entsprechen, leisten die Klassifikation aller endlichen Gruppen mit der in der Einleitung genannten Eigenschaft $\mathscr{E}$. In der Tat decken sich offenbar die $\mathscr{E}$-Gruppen genau mit den Gruppen $(\mathfrak{g}, \partial_1, \ldots, \partial_r)$, wo $\mathfrak{g}, \partial_1, \ldots, \partial_r$ den Voraussetzungen des Satzes 5 genügen. Zu den $\mathscr{E}$-Gruppen gehören unter anderem diejenigen Gruppen, die ihre Ableitung als Hallsche abelsche Untergruppe mit quadratfreier Ordnung enthalten.

Wir können die Klassifikation noch prägnanter formulieren, wenn wir den folgenden Begriff einführen:

Zwei Systeme $(\partial_1, \ldots, \partial_r)$, $(\partial_1^*, \ldots, \partial_{r^*}^*)$ einer Gruppe $\mathfrak{g}$ heißen konjugiert bezüglich $\mathfrak{g}$, wenn $r = r^*$ ist und die Indizierung der ∂_i bzw. ∂_i^* so gewählt werden kann, daß ∂_i und ∂_i^* denselben Grundkörper haben sowie $\partial_i \sim \partial_i^{*\pi}$ gilt für $i = 1, \ldots, r$ mit einem geeigneten Automorphismus π von $\mathfrak{g}$.

Natürlich ist diese Konjugiertheit eine Äquivalenzrelation. Nun haben wir:

Durchläuft $\mathfrak{g}$ *alle nichtisomorphen endlichen abelschen Gruppen und* $(\partial_1, \ldots, \partial_r)$ *für jedes* $\mathfrak{g}$ *ein Vertretersystem der Konjugiertheitsklassen bezüglich* $\mathfrak{g}$ *derjenigen Darstellungssysteme, deren Komponenten vollständig reduzible Darstellungen von* $\mathfrak{g}$ *ohne die Einsdarstellung als Bestandteil über verschiedenen endlichen Primkörpern sind, dann durchläuft* $(\mathfrak{g}, \partial_1, \ldots, \partial_r)$ *alle* $\mathscr{E}$-*Gruppen, jede genau einmal.*

Die hier gegebene Klassifikation der $\mathscr{E}$-Gruppen wird geleistet durch die abelschen Gruppen, ihre Automorphismen und ihre irreduziblen Darstellungen über den endlichen Primkörpern, welche aus § 1 bekannt sind. Man kann sie der Klassifikation der abelschen Gruppen durch Invarianten zur Seite stellen. Zum einen ist es nämlich möglich, Struktureigenschaften der Gruppen $(\mathfrak{g}, \partial_1, \ldots, \partial_r)$ aus den „Invarianten" $\mathfrak{g}, \partial_1, \ldots, \partial_r$ abzulesen; so ist z. B. $\mathfrak{g}$ die Kommutatorfaktorgruppe und zugleich größte nilpotente Faktorgruppe, $r = 1$ gleichwertig damit, daß die Ableitung Primzahlpotenzordnung besitzt, $\operatorname{grad} \partial_i = 1$ für $i = 1, \ldots, r$ gleichwertig mit der Zyklizität der Ableitung. Zum anderen ist im konkreten Einzelfall die zahlenmäßige Berechnung ohne Schwierigkeiten möglich.

Wenn wir von einer $\mathscr{E}$-Gruppe $(\mathfrak{g}, \partial_1, \ldots, \partial_r)$ sprechen, so meinen wir immer, daß $\mathfrak{g}$ deren Kommutatorfaktorgruppe sein soll, d. h., $\mathfrak{g}$ ist abelsch und jedes ∂_i vollständig reduzibel ohne die Einsdarstellung als Bestandteil.

Unter dem Kern eines Darstellungssystems $(\partial_1, \ldots, \partial_r)$, bezeichnet mit $\ker(\partial_1, \ldots, \partial_r)$, wollen wir den Durchschnitt der Kerne aller ∂_i verstehen.

Der Durchschnitt des Zentrums einer Gruppe $(\mathfrak{g}, \partial_1, \ldots, \partial_r)$ mit $\mathfrak{g}$ ist offenbar $\ker(\partial_1, \ldots, \partial_r)$. Das Zentrum einer $\mathscr{E}$-Gruppe $(\mathfrak{g}, \partial_1, \ldots, \partial_r)$ ist $\ker(\partial_1, \ldots, \partial_r)$.

Es gilt

$$(\mathfrak{g}, \partial_1, \ldots, \partial_r) = \mathfrak{g}_1 \times (\mathfrak{g}_2, \bar{\partial}_1, \ldots, \bar{\partial}_r), \tag{14}$$

wenn $\mathfrak{g} = \mathfrak{g}_1 \times \mathfrak{g}_2$ ist und $\mathfrak{g}_1$ in $\ker(\partial_1, \ldots, \partial_r)$ liegt; dabei bezeichnet $\bar{\partial}_i$ die Beschränkung von ∂_i auf $\mathfrak{g}_2$. Ist z. B. $\mathfrak{g}_1$ q-Sylowgruppe von $\mathfrak{g} = \mathfrak{g}_1 \times \mathfrak{g}_2$ und ∂_1 vollständig reduzible Darstellung von $\mathfrak{g}$ über $GF(q)$, so gilt stets (14) mit $r = 1$. $\mathfrak{g}_1$ liegt nämlich im Kern von ∂_1, da einerseits nach Clifford [1], S. 534 und 535, die Beschränkung von ∂_1 auf $\mathfrak{g}_1$ vollständig in irreduzible Bestandteile zerfällt und andererseits eine q-Gruppe über einem Körper der Charakteristik q nur die Einsdarstellung als einzige irreduzible Darstellung besitzt (vgl. etwa Huppert [2], S. 483).

Haben die k ($\geqq 1$) Untergruppen $\mathfrak{h}_1, \ldots, \mathfrak{h}_k$ einer abelschen Gruppe $\mathfrak{g}$ zyklische Faktorgruppen $\mathfrak{g}/\mathfrak{h}_i$ ($i = 1, \ldots, k$), so gilt $\mathfrak{g} = \mathfrak{g}_1 \times \mathfrak{g}_2$, wo $\mathfrak{g}_1 \leqq \bigcap\limits_{i=1}^{k} \mathfrak{h}_i$ und $\mathfrak{g}_2$ zerlegbar ist in ein direktes Produkt aus höchstens k zyklischen Gruppen. Man kann dies mittels Induktion nach $k|\mathfrak{g}|$ folgendermaßen einsehen: Ist $k|\mathfrak{g}| = 1$ oder überhaupt $\mathfrak{g}$ zyklisch, so ist die Behauptung klar. Sei fortan $\mathfrak{g}$ nicht zyklisch. Dann liegt $\mathfrak{h}_1$ nicht in der Frattinigruppe von $\mathfrak{g}$ und umfaßt daher einen von der Einheit verschiedenen direkten Faktor $\mathfrak{a}$ von $\mathfrak{g}$. Auf den Kofaktor $\mathfrak{b}$ in $\mathfrak{g} = \mathfrak{a} \times \mathfrak{b}$ und seine Untergruppe $\mathfrak{b} \cap \mathfrak{h}_1$ kann die Induktionsvoraussetzung angewendet werden. Sie liefert eine Zerlegung $\mathfrak{b} = \mathfrak{b}_1 \times \mathfrak{b}_2$ mit $\mathfrak{b}_1 \leqq \mathfrak{b} \cap \mathfrak{h}_1$ und zyklischem Faktor $\mathfrak{b}_2$. Nun haben wir $\mathfrak{g} = \mathfrak{c} \times \mathfrak{b}_2$ mit $\mathfrak{c} = \mathfrak{a} \times \mathfrak{b}_1 \leqq \mathfrak{h}_1$. Nochmalige Anwendung der Induktionsvoraussetzung, und zwar auf $\mathfrak{c}$ und die Untergruppen $\mathfrak{c} \cap \mathfrak{h}_i$ ($i = 2, \ldots, k$), ergibt $\mathfrak{c} = \mathfrak{c}_1 \times \mathfrak{c}_2$, wo $\mathfrak{c}_1 \leqq \mathfrak{c} \cap \mathfrak{h}_2 \cap \cdots \cap \mathfrak{h}_k$ und $\mathfrak{c}_2$ direktes Produkt aus höchstens $k - 1$ zyklischen Gruppen ist. Mit $\mathfrak{g}_1 = \mathfrak{c}_1$ und $\mathfrak{g}_2 = \mathfrak{c}_2 \times \mathfrak{b}_2$ haben wir nun in $\mathfrak{g} = \mathfrak{g}_1 \times \mathfrak{g}_2$ die behauptete Zerlegung erreicht.

Wenden wir das soeben Gezeigte auf die Kerne irreduzibler Darstellungen einer abelschen Gruppe an, so erhalten wir den

Satz 6. *Sei eine Gruppe* $\mathfrak{G} = (\mathfrak{g}, \partial_1, \ldots, \partial_r)$ *gegeben, wo* $\mathfrak{g}$ *abelsch und jedes* ∂_i *vollständig reduzibel ist. Die Gesamtzahl der von der Einsdarstellung verschiedenen inäquivalenten irreduziblen Bestandteile aller* ∂_i *sei* k. *Dann besteht mit einer gewissen Untergruppe* $\mathfrak{g}_1$ *von* $\ker(\partial_1, \ldots, \partial_r)$ *und einem direkten Produkt aus höchstens* k *zyklischen Gruppen* $\mathfrak{g}_2$ *die Zerlegung* $\mathfrak{g} = \mathfrak{g}_1 \times \mathfrak{g}_2$ *und folglich für* $\mathfrak{G}$ *die Zerlegung* (14).

Folgerung. *Die Gruppe* $\mathfrak{G}$ *in Satz 6 spaltet sicher dann einen von der Einheit verschiedenen abelschen direkten Faktor ab, wenn* k *durch die Minimalzahl der Erzeugenden von* $\mathfrak{g}$ *übertroffen wird.*

Eine in bezug auf $\mathfrak{g}_1$ und $\mathfrak{g}_2$ symmetrisch aufgebaute Verallgemeinerung von (14) ist die Beziehung

$$(\mathfrak{g}, \partial_1, \ldots, \partial_r) = (\mathfrak{g}_1, \bar{\partial}_1, \ldots, \bar{\partial}_r) \times (\mathfrak{g}_2, \bar{\bar{\partial}}_1, \ldots, \bar{\bar{\partial}}_r), \tag{15}$$

welche gilt, wenn $\mathfrak{g} = \mathfrak{g}_1 \times \mathfrak{g}_2$ und ∂_i für $i = 1, \ldots, r$ Summe von zwei Darstellungen ist, deren erste (bzw. zweite) $\mathfrak{g}_2$ (bzw. $\mathfrak{g}_1$) trivial darstellt und bei Beschränkung auf $\mathfrak{g}_1$ (bzw. $\mathfrak{g}_2$) mit $\bar{\partial}_i$ (bzw. $\bar{\bar{\partial}}_i$) übereinstimmt. Um volle Allgemeinheit zu erzielen, müssen wir in dieser Formulierung bei $\bar{\partial}_i$ bzw. $\bar{\bar{\partial}}_i$ auch die Nulldarstellung zulassen, die dann aber ohne weiteres gestrichen werden darf.

Satz 7. *Die Formel* (15) *liefert alle und nur die direkten Zerlegungen der* $\mathscr{E}$-*Gruppen in zwei Faktoren, wenn man auf der rechten Seite entweder beide Gruppen als* $\mathscr{E}$-*Gruppen oder die eine als* $\mathscr{E}$-*Gruppe und die andere als abelsche Gruppe wählt.*

Beweis. Sei $\mathfrak{G} = (\mathfrak{g}, \partial_1, \ldots, \partial_r)$ $\mathscr{E}$-Gruppe, ferner $\mathfrak{G} = \mathfrak{G}_1 \times \mathfrak{G}_2$ eine direkte Zerlegung von $\mathfrak{G}$ in zwei Untergruppen $\mathfrak{G}_1$, $\mathfrak{G}_2$. Es ist $\mathfrak{G} = \mathfrak{g}\mathfrak{m}$ mit $\mathfrak{m} = \mathfrak{G}'$. Wir setzen $\mathfrak{m}_i = \mathfrak{G}_i'$ $(i = 1, 2)$ und haben $\mathfrak{m} = \mathfrak{m}_1 \times \mathfrak{m}_2$. Für $g \in \mathfrak{G}$ gilt $g = g_1 g_2$ mit eindeutig durch g bestimmten Elementen $g_1 \in \mathfrak{G}_1$, $g_2 \in \mathfrak{G}_2$. Unter Beachtung dieser Bezeichnungsweise setzen wir $\mathfrak{g}_i = \{g_i \mid g \in \mathfrak{g}\}$ für $i = 1, 2$. Dann ist $\mathfrak{g}_1 \mathfrak{g}_2$ eine $\mathfrak{g}$ umfassende abelsche Untergruppe von $\mathfrak{G}$. Wäre $\mathfrak{g}_1 \mathfrak{g}_2 > \mathfrak{g}$, so wäre $\mathfrak{g}_1 \mathfrak{g}_2 \cap \mathfrak{m}$ eine von 1 verschiedene durch $\mathfrak{g}$ zentralisierte Untergruppe von $\mathfrak{m}$, die es jedoch nicht geben darf. Also ist $\mathfrak{g} = \mathfrak{g}_1 \times \mathfrak{g}_2$. ∂_i ruft auf $\mathfrak{m}_1$ (bzw. $\mathfrak{m}_2$) als Darstellungs-modul eine Darstellung von $\mathfrak{g}$ hervor, deren Beschränkung auf $\mathfrak{g}_1$ (bzw. $\mathfrak{g}_2$) wir mit $\bar{\partial}_i$ (bzw. $\bar{\bar{\partial}}_i$) bezeichnen. Dann haben wir $\mathfrak{G}_1 = (\mathfrak{g}_1, \bar{\partial}_1, \ldots, \bar{\partial}_r)$, $\mathfrak{G}_2 = (\mathfrak{g}_2, \bar{\bar{\partial}}_1, \ldots, \bar{\bar{\partial}}_r)$, und zwischen $\partial_i, \bar{\partial}_i, \bar{\bar{\partial}}_i$ besteht der bei (15) beschriebene Zusammenhang.

Sind umgekehrt zwei Gruppen $\mathfrak{G}_1$, $\mathfrak{G}_2$ gegeben, und zwar beide mit der Eigenschaft $\mathscr{E}$ oder eine als $\mathscr{E}$-Gruppe und die andere als abelsche Gruppe, so kann man schreiben $\mathfrak{G}_1 = (\mathfrak{g}_1, \bar{\partial}_1, \ldots, \bar{\partial}_r)$, $\mathfrak{G}_2 = (\mathfrak{g}_2, \bar{\bar{\partial}}_1, \ldots, \bar{\bar{\partial}}_r)$, wo $\bar{\partial}_i$ und $\bar{\bar{\partial}}_i$ jeweils Darstellungen über demselben Körper sind, von denen eine die Nulldarstellung sein kann $(i = 1, \ldots, r)$. Wir setzen $\mathfrak{g} = \mathfrak{g}_1 \times \mathfrak{g}_2$ und können ohne weiteres die Darstellungen $\partial_1, \ldots, \partial_r$ so konstruieren, daß (15) gilt. Die erhaltene Gruppe $(\mathfrak{g}, \partial_1, \ldots, \partial_r)$ hat die Eigen-schaft $\mathscr{E}$.

Folgerung. *Eine $\mathscr{E}$-Gruppe $(\mathfrak{g}, \partial_1, \ldots, \partial_r)$ ist sicher dann direkt unzerlegbar, wenn bei jeder Zerfällung $\partial_i = \partial_i' \dotplus \partial_i''$ von ∂_i in zwei Darstellungen ∂_i', ∂_i'' stets gilt* $\ker(\partial_i', \ldots, \partial_r') \ker(\partial_1'', \ldots, \partial_r'') < \mathfrak{g}$.

Wir beschäftigen uns noch etwas eingehender mit solchen Gruppen $(\mathfrak{g}, \partial)$, bei denen $\mathfrak{g}$ zyklisch ist.

Bezüglich einer zyklischen Gruppe $\mathfrak{g}$ haben konjugierte Darstellungssysteme stets denselben Kern, denn in $\mathfrak{g}$ sind alle Untergruppen charakteristisch. Bei irreduziblen Darstellungen gilt auch die Umkehrung.

Hilfssatz 2. *Zwei irreduzible Darstellungen einer zyklischen Gruppe $\mathfrak{g}$ über demselben Körper sind genau dann konjugiert bezüglich $\mathfrak{g}$, wenn sie denselben Kern haben.*

Beweis. Wir müssen noch aus der Kerngleichheit die Konjugiertheit folgern. Dazu benutzen wir Satz 1 mit $r = 1$, $a_1 = a$ und $t_1 = t$. Kerngleichheit der Dar-stellungen $\partial : a \to (\zeta^t)_{K(\zeta^d)|K}$ mit $d = (t, h)$ und $\partial^* : a \to (\zeta^{t^*})_{K(\zeta^{d^*})|K}$ mit $d^* = (t^*, h)$ ist gleichwertig mit $d = d^*$. Wir setzen $d = d^*$ voraus und können die Kongruenz

$$t = xt^*, \ (h) \text{ in } x \text{ lösen. Da } x \text{ zu } \frac{h}{d} \text{ teilerfremd ist, gibt es in der arithmetischen}$$

Progression $x + k\dfrac{h}{d}$ $(k = 1, 2, \ldots)$ eine zu $|\mathfrak{g}|$ teilerfremde Zahl y. Auch für sie gilt $t = yt^*, (h)$. Bezeichnet π den Automorphismus $a \to a^y$ von $\mathfrak{g}$, so gilt $\partial \sim \partial^{*\pi}$ über K.

Aus Satz 2, Folgerung 2 und Hilfssatz 2 ergibt sich, daß die Gruppe $(\mathfrak{g}, \partial)$ bei Zyklizi-tät von $\mathfrak{g}$ und Irreduzibilität von ∂ eindeutig bestimmt ist durch die Ordnung h von $\mathfrak{g}$, die Ordnung d des Kerns von ∂ und die Charakteristik q des zugrunde gelegten Primkörpers. Wir schreiben in diesem Fall auch $(h, d; q)$ statt $(\mathfrak{g}, \partial)$. Der Teiler d von h unterliegt hier der Nebenbedingung $q \nmid \dfrac{h}{d} > 1$, innerhalb der er beliebig gewählt werden kann.

Die Gruppen $(p^l, p^{l-1}; q)$ $(p \neq q,\ l \geq 1)$ sind z. B. genau die einstufig nicht-abelschen Gruppen im Sinne von Rédei [3], welche nicht Primzahlpotenzordnung haben.

Ist q^l die höchste in h aufgehende q-Potenz, so gilt übrigens, wie aus den Betrachtungen um Formel (14) hervorgeht,

$$(h, d; q) = (q^l) \times \left(\frac{h}{q^l}, \frac{d}{q^l}; q \right),$$

wo der Faktor (q^l) auf der rechten Seite die zyklische Gruppe der Ordnung q^l be zeichnen soll.

Wir beschließen auch diesen Paragraphen mit einem Beispiel, welches die rechnerische Durchführung der Klassifikation im Einzelfalle zeigen soll.

Beispiel. Gesucht sind die nichtisomorphen Gruppen, bei denen die Kommutatorfaktorgruppe den Typus 6,9 besitzt und die Kommutatorgruppe minimaler 13-Normalteiler ist. Die Gruppen der verlangten Struktur sind $(\mathfrak{g}, \partial)$, wo $\mathfrak{g}$ wie in Beispiel 1 beschaffen ist und ∂ alle nichttrivialen irreduziblen Darstellungen von $\mathfrak{g}$ über $GF(13)$ durchläuft. Diese Darstellungen sind in Beispiel 1 bestimmt worden. Zur Klärung des Isomorphieproblems haben wir die Klassen unter $\mathfrak{g}$ konjugierter Darstellungen ∂ zu bestimmen. Dazu benötigen wir die Automorphismen von $\mathfrak{g}$, welche gegeben sind durch $a_1 \rightarrow a_1^{u_1} a_2^{u_2}$, $a_2 \rightarrow a_1^{v_1} a_2^{v_2}$ mit den Nebenbedingungen: $2 \nmid u_1$, $3 \mid u_2$, zugleich darf nicht $3 \mid u_1$ und $9 \mid u_2$ sein, $3 \nmid v_2$, $u_1 v_2 \not\equiv u_2 v_1 \bmod 3$. Zu $\partial(t_1, t_2)$ konjugiert sind dann alle Darstellungen $\partial(t_1', t_2')$ mit $t_1' \equiv 13^x (u_1 t_1 + u_2 t_2)$ und $t_2' \equiv 13^x (v_1 t_1 + v_2 t_2) \bmod 18$, wo die u_i, v_i wie eben angegeben und $x = 0, 1, 2, \ldots$ zu wählen sind. Man stellt fest, daß außer bei $d = 3$ und 6 alle zum gleichen d gehörigen Darstellungen einander konjugiert sind bezüglich $\mathfrak{g}$. Bei $d = 3$ und 6 findet je ein Zerfall in zwei Klassen statt, und zwar bilden $\partial(9, 6)$, $\partial(9, 12)$ bei $d = 3$ eine Klasse für sich und ebenso $\partial(18, 6)$, $\partial(18, 12)$ bei $d = 6$. Diese Klassenzerteilung spiegelt sich auch im Kern wider. Während $\partial(9, 6)$, $\partial(9, 12)$, $\partial(18, 6)$, $\partial(18, 12)$ nichtzyklische Kerne besitzen, sind die Kerne der übrigen Darstellungen zu $d = 3$ oder 6 zyklisch. Die gesuchten Gruppen sind nunmehr

$$\big(\mathfrak{g},\, \partial(3, 2)\big),\ \big(\mathfrak{g},\, \partial(6, 2)\big),\ \big(\mathfrak{g},\, \partial(3, 6)\big),\ \big(\mathfrak{g},\, \partial(9, 6)\big),\ \big(\mathfrak{g},\, \partial(6, 6)\big),$$
$$\big(\mathfrak{g},\, \partial(18, 6)\big),\ \big(\mathfrak{g},\, \partial(9, 18)\big). \tag{16}$$

Die definierenden Relationen lassen sich ohne weiteres hinschreiben. Wir wollen dies nur für die erste und die letzte Gruppe tun.

$\big(\mathfrak{g},\, \partial(3, 2)\big)$: $a_1^6 = a_2^9 = b_1^{13} = b_2^{13} = b_3^{13} = 1$,

$$a_1^{-1} b_1 a_1 = b_1^4, \qquad\qquad a_2^{-1} b_1 a_2 = b_2^2,$$
$$a_1^{-1} b_2 a_1 = b_2^4, \qquad\qquad a_2^{-1} b_2 a_2 = b_3^2,$$
$$a_1^{-1} b_3 a_1 = b_3^4, \qquad\qquad a_2^{-1} b_3 a_2 = b_1^4,$$

sonst kommutativ;

$\big(\mathfrak{g},\, \partial(9, 18)\big)$: $a_1^6 = a_2^9 = b^{13} = 1$,

$$a_1^{-1} b a = b^8, \qquad\qquad a_2^{-1} b a_2 = b^{-1},$$

sonst kommutativ.

Es sei bemerkt, daß sämtliche Gruppen (16) auf Grund der Folgerung aus Satz 6 einen nichttrivialen abelschen Faktor direkt abspalten. Unzerfällbare Gruppen findet man z. B. unter den Gruppen $(\mathfrak{g}, \partial_1, \partial_2)$ ($\mathfrak{g}$ wie bisher). So sind nach der Folgerung aus Satz 7 diejenigen Gruppen $\big(\mathfrak{g}, \partial(t_1^{(1)}, t_2^{(1)}), \partial(t_1^{(2)}, t_2^{(2)})\big)$ direkt unzerfällbar, bei denen $(t_1^{(1)}, t_2^{(1)}, 18)\,(t_1^{(2)}, t_2^{(2)}, 18) < 6$ ist.

LITERATUR

[1] CLIFFORD, A. H.: Representations induced in an invariant subgroup. Annals of Math. *38* (1937) 533—550.
[2] HUPPERT, B.: Lineare auflösbare Gruppen. Math. Z. *67* (1957) 479—518.
[3] RÉDEI, L.: Das schiefe Produkt in der Gruppentheorie. Commentarii Math. Helvet. *20* (1947) 225—264.
[4] WEYL, H.: The classical groups. 2nd ed., London 1946.

Manuskripteingang: 12. 11. 1970

VERFASSER:

GERHARD PAZDERSKI, Sektion Mathematik der Universität Rostock

Bemerkungen zur Theorie der formal p-adischen Körper

Peter Roquette

Herrn Prof. Dr. O.-H. Keller zum 65. Geburtstag gewidmet

§ 1. Einleitung und Problemstellung

Kochen[1]) hat kürzlich eine Theorie der formal p-adischen Körper entwickelt, in Analogie zu der Artinschen Theorie der formal reellen Körper. Hauptziel der Kochenschen Arbeit ist eine Charakterisierung der p-adisch ganz definiten Funktionen, analog zur Charakterisierung der positiv definiten Funktionen in der reellen Theorie. Nach Artin ist jede positiv-definite Funktion eine Summe von Quadraten, sie läßt sich also durch den Quadratoperator $Q(x) = x^2$ in gewisser Weise (nämlich durch Substitution und Summenbildung) ausdrücken. In der p-adischen Theorie tritt an die Stelle des Quadratoperators der Operator

$$\gamma(x) = \frac{1}{p}\left(\wp x - \frac{1}{\wp x}\right)^{-1}$$

wobei wir

$$\wp(x) = x^p - x$$

gesetzt haben. Nach Kochen läßt sich nun jede p-adisch ganz-definite Funktion in gewisser Weise durch den γ-Operator ausdrücken.

Was hierbei unter der Floskel „in gewisser Weise" zu verstehen ist, werden wir sogleich erläutern.

Es ist nämlich das Ziel des vorliegenden Note, das Kochensche Resultat in dieser Hinsicht zu verschärfen, indem nämlich für die p-adisch ganz definiten Funktionen eine einfachere Darstellung angegeben wird, als es bei Kochen geschieht.

Zunächst wollen wir an die einschlägigen Begriffsbildungen und Resultate aus der Theorie der formal p-adischen Körper erinnern. Es sei p eine Primzahl und K ein

---

[1]) S. Kochen, Integer valued rational functions over the p-adic numbers: A p-adic analogue of the theory of real fields; Proc. Symp. Pure Math., vol. XII, Number theory, p. 57—73.

Körper der Charakteristik 0. Eine Bewertung[1] V von K heißt eine *p-Bewertung*, wenn die folgenden Bedingungen erfüllt sind:

1. der Restklassenkörper $\bar{K}$ von K bezüglich V besitzt p Elemente;
2. die Wertgruppe $V(K)$ von K bezüglich V besitzt ein kleinstes positives Element, und zwar $V(p)$.

Dieser Begriff der p-Bewertung ist das p-adische Analogon zum Begriff der *Ordnung* eines Körpers in der reellen Theorie. Dort beweist man: Ein Körper besitzt dann und nur dann eine Ordnung, wenn er formal reell ist in dem Sinne, daß sich -1 nicht als Summe von Quadraten in dem Körper darstellen läßt. Ein entsprechender Satz gilt auch im p-adischen. Dabei wird der Begriff des formal p-adischen Körpers wie folgt gefaßt.

Es sei K ein Körper der Charakteristik 0. Wir betrachten den bereits oben angegebenen Kochen-Operator

$$\gamma(x) = \frac{1}{p}\left(\wp x - \frac{1}{\wp x}\right)^{-1},$$

welcher für $\wp x \neq 0,\ \pm 1$ definiert ist. Es bedeute $\mathbf{Z}[\gamma K]$ den von den Elementen γx (mit $x \in K$ und $\wp x \neq 0,\ \pm 1$) über $\mathbf{Z}$ erzeugten Teilring. Nach Kochen nennt man nun K *formal p-adisch*, wenn

$$\frac{1}{p} \notin \mathbf{Z}[\gamma K],$$

d. h. wenn sich $\dfrac{1}{p}$ nicht als ganzzahliges Polynom von Elementen γx mit $x \in K$ darstellen läßt. Es gilt dann der

Satz I. *K besitzt dann und nur dann eine p-Bewertung, wenn K formal p-adisch ist.*[2]

Ein Element $x \in K$ eines formal p-adischen Körpers K heißt *total p-adisch ganz*, wenn $V(x) \geqq 0$ für alle p-Bewertungen V von K. Es ist klar, daß die total p-adisch ganzen Elemente aus K einen Teilring I von K bilden, nämlich der Durchschnitt der Bewertungsringe

$$I = \cap \mathfrak{O}_V$$

zu den p-Bewertungen V von K. Es entsteht die Frage nach einer expliziten Beschreibung von I.

In der analogen Situation der reellen Theorie handelt es sich um total positive Elemente, welche bei jeder Ordnung $\geqq 0$ sind. Dort beweist man: Die total positiven Elemente sind genau die Quadratsummen. Der entsprechende Satz im p-adischen lautet:

---

[1] Alle hier betrachteten Bewertungen sind nichtarchimedisch und werden additiv geschrieben. Die Wertgruppe ist eine total geordnete Gruppe, nicht notwendig vom Rang 1.

[2] Für einen Beweis von Satz I und auch von Satz II vgl. die Bemerkungen in § 3, im Anschluß an die Folgerungen zu Satz 6.

Satz II. *Es sei K formal p-adisch. Ein Element $x \in K$ ist dann und nur dann total p-adisch ganz, wenn sich x in der Form*

$$x = \frac{f}{1 + p\,g}$$

mit $f, g \in \mathbf{Z}[\gamma K]$ darstellen läßt.

Mit anderen Worten:

Der Ring I der total p-adisch ganzen Elemente aus K läßt sich als Quotientenring

$$I = \mathrm{Quot}_T \, \mathbf{Z}\,[\gamma K]$$

darstellen, wobei T die multiplikative Halbgruppe

$$T = 1 + p \cdot \mathbf{Z}[\gamma K]$$

bedeutet.

Es ist dieses Ergebnis, das wir meinten, als wir eingangs von einer Verschärfung des Kochenschen Resultats sprachen. KOCHEN beweist nämlich nur, daß I die ganzabgeschlossene Hülle von $\mathrm{Quot}_T \mathbf{Z}[\gamma K]$ ist. Unser Ergebnis läßt sich also auch wie folgt zusammenfassen:

Der Kochen-Ring $\mathrm{Quot}_T \mathbf{Z}[\gamma K]$ ist ganzabgeschlossen in K.

Der Nachweis dieser Tatsache ist das Hauptziel der vorliegenden Note. Er beruht auf einem einfachen algebraischen Lemma, das in § 2 dargestellt wird, und zwar werden wir dieses Lemma gleich in einer etwas allgemeineren Fassung formulieren und beweisen, um uns bei späterer Gelegenheit darauf beziehen zu können.

Interessant ist, daß sich als Nebenergebnis noch eine Reihe von weiteren Strukturaussagen über den Kochen-Ring

$$R = \mathrm{Quot}_T \, \mathbf{Z}[\gamma K]$$

und damit auch über I ergeben. Und zwar:

Erstens können wir das *Primidealspektrum* von R vollständig mit Hilfe von Bewertungen beschreiben. Kurz gesagt: R verhält sich in bezug auf die über R liegenden Bewertungen ähnlich wie ein Dedekindscher Ring, obwohl die über R liegenden Bewertungen im allgemeinen keine diskrete Wertgruppe von Rang 1 besitzen und R daher kein Dedekindscher Ring ist. Die über R liegenden Bewertungen von K sind einerseits die p-Bewertungen von K (diese besitzen auf R ein maximales Ideal als Zentrum), und andererseits diejenigen Bewertungen von K, deren Restklassenkörper formal p-adisch ist (diese besitzen auf R ein nichtmaximales Ideal als Zentrum). Für Einzelheiten verweisen wir auf unsere Diskussion in § 3.

Als Folge aus diesen Resultaten stellt sich heraus, daß nicht nur R, sondern auch jeder Oberring von R in K ganzabgeschlossen ist (vgl. § 3, Folgerung 3 zu Satz 5); damit lassen sich auch die Ergebnisse von KOCHEN über relativ total p-adisch ganze Elemente verschärfen (relativ in bezug auf eine vorgegebene Teilmenge S von K).

Auch das Jacobsonsche Radikal von R läßt sich explizit beschreiben, nämlich als das von p erzeugte Hauptideal pR. Das war zu erwarten. Bemerkenswert ist, daß für die p-Bewertungen von K der *verschärfte Annäherungssatz* gilt (vgl. § 3, Satz 7); da es

12*

sich im allgemeinen um unendlich viele Bewertungen handelt (mit nichtdiskreter Wertgruppe), ist dieser Satz nichttrivial.

Ein formal p-adischer Körper K heißt *p-adisch abgeschlossen*, wenn er keinen echten algebraischen und formal p-adischen Erweiterungskörper besitzt. Dann besitzt K nur eine einzige p-Bewertung V; dies entspricht der bekannten Tatsache aus der reellen Theorie, daß ein reell abgeschlossener Körper nur eine einzige Ordnung gestattet.

Es sei nun K_0 ein p-adisch abgeschlossener Körper, und es sei $K = K_0(x_1, \ldots, x_n)$ $= K_0(x)$ rationaler Funktionenkörper in n Variablen über K_0. Eine rationale Funktion $f(x) \in K$ heißt *p-adisch ganz-definit*, wenn $V\big(f(a)\big) \geqq 0$ für alle $a = (a_1, \ldots, a_n)$ $\in K_0{}^n$, für welche $f(a)$ definiert ist, d. h. welche nicht Nullstellen des Nenners von $f(x)$ sind. Nach KOCHEN gilt nun der

Satz III. *Es sei K_0 p-adisch abgeschlossen. Eine rationale Funktion $f(x) \in K_0(x)$ ist genau dann p-adisch ganz-definit, wenn $f(x)$ total p-adisch ganz ist in $K_0(x)$.*

Zusammen mit unserem Satz II ergibt sich daraus eine Charakterisierung der p-adisch ganz-definiten Funktionen, welche im angegebenen Sinne schärfer ist als das entsprechende Resultat bei KOCHEN.

Auf den Beweis von Satz III werden wir in dieser Note nicht eingehen. Es sei dazu jedoch folgendes bemerkt: KOCHEN benutzt an wesentlicher Stelle die Ergebnisse der Modelltheorie im Sinne der Logik, und zwar genauer den Satz, daß die Theorie der p-adisch abgeschlossenen Körper der Charakteristik 0 modell-vollständig ist. Er erwähnt, daß bisher noch kein direkter, von der Modelltheorie unabhängiger Beweis gefunden sei. Ein solcher direkter, auf der Bewertungstheorie fußender Beweis läßt sich nun unter Benutzung unserer Resultate in § 3 in der Tat aufstellen. Hierauf und auf mögliche Verallgemeinerungen in Charakteristik > 0 beabsichtigen wir an anderer Stelle einzugehen.

Bezeichnungen.

Ist V eine Bewertung des Körpers K, so bezeichnen wir mit

$\mathfrak{O}_V$ den Bewertungsring von V in K;
$\mathfrak{M}_V$ das maximale Ideal von $\mathfrak{O}_V$;
$\bar{K}_V$ $= \mathfrak{O}_V/\mathfrak{M}_V$ den zugehörigen Restklassenkörper;
$\bar{x}$ das Bild in $\bar{K}_V$ des Elements $x \in \mathfrak{O}_V$;
$V(K)$ die Wertgruppe von V.

Wenn aus dem Zusammenhang hervorgeht, um welche Bewertung es sich handelt, so lassen wir den Index V der Einfachheit halber fort und schreiben $\mathfrak{O}$, $\mathfrak{M}$, $\bar{K}$ statt $\mathfrak{O}_V$, $\mathfrak{M}_V$, $\bar{K}_V$.

§ 2. Ganzabgeschlossenheit des Kochen-Ringes

Wir betrachten die folgende allgemeine körpertheoretische Situation, welche die in §1 geschilderte Situation bei formal p-adischen Körpern imitiert:

Es sei K ein Körper, q eine natürliche Zahl > 1, π ein Element $\neq 0$ aus K. Wir definieren den zu q gehörigen *Artin-Schreier-Operator* auf K durch

$$\wp(x) = x^q - x \qquad\qquad\qquad (x \in K)$$

sowie den zu q und π gehörigen *Kochen-Operator* durch

$$\gamma(x) = \frac{1}{\pi}\left(\wp x - \frac{1}{\wp x}\right)^{-1} \qquad (x \in K),$$

wobei noch $\wp(x) \neq 0,\ \pm 1$ vorausgesetzt wird.

Es sei ferner $\mathfrak{o}$ ein Teilring von K, der π enthält. Wir betrachten den Ring

$$\mathfrak{o}[\gamma K],$$

der von Elementen γx (mit $x \in K$ und $\wp x \neq 0,\ \pm 1$) über $\mathfrak{o}$ erzeugt wird. Es sei T die multiplikative Halbgruppe

$$T = 1 + \pi \cdot \mathfrak{o}[\gamma K]$$

aus $\mathfrak{o}[\gamma K]$. Wir bilden den zu T gehörigen Quotientenring

$$R = \operatorname{Quot}_T \mathfrak{o}[\gamma K]$$

und nennen R den zu q und π gehörigen *Kochen-Ring* über $\mathfrak{o}$. Damit R definiert ist, hat man vorauszusetzen, daß T nicht die Null enthält, das bedeutet:

Voraussetzung. *π ist keine Einheit in* $\mathfrak{o}[\gamma K]$, *d. h., es gilt*

$$\frac{1}{\pi} \notin \mathfrak{o}[\gamma K].$$

Es ist klar, wie sich die in §1 geschilderte Theorie der formal p-adischen Körper als Spezialfall hier einordnet: Man hat dazu den Fall $\operatorname{char}(K) = 0$ zu betrachten und nimmt nun $q = \pi = p$ sowie $\mathfrak{o} = \mathbf{Z}$. Die obige Voraussetzung besagt in diesem Fall gerade, daß K formal p-adisch ist.

In unserer allgemeinen Situation gilt nun das

Lemma 1. *Der Kochen-Ring R ist ganzabgeschlossen in K.*

Dazu haben wir zu zeigen, daß sich R als Durchschnitt von Bewertungsringen von K darstellen läßt.

Es durchlaufe P die *maximalen Ideale* von R. Jedenfalls ist R, wie jeder Integritätsbereich, als Durchschnitt der Quotientenringe zu seinen maximalen Idealen P darstellbar:

$$R = \bigcap_P \operatorname{Quot}_P(R)$$

Lemma 1 wird also bewiesen sein, wenn wir zeigen können:

Lemma 2. *Für jedes maximale Ideal P von R ist $\operatorname{Quot}_P(R)$ ein Bewertungsring von K.*

Es sei V eine Bewertung von K. Wenn $V(R) \geqq 0$, d. h. wenn $R \subset \mathfrak{O}_V$, so sagt man: V *liegt über* R.

Ist das der Fall, so bestimmt V ein Primideal von R, nämlich das Ideal $R \cap \mathfrak{M}_V$, bestehend aus allen $x \in R$ mit $V(x) > 0$. Man nennt $R \cap \mathfrak{M}_V$ das *Zentrum* von V auf R; es ist nur definiert, wenn V über R liegt.

Zu jedem Primideal P von R gibt es mindestens eine über R liegende Bewertung V von K, welche P als Zentrum besitzt. Das ist der Inhalt des wohlbekannten Existenzsatzes für Bewertungen. Insbesondere gibt es also auch zu jedem maximalem Ideal P von R eine Bewertung V von K, die über R liegt und auf R das Zentrum P besitzt.

Demnach läßt sich Lemma 2 nun auch wie folgt aussprechen:

Lemma 3. *Es sei V eine über R liegende Bewertung von K, welche auf R ein maximales Ideal P als Zentrum besitzt. Dann ist $\mathfrak{O}_V = \mathrm{Quot}_P(R)$.*

Lemma 3 wird sich aus einem allgemeinen Hilfssatz der Bewertungstheorie ergeben (vgl. Lemma 4). Zuvor wollen wir zeigen, daß die dortigen Voraussetzungen im Fall eines Kochen-Ringes erfüllt sind. Die in Lemma 3 benutzten Bezeichnungen werden dabei ohne nochmalige Erklärung beibehalten, d. h., V bezeichnet eine über R liegende Bewertung von K und P das Zentrum von V auf R; es wird vorausgesetzt, daß P ein maximales Ideal von R ist. Wir beginnen mit folgender Feststellung:

$$V(\pi) > 0. \tag{1}$$

Diese Aussage bedeutet: $\pi \in P$. Nun ist P maximal in R. Wäre daher $\pi \notin P$, so wäre π eine Einheit modulo P, es gäbe also ein Element $x \in R$ mit $\pi x \equiv 1 \bmod P$. Nach Definition von $R = \mathrm{Quot}_T \mathfrak{o}[\gamma K]$ läßt sich x in der Form $x = f/1 + \pi g$ mit $f, g \in \mathfrak{o}[\gamma K]$ darstellen. Multiplikation mit $1 + \pi g$ ergibt

$$\pi f \equiv 1 + \pi g \ \bmod P,$$

$$1 + \pi(g - f) \equiv 0 \ \bmod P.$$

Das Element $1 + \pi(g - f)$ liegt in $T = 1 + \pi \cdot \mathfrak{o}[\gamma K]$, ist also eine Einheit in R. Daher liefert die Division mit $1 + \pi(g - f)$ die Relation

$$1 \equiv 0 \bmod P,$$

d. h. $P = R$, was absurd ist. Also ist $\pi \in P$, d. h., es gilt (1).

Bevor wir weitergehen, wollen wir die relevanten bewertungstheoretischen Eigenschaften des Kochen-Operators γ zusammenstellen. Es sei $x \in K$. Wegen $\wp x = x^q - x$ ergibt sich aus den elementaren Bewertungsregeln

$$V(x) > 0 \Rightarrow V(\wp x) = V(x) > 0,$$

$$V(x) < 0 \Rightarrow V(\wp x) = q\,V(x) < 0,$$

$$V(x) = 0 \Rightarrow V(\wp x) \geqq 0.$$

Ist $\wp x \neq 0$, so gilt ferner

$$V(\wp x) > 0 \Rightarrow V\!\left(\wp x - \frac{1}{\wp x}\right) = -V(\wp x) < 0,$$

$$V(\wp x) < 0 \Rightarrow V\!\left(\wp x - \frac{1}{\wp x}\right) = V(\wp x) < 0,$$

$$V(\wp x) = 0 \Rightarrow V\!\left(\wp x - \frac{1}{\wp x}\right) \geqq 0.$$

Zusammengenommen ergibt sich für

$$\gamma x = \frac{1}{\pi}\left(\wp x - \frac{1}{\wp x}\right)^{-1}$$

im Fall $\wp x \neq 0, \pm 1$ die folgende Werteverteilung:

$$V(x) > 0 \Rightarrow V(\gamma x) = V(x) - V(\pi), \tag{2a}$$

$$V(x) < 0 \Rightarrow V(\gamma x) = -q\,V(x) - V(\pi), \tag{2b}$$

$$V(\wp x) > 0 \Rightarrow V(\gamma x) = V(\wp x) - V(\pi), \tag{2c}$$

$$V(\wp x) = 0 \Rightarrow V(\gamma x) \leqq -V(\pi). \tag{2d}$$

Diese Formeln gelten ihrer Herleitung nach für eine beliebige Bewertung V von K. Nun benutzen wir unsere Voraussetzung, daß V über R liegt und daher

$$V(\gamma x) \geqq 0$$

wegen $\gamma x \in R$. Ferner besitzt V auf R das maximale Ideal P als Zentrum; daher entnehmen wir aus (1), daß *der Fall* (2d) *nicht vorkommt.* Es gilt daher

$$V(x) \geqq 0 \Rightarrow V(\wp x) > 0.$$

Für die Restklasse $\bar{x}$ von x im Restklassenkörper $\bar{K}$ bedeutet das:

$$\wp\bar{x} = \bar{x}^{q} - \bar{x} = 0. \tag{3}$$

Diese Relation gilt für *alle* Elemente $\bar{x} \in \bar{K}$. Wir hatten bei der Herleitung zwar vorausgesetzt, daß $\wp x \neq 0, \pm 1$. Andererseits gibt es zu vorgegebener Restklasse $\bar{x} \in \bar{K}$ *unendlich viele* Urbilder $x \in K$ (mit x sind nämlich auch die Elemente $x + \pi^{n}$, $n = 1, 2, 3, \ldots$, Urbilder von $\bar{x}$, was aus (1) folgt). Wir können daher zu vorgegebener Restklasse $\bar{x} \in \bar{K}$ ein Urbild $x \in K$ finden, das die endlich vielen Ungleichungen $\wp x \neq 0, \pm 1$ erfüllt, für $\bar{x}$ gilt demnach (3).

Jedes Element $\bar{x} \in \bar{K}$ ist also Nullstelle des Polynoms $\wp(X) = X^{q} - X \in \bar{K}[X]$. Daraus folgt: $\bar{K}$ ist endlich, von einer Elementezahl $|\bar{K}| \leqq q$. Genauer gilt für die Elementezahl $|\bar{K}^{\times}|$ der multiplikativen Gruppe von $\bar{K}$:

$$|\bar{K}^{\times}| \;\textit{ist Teiler von}\; q - 1. \tag{4}$$

Denn jedes Element $\bar{x} \in \bar{K}^{\times}$ ist Nullstelle des Polynoms $\dfrac{\wp(X)}{X} = X^{q-1} - 1$, also eine $(q - 1)$-te Einheitswurzel.

Nebenbei ergeben unsere obigen Überlegungen, daß der Fall $\wp x = \pm 1$ gar nicht vorkommen kann, d. h., daß

$$\wp x \neq \pm 1 \tag{5}$$

für alle $x \in K$. Wäre nämlich $\wp x = 1$ oder $\wp x = -1$, so wäre $\wp\bar{x} = \pm 1 \neq 0$, was der Aussage (3) widerspricht.[1])

---

[1]) Man beachte dazu, daß es nach dem Existenzsatz für Bewertungen sicherlich Bewertungen von K gibt, die über R liegen, und die auf R ein maximales Ideal als Zentrum besitzen. Demnach ist die Aussage (3), die sich auf eine solche Bewertung V bezieht, nichtleer.

Die Restklassenabbildung bezüglich V induziert in R einen Homomorphismus $R \to \bar{K}$ mit dem Kern P. Demnach ist $R/P \subset \bar{K}$; wir behaupten nun, daß sogar

$$R/P = \bar{K}. \tag{6}$$

Dazu haben wir zu jedem Element $z \in K$ mit $V(z) \geqq 0$ ein Element $a \in R$ nachzuweisen mit

$$z \equiv a \bmod \mathfrak{M}. \tag{7}$$

Wir setzen a in der Form

$$a = \gamma(x)$$

mit geeignet zu wählendem $x \in K$ an. Nach Definition von γ ist

$$(\pi a)^{-1} = \wp x - \frac{1}{\wp x}$$

und daher

$$\pi a \cdot \wp(x)^2 - \wp(x) - \pi a = 0 \qquad (a = \gamma x). \tag{8}$$

Gemäß der Herleitung dieser Formel ist dabei $\wp(x) \neq 0$ vorauszusetzen, damit $\gamma(x)$ definiert ist. Die Gleichung (8) gilt jedoch trivialerweise auch, falls $\wp x = 0$ ist, wenn man dann $a = 0$ interpretiert.

Wir setzen nun

$$x = \pi z.$$

Dann ist $x \equiv 0 \bmod \mathfrak{M}$, also auch $\wp x \equiv 0 \bmod \mathfrak{M}$. Demnach ergibt sich aus (8) nach Division durch π

$$a \equiv -\frac{\wp(x)}{\pi} \equiv -(\pi^{q-1}z - z) \equiv z \bmod \mathfrak{M},$$

also gilt (7). Damit ist (6) bewiesen.

Die beim Beweis benutzte Formel (8) besagt, daß jedes Element $x \in K$ Nullstelle des Polynoms

$$\varphi(X) = \pi a \cdot \wp(X)^2 - \wp(X) - \pi a \in R[X]$$

ist, wobei $a = \gamma x$.

Es bedeute $\bar{\varphi}(X)$ das Bild von $\varphi(X)$ bei der natürlichen Abbildung $R[X] \to \bar{K}[X]$, die durch die Restklassenabbildung $R \to \bar{K}$ gegeben wird. Wegen $\pi a \equiv 0 \bmod \mathfrak{M}$ ergibt sich

$$\bar{\varphi}(X) = -\wp(X)$$

und damit insbesondere $\bar{\varphi}'(0) = 1 \neq 0$. Die damit bewiesenen Relationen

$$\varphi(x) = 0, \quad \bar{\varphi}'(0) \neq 0 \tag{9}$$

merken wir uns für später an.

Nun zeigen wir:

V ist die einzige über R liegende Bewertung von K mit dem Zentrum P.[1])   (10)

Sei nämlich $W \neq V$ eine weitere, über R liegende Bewertung von K, die auf R ein maximales Ideal Q als Zentrum besitzt. Wir haben zu zeigen, daß $P \neq Q$.

Wegen $V \neq W$ ist $\mathfrak{O}_V \neq \mathfrak{O}_W$. Wäre $\mathfrak{O}_W \subset \mathfrak{O}_V$, so wäre das Bild von $\mathfrak{O}_W$ im Restklassenkörper $\bar{K}_V$ ein echter Bewertungsring von $\bar{K}_V$. Da jedoch $\bar{K}_V$ nach (4) endlich ist, besitzt $\bar{K}_V$ keine echten Bewertungsringe. Folglich ist $\mathfrak{O}_W \not\subset \mathfrak{O}_V$ und entsprechend $\mathfrak{O}_V \not\subset \mathfrak{O}_W$. Es gibt demnach Elemente $y, z \in K$ mit

$$V(y) \geqq 0, \qquad W(y) < 0,$$
$$V(z) < 0, \qquad W(z) \geqq 0.$$

Ist hierbei $V(y) > 0$, so ersetzen wir y durch $y - 1$ und können demnach $V(y) = 0$ annehmen. Entsprechend können wir $W(z) = 0$ annehmen. Setzen wir nun $x = y/z$, so sehen wir: Es gibt ein Element $x \in K$ mit

$$V(x) > 0, \ W(x) < 0.$$

Aus der ersten dieser Relationen ergibt sich im Hinblick auf Formel (2a)

$$V(\gamma x) = V(x) - V(\pi) \geqq 0,$$

also

$$V(x) \geqq V(\pi). \tag{11}$$

Ist hierbei $V(x) > V(\pi)$, soersetzen wir x durch $x + \pi$ und schreiben wieder x statt $x + \pi$. Wir haben jetzt

$$V(x) = V(\pi) > 0, \ W(x) < 0.$$

Nach den Formeln (2a) und (2b) ergibt sich hieraus

$$V(\gamma x) = V(x) - V(\pi) = 0, \quad W(\gamma x) = -q\, W(x) - W(\pi) \geqq 0.$$

In der zweiten dieser Relationen gilt dabei das $>$ Zeichen. Denn es ist ja $W(x^{-1}) > 0$; demnach gilt (11) für W und x^{-1} statt V und x. Das ergibt

$$-W(x) \geqq W(\pi)$$

und daher

$$-q\, W(x) \geqq q\, W(\pi) > W(\pi)$$

wegen $q > 1$. Wir haben nun

$$V(\gamma x) = 0, \quad W(\gamma x) > 0.$$

Demnach liegt das Element $\gamma x \in R$ zwar in Zentrum Q von W, nicht aber im Zentrum P von V; es ist also in der Tat $P \neq Q$.

Wir formulieren nun ein allgemeines Lemma aus der Bewertungstheorie, in dessen Voraussetzungen die oben erhaltenen Informationen über V, P eingehen und dessen Behauptung gerade die Aussage von Lemma 3 ist.

---

[1]) Äquivalente Bewertungen werden als nicht verschieden betrachtet.

Lemma 4. *Es sei K ein Körper, $R \subset K$ Integritätsbereich, V eine über R liegende Bewertung von K und P das Zentrum von V auf R.*

Voraussetzungen.

(i) *Der Restklassenkörper $\bar{K}$ von V ist gleich R/P.* (Vgl. (6).)

(ii) *Jedes Element $x \in K$ mit $V(x) > 0$ ist Nullstelle eines Polynoms $\varphi(X) \in R[X]$ mit $\bar{\varphi}'(0) \neq 0$.* (Vgl. (9).)

(iii). *V ist die einzige über R liegende Bewertung von K, die auf R das Zentrum P besitzt.* (Vgl. (10).)

Behauptung. *Der Bewertungsring $\mathfrak{D}$ von V läßt sich als Quotientenring von R bezüglich P darstellen:*

$$\mathfrak{D} = \mathrm{Quot}_P(R).$$

Beweis. Die Voraussetzungen übertragen sich von R auf $\mathrm{Quot}_P(R)$. Demnach können wir zum Beweis von Lemma 4 annehmen, daß $R = \mathrm{Quot}_P(R)$, d. h., daß P das *einzige* maximale Ideal von R ist. Wir haben dann zu zeigen, daß $R = \mathfrak{D}$.

Aus (i) folgt $\mathfrak{D} = R + \mathfrak{M}$. Demnach haben wir zu zeigen, daß $\mathfrak{M} \subset R$. Es sei demgemäß $x \in \mathfrak{M}$. Wir setzen

$$R' = R[x]$$

und haben zu zeigen, daß $R' = R$.

Da P das einzige maximale Ideal von R ist, folgt aus (iii), daß $\mathfrak{D}$ ganz ist über R.[1] Insbesondere ist x ganz über R, und daher ist R' ein endlicher R-Modul. Nach dem Lemma von KRULL-AZUMAYA[2] genügt es daher zu zeigen, daß

$$R' = R + PR'.$$

Nun ist offenbar $R' = R[x] = R + xR'$. Wir haben demnach zu zeigen, daß

$$x \in PR'. \tag{12}$$

Es sei $P' = R' \cap \mathfrak{M}$ das Zentrum von V auf R'. Dann ist P' ein Primideal von R', welches PR' enthält. Wir behaupten, daß P' das *einzige* Primideal von R' ist, welches PR' enthält. Sei nämlich $Q' \subset R'$ ein Primoberideal von PR'. Nach dem Existenzsatz für Bewertungen gibt es eine über R' liegende Bewertung W von K mit dem Zentrum Q' auf R'. Diese Bewertung W liegt auch über R und besitzt dort das Zentrum $R \cap Q' \supset P$. Da P maximal ist in R, folgt $R \cap Q' = P$. Also besitzt W auf R das Zentrum P. Nach (iii) ergibt sich nun $W = V$ und somit $Q' = P'$.

Da also P' das einzige Primoberideal von PR' ist, ist jedes Element aus P' nilpotent modulo PR'. Insbesondere gilt wegen $x \in P'$

$$x^n \in PR' \tag{13}$$

mit geeignetem $n > 0$. Unsere Behauptung (12) besagt, daß dies sogar für $n = 1$ gilt. Das ergibt sich nun folgendermaßen: Aus (13) folgt für x^n eine Darstellung der Form

$$x^n = p_0 + p_1 x + \cdots + p_r x^r = h(x),$$

---

[1] O. ZARISKI and P. SAMUEL, Commutative Algebra II. New York 1960, S. 17, Theorem 8.
[2] NAGATA, Local Rings. S. 12, Nr. 4.

wobei $p_i \in P$. Setzt man $g(X) = X^n - h(X)$, so folgt

$$g(x) = 0, \qquad \bar{g}(X) = X^n. \tag{14}$$

Es sei nun N das Relationenideal von x über R, bestehend aus *allen* Polynomen $f(X)$ $\in R[X]$ mit $f(x) = 0$. Es bedeute $\bar{N}$ das Bild von N bei der natürlichen Abbildung $R[X] \to \bar{K}[X]$. Wegen (i) ist diese Abbildung surjektiv; mithin ist $\bar{N}$ ein Ideal von $\bar{K}[X]$. Die Relationen (14) besagen, daß $X^n \in \bar{N}$.

Andererseits enthält $\bar{N}$ das in (ii) erwähnte Polynom $\bar{\varphi}(X)$. Es ist $\varphi(0) = \overline{\varphi(x)} = 0$, d. h., 0 ist eine Nullstelle von $\bar{\varphi}(X)$. Nach (ii) ist $\bar{\varphi}'(0) \neq 0$, d. h., 0 ist eine *einfache* Nullstelle von $\bar{\varphi}(X)$. Es ist daher

$$ggT(\bar{\varphi}(X), X^n) = X.$$

Da $\bar{N}$ mit je zwei Polynomen auch ihren größten gemeinsamen Teiler enthält, folgt

$$X \in \bar{N}.$$

Es gibt also ein Polynom $f(X) \in R[X]$ mit

$$f(x) = 0, \quad \bar{f}(X) = X.$$

Die letzte Relation kann auch in der Form

$$X \equiv f(X) \bmod P \cdot R[X]$$

geschrieben werden. Die Substitution $X \to x$ liefert nun

$$x \equiv 0 \bmod P \cdot R[x] = PR'$$

und damit die Behauptung (12). Q.e.d.

§ 3. Das Primidealspektrum des Kochen-Ringes

Wir betrachten weiterhin die zu Beginn von § 2 geschilderte Situation und übernehmen die dortigen Voraussetzungen und Bezeichnungen. Insbesondere ist

$$R = \mathrm{Quot}_T \mathfrak{o}\,[\gamma K]$$

der zu q und π gehörige Kochen-Ring von K über $\mathfrak{o}$.

Satz 5. *Die Primideale P des Kochen-Ringes R entsprechen umkehrbar eindeutig den über R liegenden Bewertungen V von K; dabei ist P das Zentrum von V auf R, und der Bewertungsring $\mathfrak{O}_V$ stellt sich dar als Quotientenring von R bezüglich P:*

$$P = R \cap \mathfrak{M}_V, \quad \mathfrak{O}_V = \mathrm{Quot}_P\,(R).{}^{1)}$$

Beweis. Für *maximale* Ideale von R ist das gerade der Inhalt von Lemma 3. Nun sei P ein beliebiges Primideal von R. Nach dem Zornschen Lemma gibt es ein maximales Ideal Q von R mit $P \subset Q$. Es folgt

$$\mathrm{Quot}_Q(R) \subset \mathrm{Quot}_P(R).$$

Hierbei ist $\mathrm{Quot}_Q(R)$ nach Lemma 2 ein Bewertungsring von K. Also ist auch $\mathrm{Quot}_P(R)$ ein Bewertungsring von K. (Jeder Oberring eines Bewertungsringes in seinem Quo-

---

¹) R ist also ein sogenannter *Prüferscher Ring*.

tientenkörper ist ebenfalls ein Bewertungsring.) Es gibt also eine Bewertung V von K derart, daß

$$\operatorname{Quot}_P(R) = \mathfrak{O}_V.$$

Hieraus folgt

$$P = R \cap \mathfrak{M}_V,$$

und V ist offenbar die einzige Bewertung von K mit dem Zentrum P auf R. Q.e.d.

Folgerung 1. *K ist der Quotientenkörper von R.*

Dazu wende man Satz 5 auf die triviale Bewertung von K an. Diese hat K als ihren Bewertungsring, und sie besitzt das Nullideal als Zentrum auf R; also ist $K = \operatorname{Quot}(R)$.

Folgerung 2. *Es sei P ein Primideal von R. Die Menge der Primunterideale von P ist vermöge Inklusion total geordnet; ihre Anzahl ist gleich dem Rang der Wertgruppe der zu P gehörigen Bewertung V von K.*

Denn die Relation $Q \subset P$ ist gleichbedeutend mit $\operatorname{Quot}_P(R) \subset \operatorname{Quot}_Q(R)$, d. h. mit $\mathfrak{O}_V \subset \mathfrak{O}_W$, wenn V, W die zu P, Q gehörigen Bewertungen von K bedeuten. Die Menge der Oberringe des Bewertungsringes $\mathfrak{O}_V$ in K ist nun bekanntlich total geordnet, und ihre Anzahl ist gleich dem Rang von $V(K)$.

Folgerung 3. *Der Satz 5 bleibt richtig, wenn man dort R durch irgendeinen Oberring R' von R in K ersetzt. Insbesondere ist jeder solche Oberring ganzabgeschlossen.*

Denn jede über R' liegende Bewertung V von K liegt auch über R. Es seien $P' = R' \cap \mathfrak{M}_V$ und $P = R \cap \mathfrak{M}_V$ die Zentren von V auf R' bzw. R. Dann gilt $P = R \cap P'$ und somit

$$\operatorname{Quot}_P(R) \subset \operatorname{Quot}_{P'}(R') \subset \mathfrak{O}_V.$$

Nach Satz 5 ist jedoch $\operatorname{Quot}_P(R) = \mathfrak{O}_V$; das ergibt

$$\operatorname{Quot}_{P'}(R') = \mathfrak{O}_V,$$

und insbesondere ist V durch P' eindeutig bestimmt. Durchläuft P' die maximalen Ideale von R', so ist

$$R' = \bigcap_{P'} \operatorname{Quot}_{P'}(R');$$

somit ist R' als Durchschnitt von Bewertungsringen darstellbar und daher ganzabgeschlossen in seinem Quotientenkörper K.

Durch Satz 5 wird das Primidealspektrum von R durch die über R liegenden Bewertungen von K beschrieben. Es entsteht die Frage: Wie lassen sich die über R liegenden Bewertungen von K charakterisieren?

Definition. Eine Bewertung V von K heißt eine *(q, π)-Bewertung*, wenn

1. der Restklassenkörper $\bar{K}$ endlich ist und die Ordnung $|\bar{K}^\times|$ seiner multiplikativen Gruppe ein Teiler von $q - 1$ ist; und
2. die Wertgruppe $V(K)$ ein kleinstes positives Element besitzt, nämlich $V(\pi)$.

Im Fall der Theorie der formal p-adischen Körper ist $q = \pi = p$, und es handelt sich gerade um die p-Bewertungen im Sinne von § 1.

Im folgenden Satz bezeichnet das Symbol $V \mid \mathfrak{o}$ eine *über $\mathfrak{o}$ liegende* Bewertung von K. Es ist klar, daß jede über R liegende Bewertung auch über $\mathfrak{o}$ liegt, denn wir haben ja den Grundring $\mathfrak{o}$ zur Definition von R benutzt; demzufolge ist $\mathfrak{o} \subset R$. Im Fall der Theorie der formal p-adischen Körper nimmt man $\mathfrak{o} = \mathbf{Z}$; jede Bewertung liegt über $\mathbf{Z}$, und die Bedingung, daß V über $\mathbf{Z}$ liegt, kann daher weggelassen werden.

Satz 6. *Eine Bewertung $V \mid \mathfrak{o}$ liegt genau dann über R, wenn entweder V eine (q, π)-Bewertung ist, oder wenn $V(\pi) = 0$ ist und der Restklassenkörper $\bar{K}$ eine $(q, \bar{\pi})$-Bewertung über $\bar{\mathfrak{o}}$ besitzt.*[1])

Im ersten Fall besitzt V auf R ein maximales Ideal als Zentrum, im zweiten Fall besitzt V ein nichtmaximales Zentrum auf R.

Beweis. (i) Wenn V über R liegt und auf R ein *maximales* Ideal P als Zentrum besitzt, so ist V eine (q, π)-Bewertung: Denn nach § 2 (4) ist $|\bar{K}^{\times}|$ ein Teiler von $q - 1$; nach § 2 (1) ist $V(\pi) > 0$, und nach § 2 (11) ist $V(x) \geqq V(\pi)$ für jedes positive Element $V(x) > 0$ der Wertgruppe $V(K)$.

(ii) Nun werde umgekehrt angenommen, $V \mid \mathfrak{o}$ sei eine (q, π)-Bewertung. Zunächst zeigen wir, daß V über $\mathfrak{o}[\gamma K]$ liegt, und haben dazu nachzuweisen, daß $V(\gamma x) \geqq 0$ für $x \in K$. Aus der Bedingung 1 für (q, π)-Bewertungen folgt $\bar{x}^{q-1} - 1 = 0$ für jedes Element $\bar{x} \in \bar{K}^{\times}$; also ist $\wp(\bar{x}) = \bar{x}^q - \bar{x} = 0$ für jedes $\bar{x} \in \bar{K}$. Das bedeutet: $V(\wp x) > 0$ für jedes $x \in K$ mit $V(x) \geqq 0$. Betrachten wir daher die Formeln (2) aus § 2, so sehen wir, daß der Fall (2 d) nicht vorkommt. In den Fällen (2 a) bis (2 c) hat man zufolge der Bedingung 2 einer (q, π)-Bewertung:

$$V(x) > 0 \Rightarrow V(x) \geqq V(\pi),$$

$$V(x) < 0 \Rightarrow -q\,V(x) \geqq V(\pi),$$

$$V(\wp x) > 0 \Rightarrow V(\wp x) \geqq V(\pi).$$

In jedem Fall ergibt sich nach (2 a) bis (2 c)

$$V(\gamma x) \geqq 0.$$

Also liegt V über $\mathfrak{o}[\gamma K]$; dabei ist noch $V(\pi) > 0$.[2]) Jedes Element $t = 1 + \pi f$ aus T ist demnach $\equiv 1 \bmod \mathfrak{M}_V$, also eine Einheit in $\mathfrak{O}_V$. Es folgt

$$R = \operatorname{Quot}_T \mathfrak{o}[\gamma K] \subset \mathfrak{O}_V.$$

Mithin liegt V über R. Ist P das Zentrum von V auf R, so ist $R/P \subset \bar{K}$. Da $\bar{K}$ endlich ist, so ist also auch R/P endlich; als endlicher Integritätsbereich ist R/P ein Körper. Mithin ist P *maximal* in R.

---

[1]) Wie üblich bezeichnen wir mit $\bar{\pi}$, $\bar{\mathfrak{o}}$ die Bilder von π, $\mathfrak{o}$ im Restklassenkörper $\bar{K}$ von V.

[2]) Bemerkung. In § 2 hatten wir als Generalvoraussetzung angegeben: π ist keine Einheit in $\mathfrak{o}[\gamma K]$. Diese Voraussetzung wurde jedoch bei diesem Schluß nicht benutzt. Wir haben nämlich bewiesen: Wenn K eine (q, π)-Bewertung $V/\mathfrak{o}$ besitzt, so liegt V über $\mathfrak{o}[\gamma K]$; wegen $V(\pi) > 0$ folgt daraus, daß π keine Einheit in $\mathfrak{o}[\gamma K]$ ist, d. h., daß die Voraussetzung von § 2 erfüllt ist. Vgl. die Bemerkung im Anschluß an Folgerung 1.

(iii) Nun diskutieren wir die über R liegenden Bewertungen mit *nichtmaximalem* Zentrum auf R. Es sei V eine solche Bewertung und P ihr Zentrum auf R. Es gibt ein maximales Ideal Q von R, das P enthält:

$$P \subset Q, \quad P \neq Q.$$

Es sei W die zu Q gehörige Bewertung von K im Sinne von Satz 5. Es ist dann

$$\mathfrak{O}_W \subset \mathfrak{O}_V, \quad \mathfrak{O}_W \neq \mathfrak{O}_V. \tag{15}$$

Nach (i) ist hierbei $W \mid \mathfrak{o}$ eine (q, π)-Bewertung.

Hiervon gilt auch die Umkehrung: Ist $V \mid \mathfrak{o}$ irgendeine Bewertung von K und gibt es eine (q, π)-Bewertung $W \mid \mathfrak{o}$ derart, daß (15) gilt, so liegt W nach (ii) über R und daher liegt auch V über R; für die Zentren P, Q von V, W auf R gilt dann $P \subset Q$, $P \neq Q$, und daher ist P nicht maximal in R.

Wir haben demnach die Relationen (15) weiter zu diskutieren.

Es bedeute $\bar{K} = \bar{K}_V$ den Restklassenkörper zu V, und es seien $\bar{\pi}, \bar{\mathfrak{o}}$ die Bilder von $\pi, \mathfrak{o}$ in $\bar{K}$.

Diejenigen Bewertungen $W \mid \mathfrak{o}$, die die Relationen (15) erfüllen, entsprechen umkehrbar eindeutig den *nichttrivialen* Bewertungen $\overline{W} \mid \bar{\mathfrak{o}}$ von $\bar{K}$; dabei ist der Bewertungsring $\bar{\mathfrak{O}}$ von $\overline{W}$ das Bild von $\mathfrak{O}_W$ in $\bar{K}$, und umgekehrt ist $\mathfrak{O}_W$ das volle Urbild von $\bar{\mathfrak{O}}$ in K. Man sagt, W entsteht durch *Komposition* der Bewertung V von K mit der Bewertung $\overline{W}$ von $\bar{K}$.[1]

W und $\overline{W}$ besitzen denselben Restklassenkörper: wenn demnach W die Bedingung 1 für (q, π)-Bewertungen erfüllt, so erfüllt auch $\overline{W}$ diese Bedingung, und umgekehrt.

Die Wertgruppe $\overline{W}(\bar{K})$ ist eine *isolierte Untergruppe* der Wertgruppe $W(K)$, und zwar besteht sie aus allen Werten $W(x)$, wobei $x \in K$ und $V(x) = 0$. Für diese x gilt dann

$$\overline{W}(\bar{x}) = W(x).$$

Und zwar handelt es sich um eine *nichttriviale* isolierte Untergruppe; wenn daher W die Bedingung 2 für (q, π)-Bewertungen erfüllt, so enthält $\overline{W}(\bar{K})$ das kleinste positive Element $W(\pi)$ von $W(K)$. Für dieses gilt

$$W(\pi) = \overline{W}(\bar{\pi}),$$

und $\overline{W}(\bar{\pi})$ ist demnach kleinstes positives Element von $\overline{W}(\bar{K})$. Insbesondere ist $\bar{\pi} \neq 0$, d. h. $V(\pi) = 0$.

Hiervon gilt auch die Umkehrung: Wenn $\bar{\pi} \neq 0$ und $\overline{W}(\bar{\pi})$ kleinstes positives Element von $\overline{W}(\bar{K})$ ist, so ist $W(\pi)$ kleinstes positives Element von $W(K)$, denn $\overline{W}(\bar{K})$ ist eine *isolierte* Untergruppe von $W(K)$.

Zusammengenommen ergibt sich: Wenn $W \mid \mathfrak{o}$ eine (q, π)-Bewertung ist, so ist $\overline{W} \mid \bar{\mathfrak{o}}$ eine (q, π)-Bewertung, und umgekehrt. Q. e. d.

Folgerung 1. *K besitzt mindestens eine (q, π)-Bewertung $V \mid \mathfrak{o}$.*

Denn R besitzt ja mindestens ein maximales Ideal P.

Bemerkung. Unseren Überlegungen liegt die in § 2 angegebene Voraussetzung zugrunde, daß π keine Einheit in $\mathfrak{o}[\gamma K]$ ist. In Analogie zum Fall der formal p-adischen Körper könnte man K einen *formal (q, π)-adischen Körper über $\mathfrak{o}$* nennen,

---

[1] Für die hier und im folgenden verwendeten elementaren Tatsachen über die Komposition von Bewertungen verweisen wir etwa auf Zariski-Samuel, Commutative Algebra II. Chap. VI, § 10.

wenn diese Voraussetzung erfüllt ist. Demnach läßt sich Folgerung 1 auch so aussprechen: Wenn K formal (q, π)-adisch über $\mathfrak{o}$ ist, so besitzt K eine (q, π)-Bewertung $V \mid \mathfrak{o}$. Hiervon gilt nun auch die Umkehrung, wie wir in der Fußnote zu Teil (ii) des vorangegangenen Beweises bemerkt haben. Also folgt:

K ist dann und nur dann formal (q, π)-adisch über $\mathfrak{o}$, wenn K eine (q, π)-Bewertung $V \mid \mathfrak{o}$ besitzt.

Im Fall der formal p-adischen Körper ist das gerade der Inhalt von Satz I aus § 1.

Übrigens lassen sich jetzt auch die Bewertungen $V \mid R$ mit nichtmaximalem Zentrum P auf R wie folgt beschreiben:

Eine Bewertung $V \mid \mathfrak{o}$ liegt genau dann über R und besitzt auf R ein nichtmaximales Zentrum, wenn $V(\pi) = 0$ ist und wenn der Restklassenkörper $\bar{K}$ formal $(q, \bar{\pi})$-adisch über $\bar{\mathfrak{o}}$ ist.

Das ist nach dem Gezeigten nur eine Umformulierung der Bedingung aus Satz 6.

Folgerung 2. *Der Kochen-Ring R läßt sich als Durchschnitt*

$$R = \cap \, \mathfrak{O}_V$$

von Bewertungsringen darstellen, wobei V die (q, π)-Bewertungen über $\mathfrak{o}$ durchläuft.

Denn diese Bewertungsringe $\mathfrak{O}_V$ sind ja nach Satz 6 und Satz 5 gerade die Quotientenringe $\mathrm{Quot}_P(R)$ von R zu seinen maximalen Idealen; andererseits ist R der Durchschnitt dieser Quotientenringe.

Bemerkung. In Analogie zum Fall der formal p-adischen Körper könnte man ein Element $x \in K$ *total (q, π)-adisch ganz* über $\mathfrak{o}$ nennen, wenn $V(x) \geqq 0$ für jede (q, π)-Bewertung $V \mid \mathfrak{o}$ ist. Dann läßt sich Folgerung 2 auch wie folgt aussprechen:

Der Kochen-Ring $R = \mathrm{Quot}_T \, \mathfrak{o}\,[\gamma K]$ besteht aus genau den total (q, π)-adisch ganzen Elementen über $\mathfrak{o}$. Mit anderen Worten: Ein Element $x \in K$ ist genau dann total (q, π)-adisch ganz über $\mathfrak{o}$, wenn sich x in der Form

$$x = \frac{f}{1 + \pi g}$$

mit $f, g \in \mathfrak{o}\,[\gamma K]$ darstellen läßt.

Im Fall der formal p-adischen Körper ist das gerade der Inhalt von Satz II aus § 1.

Folgerung 3. *Ein Primideal P von R ist dann und nur dann maximal, wenn $\pi \in P$.*

Ist nämlich V die zu P gehörige Bewertung, so folgt aus Satz 6: Es ist $V(\pi) > 0$ oder $V(\pi) = 0$, je nachdem, ob P maximal ist oder nicht.

Folgerung 4. *Das Jacobsonsche Radikal von R ist gleich dem von π erzeugten Hauptideal πR.*

Das Jacobsonsche Radikal J von R ist nämlich definiert als der Durchschnitt der maximalen Ideale P von R. Nach Satz 6 ist daher $J = \cap \, \mathfrak{M}_V$, wobei V die (q, π)-Bewertungen über $\mathfrak{o}$ durchläuft. Für eine solche Bewertung ist $V(\pi)$ kleinstes positives Element der Wertgruppe $V(K)$; das bedeutet: das maximale Ideal $\mathfrak{M}_V$ wird durch π erzeugt. Also folgt

$$J = \cap\, \pi\mathfrak{O}_V = \pi \cdot \cap\, \mathfrak{O}_V = \pi R,$$

im Hinblick auf Folgerung 2.

Nun wollen wir noch den *verschärften Annäherungssatz* für die (q, π)-Bewertungen $V\,|\,\mathfrak{o}$ besprechen:

Die Wertgruppe $V(K)$ jeder solchen Bewertung V besitzt ein kleinstes positives Element, nämlich $V(\pi)$. Die von $V(\pi)$ erzeugte Untergruppe von $V(K)$ ist *isoliert* und isomorph zur additiven Gruppe $\mathbf{Z}$; wir können und wollen $\mathbf{Z}$ mit dieser isolierten Untergruppe identifizieren. Insbesondere ist demnach jetzt $V(\pi) = 1$. Ist $n \geq 0$ eine natürliche Zahl, so wird durch die Bedingung

$$V(x) \geq n$$

ein Ideal des Bewertungsringes $\mathfrak{O}$ von V definiert, und zwar handelt es sich gerade um die n-te Potenz $\mathfrak{M}^n$ des maximalen Ideals $\mathfrak{M} = \pi\mathfrak{O}$.
Ist $P = R \cap \mathfrak{M}$ das Zentrum von V auf R, so ist

$$P^n = R \cap \mathfrak{M}^n,$$

und P^n besteht aus allen $x \in R$ mit $V(x) \geq n$. Da nun $\mathfrak{O} = \mathrm{Quot}_P(R)$ und da P maximal ist in R, folgt bekanntlich

$$R/P^n = \mathfrak{O}/\mathfrak{M}^n.$$

Mit anderen Worten: Zu jedem $a \in \mathfrak{O}$ und $n \geq 0$ gibt es ein $b \in R$ derart, daß

$$V(b - a) \geq n.$$

Nun seien $V_1, \ldots, V_s$ endlich viele vorgegebene, paarweise verschiedene (q, π)-Bewertungen über $\mathfrak{o}$. Ferner seien $a_1, \ldots, a_s$ vorgegebene Elemente aus den Bewertungsringen $\mathfrak{O}_1, \ldots, \mathfrak{O}_s$ der V_i, und $n_1, \ldots n_s$ seien natürliche Zahlen. Nach obigem gibt es dann Elemente $b_1, \ldots b_s \in R$ derart, daß

$$V_i(b_i - a_i) \geq n_i \qquad\qquad (1 \leq i \leq s).$$

Die Zentren $P_1, \ldots, P_s$ der $V_1, \ldots, V_s$ auf R sind paarweise verschiedene maximale Ideale. Daraus folgt: Die Potenzen $P_i^{n_i}$ sind paarweise *komaximal*, d. h.

$$P_i^{n_i} + P_j^{n_j} = R \qquad\qquad (i \neq j).$$

Demnach lassen sich die Kongruenzbedingungen

$$x \equiv b_i \bmod P_i^{n_i} \qquad\qquad (1 \leq i \leq s)$$

sicherlich durch ein Element $x \in R$ lösen. Das bedeutet:

$$V_i(x - b_i) \geq n_i \qquad\qquad (1 \leq i \leq s)$$

und daher auch

$$V_i(x - a_i) \geq n_i \qquad\qquad (1 \leq i \leq s).$$

Wegen $x \in R$ ist nun aber auch

$$V(x) \geqq 0$$

für *jede* (q, π)-Bewertung $V \,|\, \mathfrak{o}$. Das ergibt den

Satz 7 (*Verschärfter Annäherungssatz*). *Es seien $V_i \,|\, \mathfrak{o}\ (1 \leqq i \leqq s)$ endlich viele vorgegebene (q, π)-Bewertungen. Zu jedem V_i sei ein Element $a_i \in K$ mit $V_i(a_i) \geqq 0$ vorgegeben sowie eine natürliche Zahl $n_i \geqq 0$. Dann gibt es stets ein Element $x \in K$, das simultan die Approximationsforderungen*

$$V_i(x - a_i) \geqq n_i \qquad\qquad\qquad (1 \leqq i \leqq s)$$

erfüllt, zusammen mit der Ganzheitsforderung

$$V(x) \geqq 0$$

für jede (q, π)-Bewertung $V \,|\, \mathfrak{o}$.

Insbesondere gilt dieser Approximationssatz natürlich für p-Bewertungen im Rahmen der Theorie der formal p-adischen Körper.

Manuskripteingang: 12. 11. 1970

VERFASSER:

Peter Roquette, Mathematisches Institut der Universität Heidelberg

Radicals Coinciding with the Jacobson Radical on Linearly Compact Rings[1])

RICHARD WIEGANDT

To Prof. O.-H. Keller on his 65th birthday

§ 1. Introduction

It is the purpose of this paper to approximate or to localize the Jacobson radical class by upper and lower radical classes in the following sense: we shall construct two radical properties which will coincide with the Jacobson radical on the class of linearly compact rings such that if a radical coincides with the Jacobson radical on the linearly compact rings, then this radical class lies between the given radical classes. In [2] DIVINSKY has given boundaries for radicals coinciding with the Jacobson radical on the class of artinian rings. Similar investigations were done by F. SzÁsz [9] on the class of the so called MHR-rings. Since the class of MHR-rings is a biger one than that of the artinian rings, so the boundaries are closer. Here we present similar investigations according to the class of linearly compact rings, and it will turn out that our approximation is better than those made earlier, it will be proved that neither the Brown-McCoy radical, nor Koethe's nil-radical (and so also Baer's lower radical) do not coincide with the Jacobson radical on the class of linearly compact rings. At the end of the paper we give some suggestions for further researches in these topics.

§ 2. Preliminaries

Let $\mathbf{R}$ be a property that associative rings may possess. $\mathbf{R}$ is associated with a class of rings which can be also denoted by $\mathbf{R}$. The rings having property $\mathbf{R}$ will be called $\mathbf{R}$-rings.

By a radical we shall always mean a Kurosh-Amitsur radical property. Let us recall its definition (cf. DIVINSKY [3] and F. SzÁsz [10]). A property $\mathbf{R}$ of rings is a *radical property*, if

---

[1]) This paper was written while the author was visiting at the University of Islamabad supported by UNESCO-UNDP Special Fund Project PAK-47.

(i) a homomorphic image of an **R**-ring is an **R**-ring;
(ii) every ring A contains an **R**-ideal $\mathbf{R}(A)$ which contains every other **R**-ideal of A;
(iii) the factor ring $A/\mathbf{R}(A)$ has not non-zero **R**-ideals.

The ideal $\mathbf{R}(A)$ of the ring A is called the **R**-*radical of A*.

A class of rings is called a *semisimple class* with respect to a radical property **R**, if it consists of all **R**-semisimple rings, i.e. of rings having 0 **R**-radical. To any class **X** of rings one can construct the *lower radical class* $\mathscr{L}\mathbf{X}$ which is the smallest radical class containing the class **X**. If **Y** is a class of rings, then there exists the *upper radical class* $\mathscr{U}\mathbf{Y}$, this is the biggest radical class according to which every **Y**-ring is $\mathscr{U}\mathbf{Y}$-semisimple. For details about the theory of general radicals, Jacobson radical and other concrete radicals we hint to the books [3, 4, 5, 10].

We shall need

Proposition 1 ([1], Corollary 2 of Theorem 1). *Every semisimple class* **S** *is hereditary* (i.e. if $A \in \mathbf{S}$ and J is an ideal of A, then also $J \in \mathbf{S}$ holds).

A filter $\mathfrak{F}$ is a system of subsets of a topological space such that if $F_\mu, F_\nu \in \mathfrak{F}$, then there exists a subset $F_\lambda \in \mathfrak{F}$ with $\emptyset \neq F_\lambda \subseteq F_\mu \cap F_\nu$. An A-leftmodule M is called *linearly compact* if M has a basisfilter consisting of A-submodules, and for every filter $\mathfrak{F} = \{F_\lambda\}$ consisting of cosets of closed A-submodules, the intersection $\bigcap_\lambda F_\lambda$ is not empty. A ring A is said to be linearly compact if it is linearly compact as an A-leftmodule. The class of all linearly compact rings will be denoted by **L**. An A-leftmodule is called *linearly compact in a narrow sense* if it is the inverse limit of discrete A-modules satisfying the descending chain condition on submodules; a ring A is linearly compact in a narrow sense, if it is such an A-module. The class of all in a narrow sense linearly compact rings will be denoted by **L***. **L*** is a subclass of **L**, moreover, every artinian ring belongs to **L***.

The Jacobson-semisimple linearly compact rings are characterized by Leptin's Structure Theorem.

Proposition 2 ([6], Sätze 12 and 13). *A linearly compact Jacobson-semisimple ring A is a complete direct sum* $\sum\limits_\alpha{}^* A_\alpha$ *of rings A_α which are full rings of linear transformations of vector spaces over division rings, moreover, the linearly compact Jacobson-semisimple rings are in a narrow sense linearly compact.*

Let A be a topological ring, and consider the following ideals of A:

$$A_1 = A; \quad A_{\mu+1} = \overline{A_\mu \cdot A_\mu}; \quad A_\lambda = \bigcap_{\mu<\lambda} A_\lambda \quad \text{if } \lambda \text{ is a limit ordinal.}$$

If there exists an ordinal ζ such that $A_\zeta = 0$ then the ring A is called *transfinite nilpotent*.

Proposition 3 ([11], Satz 7). *A ring A of* **L*** *is a Jacobson-radicalring if and only if it is transfinite nilpotent.*

§ 3. The radical properties $\mathscr{L}\mathbf{Q}$ and $\mathscr{U}\mathbf{H}$

We shall say that a radical property $\mathbf{R}$ *coincides with the Jacobson radical* $\mathbf{J}$ *on the class* $\mathbf{L}$, if for any ring $A \in \mathbf{L}$ we have $\mathbf{R}(A) = \mathbf{J}(A)$. Let us observe that if $\mathbf{R}$ coincides with $\mathbf{J}$ on $\mathbf{L}$, then $\mathbf{R} \cap \mathbf{L} = \mathbf{J} \cap \mathbf{L}$ is valid, however, $\mathbf{R} \cap \mathbf{L} = \mathbf{J} \cap \mathbf{L}$ does not imply the coinciding of $\mathbf{R}$ with $\mathbf{J}$ on $\mathbf{L}$.

Let $\mathbf{Q}$ denote the class of all Jacobson radical rings which are Jacobson radicals of linearly compact rings, and consider the lower radical property $\mathscr{L}\mathbf{Q}$ determined by $\mathbf{Q}$.

Consider the class $\mathbf{T}$ of all full rings of linear transformations of vector spaces over division rings. The rings of $\mathbf{T}$ can be equipped with a linearly compact topology, moreover, $\mathbf{T} \subset \mathbf{L}^*$ holds. We shall say that a subring B of a ring A is an *accessible subring*, if there exists a finite set of subrings $A_1, \ldots, A_n$ of A such that

$$B = A_n \subset A_{n-1} \subset \cdots \subset A_1 \subseteq A_0 = A$$

holds where A_i is an ideal of A_{i-1} for $i = 1, 2, \ldots, n$. Consider the class $\mathbf{H}$ consisting of every ring $\mathbf{H}$ which is an accessible subring of a ring $T \in \mathbf{T}$. Hence $\mathbf{H}$ is the hereditary closure of $\mathbf{T}$. Thus the hereditary class $\mathbf{H}$ determines an upper radical property $\mathscr{U}\mathbf{H}$, and all the $\mathbf{H}$-rings are $\mathscr{U}\mathbf{H}$-semisimple.
The following theorems will localize the Jacobson radical by the radicals $\mathscr{L}\mathbf{Q}$ and $\mathscr{U}\mathbf{H}$.

Theorem 1. *The Jacobson radical property coincides with the $\mathscr{L}\mathbf{Q}$ and $\mathscr{U}\mathbf{H}$ radical properties on the class $\mathbf{L}$ of linearly compact rings, moreover, if $\mathbf{R}$ is a radical property coinciding with the Jacobson radical property on $\mathbf{L}$, then $\mathscr{L}\mathbf{Q} \subseteq \mathbf{R} \subseteq \mathscr{U}\mathbf{H}$, and conversely, if $\mathbf{R}$ is a radical class with $\mathscr{L}\mathbf{Q} \subseteq \mathbf{R} \subseteq \mathscr{U}\mathbf{H}$, then $\mathbf{R}$ coincides with the Jacobson radical property on $\mathbf{L}$.*

Proof. Let $A \in \mathbf{L}$ be an arbitrary ring. By definition we have $\mathbf{J}(A) \in \mathbf{Q} \subseteq \mathscr{L}\mathbf{Q}$ which implies $\mathbf{J}(A) \subseteq \mathscr{L}\mathbf{Q}(A)$. On the other hand from $\mathbf{Q} \subseteq \mathbf{J}$ it follows $\mathscr{L}\mathbf{Q}(A) \subseteq \mathbf{J}(A)$ trivially.
Let $\mathbf{R}$ be a radical property coinciding with $\mathbf{J}$ on $\mathbf{L}$. Now $\mathbf{Q} \subseteq \mathbf{R}$ is obviously true, hence also $\mathscr{L}\mathbf{Q} \subseteq \mathbf{R}$ is valid.
Next, we show $\mathbf{J} \subseteq \mathscr{U}\mathbf{H}$. Suppose this is not true, now there exists a ring $A \in \mathbf{J}$ with $A \notin \mathscr{U}\mathbf{H}$. By the construction of the upper radical, the ring A can be mapped by a non-zero homomorphism onto a ring $A' \in \mathbf{H}$. Hence A' is an accessible subring of a ring $T \in \mathbf{T}$, and T is also Jacobson-semisimple. By Proposition 1 semisimplicity is hereditary, so also A' is Jacobson-semisimple. On the other hand, $A \in \mathbf{J}$ implies $0 \neq A' \in \mathbf{J}$ which contradicts the semisimplicity of A'.

Now we are going to prove that the Jacobson radical property coincides with the $\mathscr{U}\mathbf{H}$-radical property on $\mathbf{L}$. By $\mathbf{J} \subseteq \mathscr{U}\mathbf{H}$ it follows $\mathbf{J}(A) \subseteq \mathscr{U}\mathbf{H}(A)$ for every ring A. Hence it is sufficient to prove $\mathscr{U}\mathbf{H}(A) \subseteq \mathbf{J}(A)$ for linearly compact rings. Suppose $\mathscr{U}\mathbf{H}(A) \nsubseteq \mathbf{J}(A)$ for an $A \in \mathbf{L}$, and consider the factor ring $A' = A/\mathbf{J}(A)$ which differs from 0 by $\mathbf{J}(A) \subset \mathscr{U}\mathbf{H}(A) \subseteq A$. Applying Proposition 2, A' is a complete direct sum $\sum_{\alpha}^* A_\alpha$ of rings $A_\alpha \in \mathbf{T} \subset \mathbf{H}$. Since $\mathbf{J}(A) \nsubseteq \mathscr{U}\mathbf{H}(A)$, therefore A' has a non-zero ideal $J' \in \mathscr{U}\mathbf{H}$, and according to the decomposition $A' = \sum_{\alpha}^* A_\alpha$, J' can be mapped homomorphically onto a non-zero ideal J_{α_0} of A_{α_0} for some index α_0. J_{α_0} belongs at one hand to $\mathbf{H}$, so it is $\mathscr{U}\mathbf{H}$-semisimple. On the other hand, J_{α_0} as a homomorphic image of the $\mathscr{U}\mathbf{H}$-radical ring J' belongs to $\mathscr{U}\mathbf{H}$. This contradicts the fact $J_{\alpha_0} \neq 0$.

Suppose that the radical property $\mathbf{R}$ coincides with the Jacobson radical property on $\mathbf{L}$, but there exists a ring $A \in \mathbf{R}$ with $A \notin \mathscr{U}\mathbf{H}$. Now A can be mapped homomorphically onto a non-zero ring $H \in \mathbf{H}$. By definition, H is an accessible subring of a ring $T \in \mathbf{T} \subset \mathbf{L}$, moreover $\mathbf{R}(T) = \mathbf{J}(T) = \mathscr{U}\mathbf{H}(T) = 0$ holds. Applying Proposition 1, we get also $\mathbf{R}(H) = 0$. On the other hand H is a homomorphic image of $A \in \mathbf{R}$, which implies $H \in \mathbf{R}$ contradicting $H \neq 0$. Hence also $\mathbf{R} \subseteq \mathscr{U}\mathbf{H}$ is proved.

The last assertion of Theorem 1 follows immediately from the definitions of $\mathscr{L}\mathbf{Q}$ and $\mathscr{U}\mathbf{H}$ radicals.

The next theorem shows us the efficiency of the approximation of the Jacobson radical property by the $\mathscr{L}\mathbf{Q}$ and $\mathscr{U}\mathbf{H}$ radicals.

Theorem 2. *Neither the Brown-McCoy radical property* $\mathbf{G}$ *nor Koethe's nil-radical property* $\mathbf{N}$ *coincide with the Jacobson radical on* $\mathbf{L}$, *in addition* $\mathbf{N} \cap \mathbf{L}^*$ *is a proper subclass of* $\mathbf{J} \cap \mathbf{L}^*$.

Proof. If W is the ring of all linear transformations of a countable dimensional vector space V over a division ring, and Z is the set of all finite-valued linear transformations of V, then Z is the only proper ideal of W, moreover, W is Jacobson semisimple, but its Brown-McCoy radical is obviously Z (cf. DIVINSKY [3], Example 11). This simple example shows that the Brown-McCoy radical does not coincide with the Jacobson radical on $\mathbf{L}$ (not even on $\mathbf{L}^*$).

Next we present a ring $R \in \mathbf{J} \cap \mathbf{L}^*$ which is not a nil-ring. For this aim let us consider the ring P of p-adic numbers equipped with the p-adic topology, we may assume that P is the full endomorphism ring of the quasicyclic group $C(p^\infty)$. Denote the additive group of P by P^+ and write $P_i = p^i P$ $(i = 1, 2, \ldots)$. Define the multiplication on the group theoretical direct sum $P_1^+ \oplus C(p^\infty)$ by the rule

$$(a + \alpha)(b + \beta) = ab + a\beta \qquad \left(a, b \in P; \alpha, \beta \in C(p^\infty)\right).$$

As it was shown in [11], we have obtained a ring R moreover R is in a narrow sense linearly compact, if the left ideals P_n $(n = 1, 2, \ldots)$ are chosen as a basisfilter. In [11] it was also shown that R is transfinite nilpotent and so by Proposition 3 it is a Jacobson radical ring. Hence we have $R \in \mathbf{J} \cap \mathbf{L}^*$ on the other hand, by

$$(a + \alpha)^n = a^n + a^{n-1}\alpha.$$

R is not a nil-ring, so $R \notin \mathbf{N} \cap \mathbf{L}^*$ follows.
By the view of $\mathbf{N} \subset \mathbf{J}$, we have obtained $\mathbf{N} \cap \mathbf{L}^* \subset \mathbf{J} \cap \mathbf{L}^*$ and thus Theorem 2 is proved.

In [2] DIVINSKY has given radical classes $\mathbf{D}$ and $\mathbf{U}$ such that if a radical $\mathbf{R}$ coincides with the Jacobson radical on the class of artinian rings, then $\mathbf{D} \subseteq \mathbf{R} \subseteq \mathbf{U}$ follows, further, as it is well-known, for Baer's lower radical class $\mathbf{B}$ Koethe's nil-radical class $\mathbf{N}$, and the Brown-McCoy radical class $\mathbf{G}$ the relation

$$\mathbf{D} \subset \mathbf{B} \subset \mathbf{N} \subset \mathbf{J} \subset \mathbf{G} \subset \mathbf{U}$$

holds. F. Szász [9] has given boundaries in a similar manner for radicals coinciding with the Jacobson radical on MHR-rings (those are rings with descending chain condition on principal right ideals), and it turned out that Baer's lower radical as well as Koethe's nil-radical coincide with the Jacobson radical on the class of MHR-rings. By the view of Theorem 2, our boundaries approximate better the Jacobson radical property.

A difficult and open question is to identify the Jacobson radical as an upper or lower radical property associated with some classes of rings. SĄSIADA and SULIŃSKI [8] have shown that the Jacobson radical is not the upper radical property determined by all simple primitive rings; this is a negative answer of a problem raised by KUROSH. Now we can ask

Problem 1. Is $\mathbf{J} = \mathscr{U}\mathbf{H}$ valid?

To disprove this conjecture, it would be sufficient to give a primitive ring P which can not be mapped homomorphically onto any accessible subring of a ring of $\mathbf{T}$. Namely, if P is such a ring, then it is, of course, Jacobson-semisimple but at the same time also an $\mathscr{U}\mathbf{H}$-radical ring (for the structure of primitive rings we refer to [3, 4, 5]).

Problem 2. Does $\mathscr{L}\mathbf{Q} = \mathbf{J}$ hold?

Since the class $\mathbf{B}$ of Baer's lower radical rings is a subclass of $\mathbf{J}$, so this conjecture will be disproved, if one will show that $\mathbf{B}$ is not contained in $\mathscr{L}\mathbf{Q}$, e.g. the zero-ring $Z(\infty)$ over the infinite cyclic group is a $\mathbf{B}$-ring, but may be it is not an $\mathscr{L}\mathbf{Q}$-ring.

REFERENCES

[1] ANDERSON, T., N. DIVINSKY and A. SULIŃSKI: Hereditary radicals in associative and alternative rings. Can. J. Math. *17* (1965) 594—603.

[2] DIVINSKY, N.: General radicals that coincide with the classical radical on rings with D. C. C., Can. J. Math. *13* (1961) 639—644.

[3] DIVINSKY, N.: Rings and radicals. Allen and Unwin, London 1965.

[4] JACOBSON, N.: Structure of rings. Amer. Math. Soc. Coll. Publ., vol. 37, Providence 1968.

[5] KERTÉSZ, A.: Vorlesungen über Artinsche Ringe. Akadémiai Kiadó/B. G. Teubner, Budapest/ Leipzig 1968.

[6] LEPTIN, H.: Linear kompakte Moduln und Ringe. Math. Zeitschr. *62* (1955) 241—267.

[7] LEPTIN, H.: Linear kompakte Moduln und Ringe II. Math. Zeitschr. *66* (1957) 289—327.

[8] SĄSIADA, E., and A. SULIŃSKI: A note on the Jacobson radical. Bull. Acad. Polon. Sci. *10* (1962) 421—423.

[9] SZÁSZ, F.: Über Ringe mit Minimalbedingung für Hauptrechtsideale III. Acta Math. Acad. Sci. Hung. *14* (1963) 447—461.

[10] SZÁSZ, F.: Radikale der Ringe. Budapest (to appear).

[11] WIEGANDT, R.: Über transfinit nilpotente Ringe. Acta Math. Acad. Sci. Hung. *17* (1966) 101—114.

Manuskripteingang: 14. 11. 1970

VERFASSER:

RICHARD WIEGANDT, Mathematical Institute of the Hungarian Academy of Sciences, Budapest; and Institute of Mathematics, University of Islamabad, Islamabad, Pakistan

Über Schreiersche Erweiterungen von universalen Algebren I

Renate Kummer

Herrn Prof. Dr. O.-H. Keller zum 65. Geburtstag gewidmet

§ 1. Problemstellung

Im Jahre 1926 löste O. Schreier [12] das folgende Problem: Für beliebig vorgegebene Gruppen A und S sind sämtliche Gruppen E zu beschreiben, die einen zu A isomorphen Normalteiler A_0 enthalten, so daß die Faktorgruppe E/A_0 zu S isomorph ist. Das entsprechende Problem für Ringe wurde 1942 von J. C. Everett [2] und für Halbmoduln und Halbringe 1952 von L. Rédei [11] behandelt. Inzwischen wurde dieses Problem auch für andere wichtige algebraische Strukturen untersucht (z. B. in [1, 3, 4, 5, 6, 7, 15]).

Wir wollen in dieser Arbeit das analoge Problem für universale Algebren betrachten.

Es bezeichne Ω eine Menge von endlichstelligen Operationen $(\Omega = \bigcup \Omega^{(n)}$; $\Omega^{(n)}$ eine Menge von n-ären Operationen ω; $n \geq 0)$, I eine Menge von Identitäten und $\mathcal{K}$ oder $\mathcal{K}(\Omega, I)$ die primitive Klasse der universalen Algebren mit dem Operationensystem Ω und der Identitätenmenge I [8]. Die den Algebren aus $\mathcal{K}$ zugrunde liegenden Mengen seien aus einem Universum $\mathfrak{U}$ (vgl. z. B. [13]), das für unsere Betrachtungen hinreichend groß gewählt sei. Wir bezeichnen eine Algebra und ihre Grundmenge mit denselben Buchstaben. Sind A, $E \in \mathcal{K}$ gegeben und ist A eine Unteralgebra von E, so schreiben wir kurz $A \leq E$. Ist A Kongruenzklasse bei einer Kongruenz auf E, so heißt A normal [10], und wir schreiben $A \unlhd E$.

Es seien A und S beliebige Algebren aus der primitiven Klasse $\mathcal{K}$. Gesucht ist eine Beschreibung sämtlicher Algebren E aus $\mathcal{K}$, die eine zu A isomorphe normale Unteralgebra A_0 enthalten, in Zeichen $A_0 \unlhd E$, so daß (mindestens) eine Faktoralgebra von E nach A_0 zu S isomorph ist. (Es wird im allgemeinen auch Faktoralgebren von E nach A_0 geben, die nicht zu S isomorph sind.) Offenbar muß die Algebra S mindestens eine einelementige Unteralgebra $\{i\}$ enthalten, und zwar das Bild von A_0. Im Spezialfall der additiven Gruppen, Ringe oder Multioperationsgruppen bezeichnet i das Nullelement von S, im Fall der Halbgruppen oder Quasigruppen kann i ein beliebiges idempotentes Element von S, im Fall der Verbände ein beliebiges Element des Verbandes S sein.

In § 2 geben wir neben den notwendigen Vorbereitungen die Definitionen für eine Schreiersche Erweiterung, eine stark Schreiersche Erweiterung und eine ω^*-reguläre Schreiersche Erweiterung von A durch S bezüglich der einelementigen Unteralgebra $\{i\} \leq S$ in $\mathcal{K}$ an. Es zeigt sich, daß jede Schreiersche Erweiterung auch als spezielle stark Schreiersche Erweiterung betrachtet werden kann (vgl. Satz 1 und Folgerung 1). Die ω^*-regulären Schreierschen Erweiterungen werden erst im Teil II dieser Arbeit untersucht.

In § 3 stellen wir fest, daß die Schreierschen Erweiterungen in der primitiven Klasse $\mathcal{K}$ eine Kategorie bilden. Hier wird auch die Äquivalenz von Schreierschen Erweiterungen definiert. Bei festem A und S bezeichnet $\mathrm{Ext}_i(S, A)$ die Menge der Äquivalenzklassen der Schreierschen Erweiterungen von A durch S bezüglich $\{i\} \leq S$ (falls dies eine Menge ist). $\mathrm{Ext}_i(S, A)$ ist ein kontravarianter Funktor, der die Kategorie $\mathcal{K}_i$ der Algebren S aus $\mathcal{K}$, die die einelementige Unteralgebra $\{i\}$ enthalten, in die Kategorie $\mathcal{E}_{ns}$ der Mengen abbildet.

In § 4 folgt eine allgemeine Beschreibung der möglichen Schreierschen Erweiterungen von A durch S (in der primitiven Klasse $\mathcal{K}$). Auch die äquivalenten Schreierschen Erweiterungen werden charakterisiert. Die Kenntnis eines vollen Repräsentantensystems für die Äquivalenzklassen aus $\mathrm{Ext}_i(S, A)$ hat für jede primitive Klasse $\mathcal{K}$ eine große Bedeutung. Es wird kurz auf die Schreierschen i-Erweiterungen von Halbgruppen und die der Verbände eingegangen.

Die Verfasserin dankt Herrn Professor O.-H. KELLER für die von ihm erhaltene Grundausbildung sowie Herrn Professor A. KERTÉSZ für die zahlreichen Anregungen und Hinweise zu dieser Arbeit sehr herzlich.

§ 2. Kongruenzen und exakte Sequenzen

Wir betrachten Algebren aus der primitiven Klasse $\mathcal{K}$. Es sei $E \in \mathcal{K}$. Jede Kongruenz ϱ auf der Algebra E induziert eine kompatible Klasseneinteilung von E in ϱ-Klassen — $\varrho[x]$ bzw. $\bar{x}$ bezeichnet die Klasse, die das Element x enthält —

$$\bar{x} = \bar{y} \Leftrightarrow (x, y) \in \varrho \qquad \forall x, y \in E,$$

und weiter induziert ϱ mit

$$\bar{x}_1 \cdots \bar{x}_n \omega = \overline{x_1 \cdots x_n \omega} \qquad \forall \omega \in \Omega, \ \forall x_1, \ldots, x_n \in E$$

eine Faktoralgebra $\bar{E} = E/\varrho$ von E. Der kanonische Epimorphismus $x \to \bar{x}$ von E auf die Faktoralgebra E/ϱ wird mit kan ϱ bezeichnet.

Ein Epimorphismus π einer Algebra E aus $\mathcal{K}$ auf eine Algebra S, die eine einelementige Unteralgebra $\{i\}$ enthält, induziert in E eine Kongruenz $\pi^{\#}$ mit

$$(x, y) \in \pi^{\#} \Leftrightarrow x\pi = y\pi \qquad \forall x, y \in E$$

und eine kompatible Klasseneinteilung $\bar{E}$ mit

$$\bar{x} = \bar{y} \Leftrightarrow x\pi = y\pi \qquad \forall x, y \in E.$$

Die Faktoralgebra $\bar{E} = E/\pi^{\#}$ von E ist vermöge der Abbildung

$$\pi^{\flat} : \bar{x} \mapsto x\pi \qquad \forall \bar{x} \in E/\pi^{\#}$$

mit dem homomorphen Bild im $\pi = S$ von E isomorph, so daß kan $\pi^{\#} \circ \pi^{\flat} = \pi$ und das Diagramm

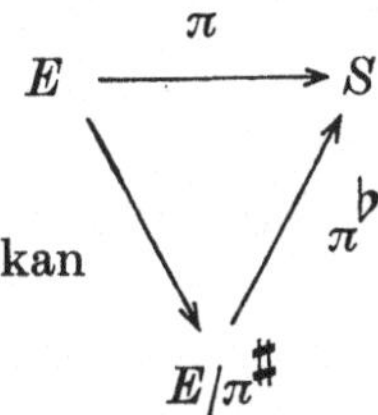

kommutativ ist. Die Klasse A derjenigen Elemente von E, welche bei dem Epimorphismus π auf das Element $i \in S$ abgebildet werden, wird als i-*Kern von* π, kurz als i-ker π bezeichnet. Der i-Kern A des Epimorphismus π ist eine Unteralgebra von E, welche Klasse einer kompatiblen Klasseneinteilung von E ist und nach Łoš [10] eine *normale Unteralgebra* genannt wird, in Zeichen: $A \trianglelefteq E$.

Eine Kongruenz ϱ auf der Algebra E, bei der eine Klasse A der induzierten kompatiblen Klasseneinteilung $\bar{E} = E/\varrho$ eine Unteralgebra, d. h. eine normale Unteralgebra von E bildet, heißt A-*Kongruenz*.
Eine Unteralgebra A von E ist nach Łoš genau dann normal, wenn für jedes Wort $w(\mathfrak{x}, \mathfrak{y})$ einer freien Algebra aus $\mathcal{K}$

$$\big((\mathfrak{a} \subseteq A) \wedge \big(w(\mathfrak{a}, \mathfrak{e}) \in A \quad \bigvee \mathfrak{e} \subseteq E\big)\big) \to \big(w(\mathfrak{a}', \mathfrak{e}) \in A \quad \bigvee \mathfrak{a}' \subseteq A, \ \mathfrak{e} \subseteq E\big)$$

gilt. In der primitiven Klasse der Gruppen bedeutet dies für die normale Untergruppe A von E

$$(e^{-1} 1 e = 1 \in A \quad \bigvee e \in E) \Rightarrow (e^{-1} A e \subseteq A \quad \bigvee e \in E),$$

d. h., A ist Normalteiler der Gruppe E. In der primitiven Klasse $\mathcal{K}$ der Halbgruppen gilt für ein beliebiges Element $a \in A$ der normalen Unterhalbgruppe A von E

$$aE \subseteq A \Rightarrow AE \subseteq A; \quad Ea \subseteq A \Rightarrow EA \subseteq A; \quad EaE \subseteq A \Rightarrow EAE \subseteq A.$$

In der primitiven Klasse $\mathcal{V}$ der Verbände folgt für ein beliebiges Element $a \in A$ des normalen Unterverbandes A von E

$$\big((a \wedge e_1) \vee e_2\big) \wedge \cdots \underset{\times}{\vee} e_n \in A \Rightarrow \big((A \wedge e_1) \vee e_2\big) \wedge \cdots \underset{\times}{\vee} e_n \subseteq A;$$

$$\big((a \vee e_1) \wedge e_2\big) \vee \cdots \underset{\times}{\vee} e_n \in A \Rightarrow \big((A \vee e_1) \wedge e_2\big) \vee \cdots \underset{\times}{\vee} e_n \subseteq A.$$

Insbesondere folgt aus $(a \vee E) \wedge a = \{a\}$ die Relation $(A \vee E) \wedge A \subseteq A$, und der normale Unterverband A ist konvex.

Es seien wieder A und E Algebren aus der beliebigen primitiven Klasse $\mathcal{K}$. Zu jeder normalen Unteralgebra A von E gehört ein vollständiger Verband $C(A)$ von A-Kongruenzen auf E. Dieser Verband besitzt ein kleinstes und ein größtes Element. Das kleinste Element ist die durch A induzierte Kongruenz $\mu(A)$; die zugehörige Faktoralgebra $E/\mu(A)$ wird kurz mit E/A bezeichnet. Das größte Element in $C(A)$ ist die Kongruenz

$$\nu(A) = \{(x, y) \in E \times E \mid \bigvee w(\mathfrak{x}), \quad \bigvee e_1, \ldots, e_n \in E:$$

$$w(e_1, \ldots, e_n, x) \in A \Leftrightarrow w(e_1, \ldots, e_n, y) \in A\}.$$

In der primitiven Klasse $\mathcal{H}$ der Halbgruppen ist die größte Kongruenz auf E, bei der die normale Unterhalbgruppe A eine Kongruenzklasse bildet, die Kongruenz

$$\nu(A) = \{(x,y) \in E \times E \mid \forall e, e' \in E : (x \in A \Leftrightarrow y \in A) \wedge (ex \in A \Leftrightarrow ey \in A) \wedge$$
$$(xe \in A \Leftrightarrow ye \in A) \wedge (exe' \in A \Leftrightarrow eye' \in A).$$

Dann folgt für die primitive Klasse $\mathcal{D}$ der distributiven Verbände: Die größte Kongruenz des Verbandes E, bei der der normale konvexe Unterverband A eine einzige Kongruenzklasse bildet, ist die Kongruenz

$$\nu(A) = \{(x,y) \in E \times E \mid \forall e, e' \in E :$$
$$(x \wedge e) \vee e' \in A \Leftrightarrow (y \wedge e) \vee e' \in A\}.$$

Es seien wiederum A und E Algebren aus einer beliebigen primitiven Klasse $\mathcal{H}$. Ist ϱ eine beliebige A-Kongruenz auf E, so gibt es natürliche Epimorphismen α und β, so daß das Diagramm

$$
\begin{array}{ccccccc}
A & \xrightarrow{\,1_A\,} & E & \xrightarrow{\text{kan}} & E/A & \longrightarrow & \{\overline{A}\} \\
\| & & \| & & \downarrow{\scriptstyle \alpha} & & \\
A & \xrightarrow{\,1_A\,} & E & \xrightarrow{\text{kan}} & E/\varrho & \longrightarrow & \{\overline{A}\} \\
\| & & \| & & \downarrow{\scriptstyle \beta} & & \\
A & \xrightarrow{\,1_A\,} & E & \xrightarrow{\text{kan}} & E(\nu/A) & \longrightarrow & \{\overline{A}\}
\end{array}
$$

kommutativ ist, wobei notwendig

$$\alpha = \mu^{\varrho} : \quad \mu[x] \mapsto \varrho[x] \qquad \forall x \in E,$$
$$\beta = \varrho^{\nu} : \quad \varrho[x] \mapsto \nu[x] \qquad \forall x \in E$$

gilt. Wie wir sehen werden, sind die drei Reihen in dem Diagramm exakte Folgen.

In der primitiven Klasse der Gruppen, Ringe, Multioperatorgruppen, Quasigruppen, Loops oder ähnlicher algebraischer Strukturen gilt stets $\mu(A) = \nu(A)$, d. h., jeder Kongruenzverband $C(A)$ besteht nur aus einem Element, der durch die normale Unteralgebra A in der Algebra E induzierten Kongruenz. In der primitiven Klasse

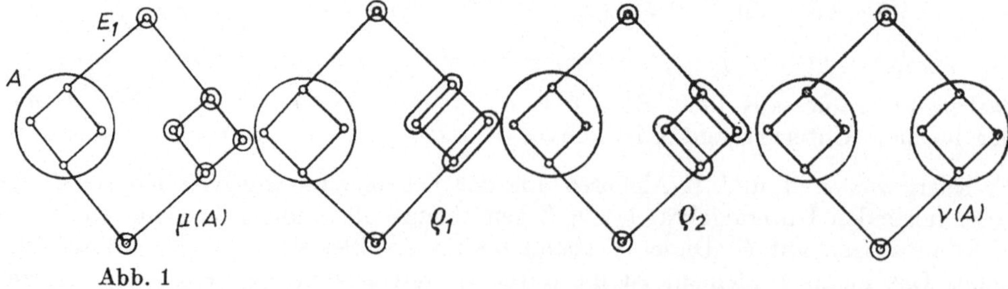

Abb. 1

der Halbgruppen oder Verbände jedoch besteht $C(A)$ im allgemeinen aus mehreren Elementen, wie das Beispiel des Verbandes E_1 mit dem Unterverband A zeigt, wo $C(A)$ zu A isomorph ist (siehe Abb. 1). Jedoch auch bei Verbänden kann $C(A)$ nur aus einem Element bestehen, z. B. bei E und A in Abb. 2.

Eine Folge von Algebren $A_j \in \mathcal{K}$ und Homomorphismen α_j

$$A_0 \xrightarrow{\alpha_1} A_1 \xrightarrow{\alpha_2} \cdots \xrightarrow{\alpha_k} A_k \quad (k \geqq 2)$$

heißt *exakt*, wenn
1. das homomorphe Bild $\operatorname{im}\alpha_j = A_{j-1}\alpha_j$ eine normale Unteralgebra von A_j bildet und
2. $\operatorname{im}\alpha_j$ eine Klasse der durch α_{j+1} auf der Algebra A_j induzierten kompatiblen Klasseneinteilung ist $(j = 1, \ldots, k-1)$.

Dabei kann die durch die normale Unteralgebra $\operatorname{im}\alpha_j$ in A_j induzierte kompatible Klasseneinteilung von der durch den Homomorphismus α_{j+1} induzierten verschieden sein, aber eine wohlbestimmte Faktoralgebra von A_j nach $\operatorname{im}\alpha_j$ ist zu dem homomorphen Bild $\operatorname{im}\alpha_{j-1}$ isomorph. — Die Unteralgebra $\operatorname{im}\alpha_k$ von A_k braucht nicht normal zu sein.

Die obige Folge ist offenbar dann und nur dann exakt, wenn
1'. jede Algebra A_j eine einelementige Unteralgebra $\{i_j\}$ enthält $(j = 2, \ldots, k)$, so daß
2'. $\operatorname{im}\alpha_j = i_{j+1}\text{-ker}\,\alpha_{j+1}$ gilt $(j = 1, \ldots, k-1)$.

Dieser Begriff ist eine Verallgemeinerung des aus der Theorie der R-Moduln wohlbekannten Begriffes der exakten Folge.

Als Beispiel betrachten wir die in Abb. 1 angegebenen Verbände A und E_1. Bezeichnet π einen Epimorphismus von E_1 auf A, der auf E_1 die Kongruenz $\nu(A)$ induziert, so ist

$$A \xrightarrow{1_A} E_1 \xrightarrow{\pi} A$$

eine exakte Folge.

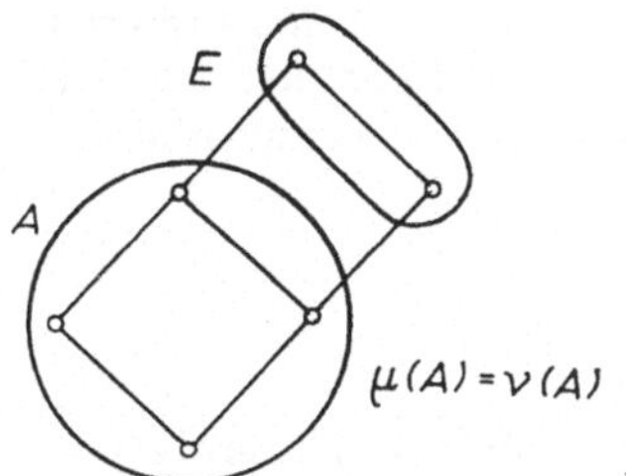

Abb. 2

Eine Folge $E \xrightarrow{\pi} S \to \{i\}$ ist genau dann exakt, wenn π ein Epimorphismus ist. — Ist ι ein Monomorphismus einer Algebra A in E, so schreiben wir $A \rightarrowtail E$.
Eine Folge

$$A \xrightarrow{\iota} E \xrightarrow{\pi} S \longrightarrow \{i\}$$

ist dann und nur dann exakt, wenn π ein Epimorphismus von E auf S ist, der genau das monomorphe Bild $\operatorname{im}\iota$ von A auf eine einelementige Unteralgebra von S abbildet. So existiert zu jedem Epimorphismus π einer Algebra E auf eine Algebra S, die eine einelementige Unteralgebra $\{i\}$ enthält, eine exakte Folge

$$i\text{-ker}\,\pi \xrightarrow{\iota} E \xrightarrow{\pi} S \longrightarrow \{i\},$$

wobei ι die identische Abbildung bezeichnet.

Definition 1. Eine Algebra E aus der primitiven Klasse $\mathcal{K}$ heißt eine *Schreiersche Erweiterung von A durch S bezüglich der einelementigen Unteralgebra $\{i\}$ von S*, kurz eine *i-Erweiterung von A durch S*, wenn in $\mathcal{K}$ eine exakte Folge

$$A \overset{\iota}{\rightarrowtail} E \overset{\pi}{\longrightarrow} S \longrightarrow \{i\}$$

existiert, so daß $A \iota \pi = \{i\} \leqq S$ gilt. Die Schreiersche Erweiterung wird durch das Tripel (E, ι, π) angegeben.

Offenbar existiert in jeder primitiven Klasse $\mathcal{K}$ zu jedem Paar S, A von Algebren, sobald S eine einelementige Unteralgebra $\{i\}$ enthält, mindestens eine Schreiersche i-Erweiterung von A durch S, das direkte Produkt $S \otimes A$ mit der exakten Folge

$$A \overset{\iota}{\rightarrowtail} S \otimes A \overset{\pi}{\longrightarrow} S \longrightarrow \{i\},$$

wobei $\iota : a \mapsto (i, a) \ \forall a \in A$ und $\pi : (s, a) \mapsto s \ \forall (s, a) \in S \otimes A$ ist.

Es sei (E, ι, π) eine beliebige Schreiersche Erweiterung von A durch S in K. Dann gibt es ein kommutatives Diagramm

$$
\begin{array}{ccccccc}
A & \overset{\iota}{\rightarrowtail} & E & \overset{\pi}{\longrightarrow} & S & \longrightarrow & \{i\} \\
{\scriptstyle \iota^{-1}}\big\uparrow & & \big\| & & {\scriptstyle \pi}\big\uparrow & & \\
A\iota & \overset{1_{A\iota}}{\rightarrowtail} & E & \overset{\text{kan}}{\longrightarrow} & E/\pi^{\#} & \longrightarrow & \{\overline{A\iota}\},
\end{array}
$$

so daß die Algebra E auch als Schreiersche Erweiterung der Unteralgebra $A\iota$ durch eine zu S isomorphe Faktoralgebra von E aufgefaßt werden kann. Also ist die Algebra E eine Schreiersche Erweiterung von A' durch S' bezüglich $\{i'\} \leqq S'$, wenn A' zu A und S' zu S (mit $i' \leftrightarrow i$) isomorph sind.

In den primitiven Klassen der additiven Gruppen, Ringe oder Multioperatorgruppen stimmen die 0-Erweiterungen von A durch S mit den bekannten Schreierschen bzw. Everettschen Erweiterungen überein. Hier ist jede exakte Folge sogar stark exakt im folgenden Sinne: Eine exakte Folge von Algebren A_j aus $\mathcal{K}$ und Homomorphismen α_j

$$A_0 \overset{\alpha_1}{\longrightarrow} A_1 \overset{\alpha_2}{\longrightarrow} \dots \overset{\alpha_k}{\longrightarrow} A_k \qquad (k \geqq 2)$$

heißt *stark exakt*, wenn

3. $\mu(\operatorname{im} \alpha_j) = \alpha_{j+1}^{\#}$ gilt, d. h., wenn die durch die normale Unteralgebra $\operatorname{im} \alpha_j$ auf der Algebra A_j induzierte Kongruenz mit der durch den Homomorphismus α_{j+1} induzierten übereinstimmt $(j = 1, \dots, k-1)$.

Also ist eine Folge von Algebren $A_j \in \mathcal{K} \ (j = 0, \dots, k)$ und Homomorphismen $\alpha_j : A_{j-1} \to A_j$ genau dann exakt, wenn jede Algebra A_j mit $j \geqq 2$ eine einelementige Unteralgebra $\{i_j\}$ enthält, so daß

$$\operatorname{im} \alpha_j = i_{j+1}\text{-ker}\, \alpha_{j+1} \quad \text{und} \quad A_j/\operatorname{im} \alpha_j \cong \operatorname{im} \alpha_{j+1}$$

für $j = 1, \dots, k-1$ gilt.

Zum Beispiel ist für die Verbände A und E aus Abb. 2 die Folge

$$A \overset{1_A}{\longrightarrow} E \overset{\text{kan}}{\longrightarrow} E/A$$

nicht nur exakt, sondern sogar stark exakt. Dasselbe gilt für jede normale Unteralgebra A einer beliebigen Algebra $E \in \mathcal{K}$, d. h., es ist stets die Folge

$$A \xrightarrow{\ 1_A\ } E \xrightarrow{\ \mathrm{kan}\ } E/A \longrightarrow \{\bar{A}\}$$

stark exakt.

Definition 2. Eine Algebra E aus $\mathcal{K}$ heißt eine *stark Schreiersche Erweiterung der Algebra A durch S bezüglich* $\{i\} \leqq S$, kurz eine *starke i-Erweiterung von A durch S*, wenn es eine stark exakte Folge

$$A \overset{\iota}{\rightarrowtail} E \xrightarrow{\ \pi\ } S \longrightarrow \{i\}$$

in $\mathcal{K}$ gibt, so daß $A\,\iota\,\pi = \{i\} \leqq S$ gilt.

Eine Schreiersche Erweiterung (E, ι, π) ist also genau dann eine stark Schreiersche Erweiterung von A durch S, wenn $E/A\,\iota \cong S$ gilt.

Das direkte Produkt $S \otimes A$ ist zwar stets eine i-Erweiterung von A durch S, aber, z. B. bei Verbänden, im allgemeinen keine stark Schreiersche Erweiterung. Jedoch in der primitiven Klasse der Gruppen, Ringe, Multioperatorgruppen, Quasigruppen bzw. Loops ist jede exakte Folge auch stark exakt und folglich jede Schreiersche Erweiterung eine stark Schreiersche Erweiterung. Dort ist jede Kongruenzklasse der durch π auf E induzierten kompatiblen Klasseneinteilung $E/\pi^{\#}$ eine Nebenklasse von $A\,\iota$. Dies soll im folgenden verallgemeinert werden.

Definition 3. Es bezeichne ω^* eine $(n+1)$-äre Operation aus Ω $(n \geqq 1)$. Eine Schreiersche Erweiterung $(E, 1_A, \pi)$ von A durch S bezüglich $\{i\}$ heißt ω^*-*regulär*, wenn sie stark ist und wenn jede Kongruenzklasse bei der durch A bzw. π auf E induzierten Kongruenz eine Darstellung

$$e_1 \cdots e_n A\,\omega^* = \{e_1 \cdots e_n a\,\omega^* \mid a \in A\}$$

besitzt, wobei $e_1, \ldots, e_n$ Elemente aus E sind und die Darstellung der Elemente der Klasse im folgenden Sinne eindeutig ist:

$$e_1 \cdots e_n a_1 \omega^* = e_1 \cdots e_n a_2 \omega^* \Leftrightarrow a_1 = a_2 \text{ in } A\,.$$

Die Tatsache, daß in der Definition die $(n+1)$-te Stelle ausgezeichnet ist, bedeutet offensichtlich keine wesentliche Einschränkung der Allgemeinheit.

In den primitiven Klassen der additiven Gruppen, Ringe oder Multioperatorgruppen ist jede Schreiersche Erweiterung $+$-regulär. In der primitiven Klasse der Quasigruppen ist sowohl jede Stelle bei der Multiplikation als auch jede Stelle bei der Linksdivision $\backslash$ sowie bei der Rechtsdivision $/$ geeignet, d. h., jede Schreiersche Erweiterung ist $\cdot$-regulär, $\backslash$-regulär und $/$-regulär. — Nähere Untersuchungen über ω^*-reguläre Schreiersche Erweiterungen universaler Algebren wird der zweite Teil dieser Arbeit enthalten.

Wir wenden uns wieder beliebigen Schreierschen Erweiterungen zu. Es sei $(E, 1_A, \pi)$ eine Schreiersche Erweiterung von A durch S bezüglich $\{i\}$ in $\mathcal{K}$. Dann existiert ein kommutatives Diagramm

$$
\begin{array}{ccccccc}
A & \xrightarrow{\ 1_A\ } & E & \xrightarrow{\ \pi\ } & S & \longrightarrow & \{i\} \\
\| & & \| & & \uparrow{\scriptstyle\alpha} & & \\
A & \xrightarrow{\ 1_A\ } & E & \xrightarrow{\ \text{kan}\ } & E/\pi^{\sharp} & \longrightarrow & \{\bar{A}\} \\
\| & & \| & & \uparrow{\scriptstyle\beta} & & \\
A & \xrightarrow{\ 1_A\ } & E & \xrightarrow{\ \text{kan}\ } & E/A & \longrightarrow & \{\bar{A}\}
\end{array}
\quad \text{mit}\ \alpha = \pi^{\flat}\ \text{und}\ \beta = \mu^{\pi^{\sharp}}
$$

in dem sämtliche Reihen exakte Folgen sind. Die dritte Reihe ist sogar stark exakt; also stellt die Algebra E eine stark Schreiersche Erweiterung von A durch E/A dar. Auch die Folge

$$
\{\bar{A}\} \xrightarrow{\ 1_A\ } E/A \xrightarrow{\ \gamma\ } S \longrightarrow \{i\} \quad \text{mit}\ \gamma = \alpha{\circ}\beta
$$

ist exakt, und folglich ist die Faktoralgebra E/A eine Schreiersche Erweiterung der einelementigen Algebra $\{\bar{A}\}$ durch die Algebra S bezüglich $\{i\} \le S$. Es gilt

Satz 1. *Jede Schreiersche i-Erweiterung von A durch S ist eine stark Schreiersche i_0-Erweiterung von A durch eine Algebra S_0, die selbst eine Schreiersche i-Erweiterung ihrer einelementigen Unteralgebra $\{i_0\}$ durch S ist.*

Es bezeichnet $\mathcal{M}on$ die primitive Klasse der Monoide, d. h. der Halbgruppen mit Einselement 1. In $\mathcal{M}on$ ist jede Schreiersche Erweiterung eine 1-Erweiterung, da $\{1\}$ die einzige einelementige Unterstruktur eines Monoids ist. Für diese primitive Klasse gilt die

Folgerung 1. *Jede Schreiersche Erweiterung E eines Monoids A durch eine Gruppe S in $\mathcal{M}on$ ist eine stark Schreiersche Erweiterung von A durch S in $\mathcal{M}on$.*

Beweis. Nach Satz 1 ist E eine stark Schreiersche Erweiterung von A durch ein Monoid S_0. Dieses Monoid S_0 läßt sich auf die Gruppe S epimorph abbilden vermöge eines Epimorphismus π_0, so daß 1-Ker $\pi_0 = \{1\}$ ist. Dann gibt es zu jedem Element $x \in S_0$ ein Element $x^* \in S_0$, so daß $x^*x = 1$ ist. Folglich ist S_0 auch eine Gruppe, woraus sich wegen 1-Ker $\pi_0 = \{1\}$ ergibt, daß π_0 ein Isomorphismus von S_0 auf S ist. Auf diese Weise erhalten wir auch die Aussage des folgenden Satzes.

Folgerung 2. *Es sei E ein Monoid. Jedes Untermonoid von E, das 1-Kern bei einem Epimorphismus von E auf eine Gruppe ist, ist Kongruenzklasse bei einer und nur einer Kongruenz auf E.*

Wie das Beispiel von S. LJAPIN ([9], Seite 382) zeigt, ist die entsprechende Aussage für Gruppoide mit Einselement, die keine Monoide sind, im allgemeinen nicht richtig.

Als Folgerung aus Satz 1 ergibt sich natürlich auch der Satz 2.2 aus [14], der die Anregung zur Formulierung des obigen Satzes gab.

§ 3. Die Kategorie der Schreierschen Erweiterungen in einer primitiven Klasse

Es bezeichne $\mathcal{K}$ eine primitive Klasse von universalen Algebren. Ebenso wie in der Theorie der R-Moduln folgt, daß die Schreierschen Erweiterungen in $\mathcal{K}$ eine Kategorie bilden; Objekte sind die exakten Sequenzen

$$
(E, \iota, \pi)\colon\quad A \xrightarrow{\ \iota\ } E \xrightarrow{\ \pi\ } S \longrightarrow \{i\}
$$

von Algebren A, E und S aus $\mathcal{K}$ mit $A\iota\pi = \{i\}$, und Morphismen sind die Tripel $(\alpha, \varphi, \sigma)$ von Homomorphismen, für welche die Diagramme

$$
\begin{array}{ccccccc}
A & \xrightarrow{\;\iota\;} & E & \xrightarrow{\;\pi\;} & S & \longrightarrow & \{i\} \\
\uparrow{\scriptstyle\alpha} & & \uparrow{\scriptstyle\varphi} & & \uparrow{\scriptstyle\sigma} & & \\
A' & \xrightarrow{\;\iota'\;} & E' & \xrightarrow{\;\pi'\;} & S' & \longrightarrow & \{i'\}
\end{array}
$$

jeweils kommutativ sind. Diese Kategorie wird mit $\mathscr{E}$ bezeichnet.

Definition 4. Die Schreierschen i-Erweiterungen (E, ι, π) und (E', ι', π') von A durch S heißen *assoziiert*, in Zeichen $E \equiv E'$, wenn es einen Morphismus $(1_A, \varepsilon, 1_S)$: $(E', \iota, \pi') \to (E, \iota, \pi)$ in $\mathrm{Mor}\,\mathscr{E}$ gibt, wobei ε ein Isomorphismus von E' auf E ist.

Offensichtlich ist $\equiv$ eine Äquivalenzrelation in $\mathscr{E}$. Jede Schreiersche Erweiterung (E, ι, π) ist zu einer Schreierschen Erweiterung $(E_0, 1_A, \pi_0)$ äquivalent, die A als normale Unteralgebra enthält; dabei geht E_0 aus E durch Identifizieren der Elemente $a\iota \in E$ mit den entsprechenden Elementen $a \in A$ hervor, und es ist $\pi_0 = \mathrm{kan}\,\pi^{\#} \circ \pi^{\flat}$ (vgl. § 2). Auch die folgende Relation ist offenbar eine Äquivalenzrelation.

Definition 5. Die Schreierschen i-Erweiterungen (E, ι, π) und (E', ι', π') von A durch S heißen *äquivalent*, wenn $\mathscr{E}$ es in Morphismen

$$
(1_A, \varphi, 1_S)\colon (E', \iota', \pi') \to (E, \iota, \pi)
$$

und

$$
(1_A, \psi, 1_S)\colon (E, \iota, \pi) \to (E', \iota', \pi')
$$

gibt.

Je zwei assoziierte Erweiterungen sind auch äquivalent, aber nicht umgekehrt.
Sind A und S Algebren aus $\mathcal{K}$, so bildet die Gesamtheit der Schreierschen Erweiterungen von A durch S bezüglich $\{i\} \leqq S$ mit den zugehörigen Morphismen eine volle Unterkategorie $\mathscr{E}_i(A, S)$ von $\mathscr{E}$. Die Menge der Klassen äquivalenter Schreierscher Erweiterungen aus $\mathscr{E}_i(A, S)$ wird mit $\mathrm{Ext}_i\,(A, S)$ bezeichnet. Wir zeigen, daß $\mathrm{Ext}_i\,(A, S)$ ein kontravarianter Funktor der Kategorie der Algebren S mit einelementiger Unteralgebra $\{i\}$ in die Kategorie $\mathscr{E}_{ns}$ der Mengen ist.

Es bezeichne $\mathcal{K}_i$ die Kategorie, deren Objekte diejenigen Algebren aus $\mathcal{K}$ sind, welche die einelementige Algebra $\{i\}$ umfassen, und deren Morphismen diejenigen Homomorphismen $\sigma\colon S' \to S$ mit S', $S \in |\mathcal{K}_i|$ sind, welche die einelementige Unteralgebra $\{i\} \leqq S'$ auf die einelementige Unteralgebra $\{i\} \leqq S$ abbilden.

Es sei A eine beliebige Algebra aus der primitiven Klasse $\mathcal{K}$. Es bezeichne $\mathscr{E}(A, \mathcal{K}_i)$ die volle Unterkategorie von $\mathscr{E}$, deren Objekte die i-Erweiterungen von A durch S mit $S \in |\mathcal{K}_i|$ sind, und $\mathrm{Ext}(A, \mathcal{K}_i)$ die Gesamtheit der Klassen äquivalenter Schreierscher Erweiterungen aus $\mathscr{E}(A, \mathcal{K}_i)$. Zu jedem $S \in |\mathcal{K}_i|$ gehört eine Menge $\mathrm{Ext}_i\,(A, S) \subset \mathrm{Ext}(A, \mathcal{K}_i)$ von Äquivalenzklassen.

Lemma 1. *Es sei* $A \in \mathcal{K}$ *und* S', $S \in |\mathcal{K}_i|$. *Zu jeder Schreierschen Erweiterung* $(E, \iota, \pi) \in \mathscr{E}_i(A, S)$ *und zu jedem Homomorphismus* σ $(\in \mathrm{Mor}\,\mathcal{K}_i)$ *von* S' *in* S *gibt es eine Schreiersche Erweiterung* $(E_\sigma, \iota_\sigma, \pi_\sigma) \in \mathscr{E}_i(A, S')$ *und einen Morphismus*

$(1_A, \varphi_\sigma, \sigma) \in \mathrm{Mor}\, \mathscr{E}$, *so daß das Diagramm*

$$
\begin{array}{ccccccc}
A & \xrightarrow{\iota} & E & \xrightarrow{\pi} & S & \longrightarrow & \{i\} \\
\| & & \uparrow{\varphi_\sigma} & & \uparrow{\sigma} & & \\
A & \xrightarrow{\iota_\sigma} & E_\sigma & \xrightarrow{\pi_\sigma} & S' & \longrightarrow & \{i\}
\end{array}
$$

kommutativ ist.

Beweis. Es bezeichne E_σ die aus den Elementen (s', e) mit $s'\sigma = e\pi$ ($s' \in S'$, $e \in E$) bestehende Unteralgebra des direkten Produktes $S' \otimes E$. (Im Fall $S' = S$ und $\sigma = 1_S$ besteht E_σ aus den Elementen (s, e) mit $s = e\pi$ und ist folglich zu E isomorph.) Die Abbildungen

$$
\iota_\sigma\colon a \mapsto (i, a)\ \ \forall a \in A \quad \text{und} \quad \pi_\sigma\colon (s', e) \mapsto s'\ \ \forall (s', e) \in E_\sigma
$$

bestätigen, daß $(E_\sigma, \iota_\sigma, \pi_\sigma)$ eine Schreiersche Erweiterung von A durch S' bezüglich $\{i\}$ ist. Die natürliche Abbildung

$$
\varphi_\sigma\colon (s', e) \mapsto e \qquad \forall (s', e) \in E_\sigma
$$

von E_σ in E (auf E, falls σ ein Epimorphismus von S' auf S ist) ergibt offensichtlich einen Morphismus

$$
(1_A, \varphi_\sigma, \sigma)\colon (E_\sigma, \iota_\sigma, \pi_\sigma) \mapsto (E, \iota, \pi).
$$

Ist die i-Erweiterung (E^*, ι^*, π^*) von A durch S zu (E, ι, π) äquivalent, so ist auch die entsprechende Erweiterung $(E_\sigma^*, \iota_\sigma^*, \pi_\sigma^*)$ von A durch S' zu $(E_\sigma, \iota_\sigma, \pi_\sigma)$ äquivalent.

Auf Grund dieser Überlegungen folgt, daß die Zuordnung

$$
S \to \mathrm{Ext}_i\,(A, S) \qquad \forall S \in |\mathscr{K}_i|,
$$

$$
\big(\sigma\colon S' \to S\big) \to \mathrm{Ext}_i\,(A, S) \xrightarrow{[\sigma]} \mathrm{Ext}_i\,(A, S')\big) \quad \forall\ \ \sigma \in \mathrm{Mor}\,\mathscr{K}_i
$$

mit $[\sigma_\sigma]\colon (E, \iota, \pi) \mapsto (E_\sigma, \iota_\sigma, \pi_\sigma) \quad \forall (E, \iota, \pi) \in \mathscr{E}_i(A, S)$

ein kontravarianter Funktor von $\mathscr{K}_i$ in die Kategorie $\mathscr{E}ns$ der Mengen ist.

Satz 2. *Es bezeichne A eine beliebige Algebra aus der primitiven Klasse $\mathscr{K}$. Dann ist $\mathrm{Ext}_i\,(A, S)$ ein kontravarianter Funktor der Kategorie $\mathscr{K}_i$ der Algebren S mit einelementiger Unteralgebra $\{i\}$ in die Kategorie $\mathscr{E}ns$ der Mengen.*

Aus unseren obigen Überlegungen ergibt sich insbesondere auch der folgende Satz.

Satz 3. *Ist A eine beliebige Algebra aus $\mathscr{K}$ und die Algebra $S\,(\in |\mathscr{K}_i|)$ ein homomorphes Bild der Algebra S' ($\in |\mathscr{K}_i|$) bei einem Epimorphismus σ, dann ist jede Schreiersche i-Erweiterung (E, ι, π) von A durch S ein morphes Bild einer Schreierschen i-Erweiterung $(E_\sigma, \iota_\sigma, \pi_\sigma)$ von A durch S', so daß für einen geeigneten Epimorphismus φ_σ das Diagramm*

$$
\begin{array}{ccccccc}
A & \xrightarrow{\iota} & E & \xrightarrow{\pi} & S & \longrightarrow & \{i\} \\
\| & & \uparrow{\varphi_\sigma} & & \uparrow{\sigma} & & \\
A & \xrightarrow{\iota_\sigma} & E_\sigma & \xrightarrow{\pi_\sigma} & S' & \longrightarrow & \{i\}
\end{array}
$$

kommutativ ist.

Im Spezialfall der Gruppen, Multioperatorgruppen oder Quasigruppen sind sogar sämtliche Schreierschen Erweiterungen $(E', \iota', \pi') \in E_i(A, S')$, für die ein kommutatives Diagramm

$$A \xrightarrow{\iota} E \xrightarrow{\pi} S \longrightarrow \{i\}$$
$$\| \qquad \uparrow\varphi \qquad \uparrow\sigma$$
$$A \xrightarrow{\iota'} E' \xrightarrow{\pi'} S' \longrightarrow \{i\}$$

existiert, zueinander assoziiert. Die entsprechende Aussage ist z. B. für Verbände im allgemeinen nicht richtig (siehe Abb. 3; dort ist die Abbildung φ ein Monomorphismus, aber kein Isomorphismus). Es gilt jedoch das folgende

Lemma 2. *Es sei* (E', ι', π') *eine Schreiersche Erweiterung von* A *durch* S' *bezüglich* $\{i\}$. *Unter den Voraussetzungen des Lemmas* 1 *kann jeder Morphismus* $(1_A, \varphi, \sigma)$: $(E', \iota', \pi') \to (E, \iota, \pi)$ *faktorisiert werden, d. h., es existiert ein Homomorphismus* φ' *von* E' *in* E_σ, *so daß*

$$(1_A, \varphi, \sigma) = (1_A, \varphi', 1_S) \circ (1_A, \varphi_\sigma, \sigma)$$

gilt.

Beweis. Die Abbildung φ': $e' \mapsto (e'\pi', e'\varphi)$ ist ein Homomorphismus von E' in E_σ, denn es gilt $e'\pi'\sigma = e'\varphi\pi \ \forall\ e' \in E'$. Offenbar ist dann das Diagramm

$$A \xrightarrow{\iota} E \xrightarrow{\pi} S \longrightarrow \{i\}$$
$$\| \qquad \uparrow\varphi_\sigma \qquad \uparrow\sigma$$
$$A \xrightarrow{\iota_\sigma} E_\sigma \xrightarrow{\pi_\sigma} S' \longrightarrow \{i\}$$
$$\| \qquad \uparrow\varphi \qquad \|$$
$$A \xrightarrow{\iota'} E' \xrightarrow{\pi'} S' \longrightarrow \{i\}$$

kommutativ, q. e. d.

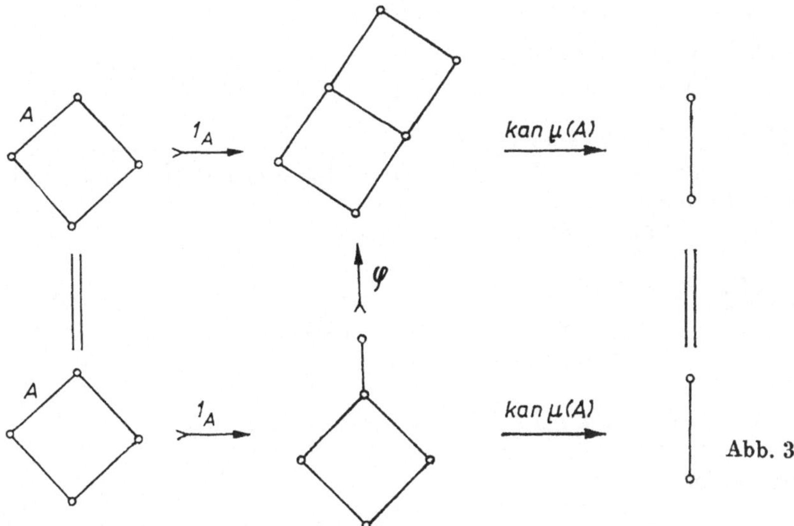

In der Theorie der R-Moduln wird gezeigt, daß $\mathrm{Ext}_0(A, S)$ bei festem S ein kovarianter Funktor der Kategorie $\mathscr{K}$ sämtlicher R-Moduln A in die Kategorie $\mathscr{E}ns$ ist. In welchen primitiven Klassen die analoge Aussage richtig ist, steht noch offen.

§ 4. Eine Beschreibung der Schreierschen Erweiterungen in einer primitiven Klasse

Aus schreibtechnischen Gründen wird in diesem Paragraphen für eine n-äre Operation $\omega \in \Omega$ statt $x_1 \cdots x_n \omega$ häufig $\overset{\omega}{\prod} x_k$ geschrieben.

Es sei A eine beliebige Algebra aus der primitiven Klasse $\mathcal{K} = \mathcal{K}(\Omega, I)$. $\mathscr{E}_{ns}$ bezeichnet die Kategorie der Mengen (aus dem Universum $\mathfrak{U}$). Wir denken uns zu jeder Kardinalzahl $\mathfrak{m}$ eine Menge $B(\mathfrak{m})$ mit der Mächtigkeit $\mathfrak{m}$ aus $\mathscr{E}_{ns}$ ausgewählt, insbesondere werde der Kardinalzahl $|A|$ die Grundmenge A der Algebra A zugeordnet.

Es sei (E, ι, π) eine beliebige Schreiersche i-Erweiterung von A durch S in $\mathcal{K}$. Jede Klasse $s(\pi^\flat)^{-1}$ der durch den Epimorphismus π in der Algebra E induzierten Klasseneinteilung besitzt eine wohlbestimmte von Null verschiedene Mächtigkeit $\mathfrak{m}_s$ $\forall s \in S$. Insbesondere gilt $i(\pi^\flat)^{-1} = i\text{-ker }\pi = A$. (Für Gruppen, Ringe, Multioperatorgruppen, Quasigruppen u. ä. gilt stets $\mathfrak{m}_s = |A|$.) Dann gibt es eine eineindeutige Abbildung δ_s von $s(\pi^\flat)^{-1}$ auf die Menge $B_s = B(\mathfrak{m}_s)$. Wir betrachten nun die Menge

$$P = \{[s, b] \mid s \in S, \ b \in B_s\}.$$

Durch die eineindeutige Abbildung

$$\delta: \ e \mapsto [s, e\delta_s] \ \text{ bei } e\pi = s \ \ \forall e \in E$$
$$\text{mit } \delta | A\iota: \ a\iota \mapsto [i, a] \qquad \forall a \in A$$

wird auf P eine zu E isomorphe Algebra aus $\mathcal{K}$ induziert. Dann induziert der Epimorphismus π einen Epimorphismus

$$\pi_0 = \delta^{-1}\pi: \ [s, b] \mapsto s \qquad \forall [s, b] \in P$$

von P auf S, und die Abbildung

$$\iota_0 = \iota\delta: \ a \mapsto [i, a] \qquad \forall a \in A$$

ist ein Monomorphismus von A in P.

Eine nulläre Operation $v \in \Omega$ zeichnet in P das Element $[i, 0_v]$ aus, wobei 0_v das durch v in A ausgezeichnete Element ist.

Für eine n-äre Operation $\omega \in \Omega$ $(n \geqq 1)$ gilt

$$\overset{\omega}{\prod}[s_k, b_k] = [s, b] \ \text{ mit } \ s = \overset{\omega}{\prod} s_k \in S,$$

da π_0 ein Epimorphismus ist; b ist ein Element aus B_s, das von $b_1, \ldots, b_n$, ω und $s_1, \ldots, s_n$ abhängt; wir schreiben b als Funktion von $b_1, \ldots, b_n$ in der Form

$$b = \overset{\omega}{\underset{s_k}{\prod}} b_k \ \ \forall b_k \in B_{s_k}, \ \ \forall s_k \in S \, (k = 1, \ldots, n).$$

Insbesondere ist

$$\overset{\omega}{\underset{i}{\prod}} a_k = \overset{\omega}{\prod} a_k = a_1 \cdots a_n \omega \ \text{ in } A \qquad \forall a_k \in A.$$

Diese Algebra P bildet mit dem Monomorphismus ι_0 und dem Epimorphismus π_0 eine zu (E, ι, π) assoziierte Schreiersche i-Erweiterung von A durch S; denn das

Diagramm

$$
\begin{array}{ccccc}
A & \xrightarrow{\iota_0} & P & \xrightarrow{\pi_0} & S \longrightarrow \{i\} \\
\| & & \uparrow{\delta} & & \uparrow \\
A & \xrightarrow{\iota} & E & \xrightarrow{\pi} & S \longrightarrow \{i\}
\end{array}
$$

ist kommutativ.

Wird ein anderes System $\delta_s' : s(\pi)^{-1} \to B_s$ von eineindeutigen Abbildungen gewählt, so ist die auf der Grundmenge P dadurch induzierte Schreiersche i-Erweiterung von A durch S ebenfalls zu (E, ι, π) und damit auch zu der obigen Erweiterung (P, ι_0, π_0) assoziiert. Es sei jetzt $\langle \delta_s \rangle$ fest gewählt.

Die Schreiersche Erweiterung (P, ι_0, π_0) ist durch die Angabe der Algebren A, S, $\{i\} \leqq S$, des Systems $\langle \mathfrak{m}_s \rangle_{s \in S}$ von Kardinalzahlen und des Funktionensystems $\left\langle \overset{\omega}{\underset{s_k}{\prod}} \right\rangle$ eindeutig bestimmt; deshalb wird sie auch mit $E_i \left(S, A ; \langle \mathfrak{m}_s \rangle ; \left\langle \overset{\omega}{\underset{s_k}{\prod}} \right\rangle \right)$ bezeichnet.

Wir suchen nach notwendigen und hinreichenden Bedingungen dafür, daß bei vorgegebenen Algebren A, S, $\{i\}$ und Kardinalzahlen $\mathfrak{m}_s$ zu den Funktionen $\overset{\omega}{\underset{s_k}{\prod}}$ in der primitiven Klasse $\mathcal{K}$ eine Algebra und damit eine i-Erweiterung P von A durch S existiert.

Es sei $w(\mathfrak{x}) = w(x_1, \ldots, x_m)$ ein beliebiges Wort der von den Symbolen $x_1, \ldots, x_m$ frei erzeugten Algebra aus $\mathcal{K}$. Dann gilt in der Algebra P

$$
w([\mathfrak{s}, \mathfrak{b}]) = w([s_1, b_1], \ldots, [s_m, b_m]) = [s, w^*(\mathfrak{s}; \mathfrak{b})],
$$

wobei $s = w(\mathfrak{s}) = w(s_1, \ldots, s_m) \in S$ ist (auf Grund des natürlichen Epimorphismus π_0).

1. Fall. $w(x) = x_j$ mit $1 \leqq j \leqq m$. Dann ist $w([\mathfrak{s}, \mathfrak{b}]) = [s_j, b_j]$ und also

$$
w^*(\mathfrak{s}; \mathfrak{b}) = b_j \in B_{s_j}.
$$

2. Fall. $w(x) = 0_\nu$, d. h., $w(\mathfrak{x})$ bezeichnet das durch die nulläre Operation $\nu \in \Omega^{(0)}$ ausgezeichnete Element, also in P das Element $[i, 0_\nu]$. Folglich ist

$$
w^*(\mathfrak{s}; \mathfrak{b}) = 0_\nu \in A.
$$

3. Fall. $w(\mathfrak{x}) = w_1(\mathfrak{x}) \cdots w_n(\mathfrak{x}) \omega = \overset{\omega}{\prod} w_k(\mathfrak{x})$, wobei ω eine n-äre Operation aus Ω ist ($n \geqq 1$). Ist $w_k([\mathfrak{s}, \mathfrak{b}]) = [w_k(\mathfrak{s}), w_k^*(\mathfrak{s}; \mathfrak{b})]$ für $k = 1, \ldots, n$ bereits bekannt, so ist in P

$$
w([\mathfrak{s}, \mathfrak{b}]) = \overset{\omega}{\prod}[w_k(\mathfrak{s}), w_k^*(\mathfrak{s}; \mathfrak{b})] = \left[w(\mathfrak{s}), \overset{\omega}{\underset{w_k(\mathfrak{s})}{\prod}}(s) \, w_k^*(\mathfrak{s}; \mathfrak{b}) \right]
$$

und also

$$
w^*(\mathfrak{s}; \mathfrak{b}) = \overset{\omega}{\underset{w_k(\mathfrak{s})}{\prod}}(s) w_k^*(\mathfrak{s}; \mathfrak{b}) \in B_{w(\mathfrak{s})}.
$$

Wir erhalten durch Anwenden von 1., 2., 3. aus jedem Wort $w(\mathfrak{x})$ eine zusammengesetzte Funktion $w^*(\mathfrak{s}; \mathfrak{b})$ von $\mathfrak{b}$.

Es sei $w(\mathfrak{x}) = v(\mathfrak{x})$ eine Identität aus der Identitätenmenge I. Dann gelten in der Algebra $P \in \mathscr{K}(\Omega, I)$

$$w^*(\mathfrak{z}; \mathfrak{b}) = v^*(\mathfrak{z}; \mathfrak{b}) \qquad \bigvee \mathfrak{z} \subseteq S$$

als Identitäten für die Funktionen $\prod\limits_{s_k}^{\omega}$ und die Indexmengen B_s.

In der primitiven Klasse $\mathscr{H}$ der Halbgruppen ergeben sich aus der Identität

$$(xy)z = x(yz)$$

bei $[s, b]\,[t, c] \overset{\text{def}}{=\!=} \left(s{\cdot}t,\ b \underset{s,\,t}{\bigcirc} c\right)$ in P die Identitäten

$$\left(b \underset{s,\,t}{\bigcirc} c\right) \underset{st,\,u}{\bigcirc} d = b \underset{s,\,tu}{\bigcirc} \left(c \underset{t,\,u}{\bigcirc} d\right) \qquad \bigvee s, t, u \in S\ (b \in B_s,\ c \in B_t,\ d \in B_u).$$

Die Gesamtheit der Identitäten, die sich auf oben beschriebene Weise aus der Identitätsmenge I für das Funktionssystem $\left\langle \prod\limits_{s_k}^{\omega} \right\rangle$ ergeben, sei mit I^* bezeichnet.

Wir fassen zusammen: Sind A und S beliebige Algebren aus der primitiven Klasse $\mathscr{K} = \mathscr{K}(\Omega, I)$ und ist $\{i\}$ eine einelementige Unteralgebra von S, so existiert zu jeder Schreierschen i-Erweiterung von A durch S eine Vorschrift, die

a) jedem Element $s \in S$ eine von 0 verschiedene Kardinalzahl $\mathfrak{m}_s$ und eine — nach unserer Vereinbarung eindeutig bestimmte — Menge $B_s = B(\mathfrak{m}_s)$ der Mächtigkeit $\mathfrak{m}_s$ zuordnet, insbesondere dem Element i die Menge $B_i = B(|A|) = A$;

b) jeder nullären Operation $\nu \in \Omega^{(0)}$ das durch ν in A ausgezeichnete Element 0_ν zuordnet,

c) jeder n-ären Operation $\omega \in \Omega^{(n)}$ und jedem n-Tupel $(s_1, \dots, s_n) \in S^n$ eine Funktion

$$\prod\limits_{s_k}^{\omega} : B_{s_1} \times \cdots \times B_{s_n} \to B_s,\ \text{wobei}\ \ s = \prod\limits^{\omega} s_k \in S,$$

zuordnet, insbesondere dem n-Tupel $(i, \dots, i)$ die Funktion

$$\prod\limits_{i}^{\omega} a_k = a_1 \cdots a_n \omega \in A \qquad \bigvee a_k \in A\,,$$

so daß die Funktionen $\prod\limits_{s_k}^{\omega}$ die Identitäten aus I^* erfüllen.

Wenn zu A und S mit $\{i\} \subseteq S$ ein System von Mächtigkeiten $\mathfrak{m}_s$ und ein Funktionensystem $\left\langle \prod\limits_{s_k}^{\omega} \right\rangle$ (siehe a), b), c)) existiert, für das die Identitäten aus I^* erfüllt sind, so sagen wir: $\langle \mathfrak{m}_s \rangle$, $\left\langle \prod\limits_{s_k}^{\omega} \right\rangle$ ist ein zugehöriges $\mathscr{K}$-*Schreiersches System*. Offensichtlich folgt durch Rückschluß, daß diese Eigenschaft nicht nur notwendig, sondern auch hinreichend dafür ist, daß die Systeme $\langle \mathfrak{m}_s \rangle$, $\left\langle \prod\limits_{s_k}^{\omega} \right\rangle$ zu einer Algebra P aus $\mathscr{K}$ gehören und diese eine Schreiersche i-Erweiterung von A durch S ist. Damit haben wir den folgenden Satz bewiesen.

Satz 4. *Zu den gegebenen Algebren* A, $S \in \mathscr{K}$ *mit* $\langle i \rangle \subseteq S$ *existiere ein* $\mathscr{K}$-*Schreiersches System* $\langle \mathfrak{m}_s \rangle$, $\left\langle \prod\limits_{s_k}^{\omega} \right\rangle$ *von Kardinalzahlen und Funktionen.*

(I) *Dann bildet die Menge*

$$P \stackrel{\text{def}}{=\!=} \{[s, b] \mid s \in S, b \in B_s\}$$

mit den Operationen

$$\overset{\omega}{\prod} [s_k, b_k] \stackrel{\text{def}}{=\!=} \left[\overset{\omega}{\prod} s_k, \overset{\omega}{\underset{s_k}{\prod}} b_k \right] \quad \bigvee \omega \in \Omega^{(n)} \qquad (n \geqq 1)$$

und

$$(\nu)_P \stackrel{\text{def}}{=\!=} [i, 0_\nu] \qquad \bigvee \nu \in \Omega^{(0)}$$

eine Algebra aus der primitiven Klasse $\mathcal{K}$.

(II) *Diese Algebra* $P \in \mathcal{K}$ *stellt eine Schreiersche Erweiterung von* A *durch* S *bezüglich* $\{i\}$ *dar: Mit dem Monomorphismus* $\iota_0\colon a \mapsto [i, a] \bigvee a \in A$ *und dem Epimorphismus* $\pi_0\colon [s, b] \mapsto s \bigvee [s, b] \in P$ *ist die Sequenz*

$$A \xrightarrow{\iota_\sigma} P \xrightarrow{\pi_\sigma} S \longrightarrow \{i\}$$

exakt.

Diese Schreiersche Erweiterung (P, ι_0, π_0) von A durch S bezüglich $\{i\}$ wird mit $E_i\!\left(A, S; \langle \mathfrak{m}_s \rangle; \left\langle \overset{\omega}{\underset{s_k}{\prod}} \right\rangle\right)$ bezeichnet und heißt $\mathcal{K}$-*Schreiersches* i-*Produkt von* A *mit* S.

Bemerkung 1. Für Gruppen, Ringe, Multioperatorgruppen, Quasigruppen, Loops und ähnliche algebraische Strukturen (wie für sämtliche ω^*-regulären Schreierschen Erweiterungen) gilt stets in jeder Schreierschen Erweiterung $\mathfrak{m}_s = |A| \bigvee s \in S$.

Bemerkung. 2. In jeder primitiven Klasse gibt es für beliebige Algebren A und S zu dem System $\mathfrak{m}_s = |A|$ und damit $B_s = A \bigvee s \in S$ mindestens eine Schreiersche Erweiterung von A durch S bezüglich $\{i\} \leqq S$, das direkte Produkt $S \otimes A$, d. h. $E_i\!\left(A, S; \langle |A| \rangle; \left\langle \overset{\omega}{\prod} \right\rangle\right)$.

Bemerkung 3. Es sei $\mathcal{K} = \mathcal{V}$ die primitive Klasse der Verbände. Ist A ein beschränkter Verband und bezeichnet i ein beliebiges Element des Verbandes S, so existiert zu jedem System von Kardinalzahlen $\mathfrak{m}_s \neq 0$ $(s \in S; \mathfrak{m}_i = |A|)$ eine Schreiersche Erweiterung von A durch S bezüglich i. Zum Beispiel kann auf jeder Menge $B_s = B(\mathfrak{m}_s)$ ein beschränkter Verband V_s definiert werden, insbesondere sei $V_i = A$. Dann wird die Menge P der Paare $[s, b]$ vermöge der Halbordnungsrelation

$$[s, b] \leqq [t, c] \stackrel{\text{def}}{\Leftrightarrow} (s < t \text{ in } S) \vee (s = t \wedge b \leqq c \text{ in } V_s)$$

ein Verband, der eine Schreiersche i-Erweiterung von A durch S darstellt.

Es seien A und S Algebren aus einer beliebigen primitiven Klasse $\mathcal{K} = \mathcal{K}(\Omega, I)$. Die assoziierten Schreierschen Erweiterungen werden durch den folgenden Satz charakterisiert, so daß uns die Sätze 4 und 5 ein volles Repräsentantensystem für die Äquivalenzklassen aus $\text{Ext}_i (A, S)$ liefern.

Satz 5. (III) *Jede Schreiersche Erweiterung von* A *durch* S *bezüglich* $\{i\} \leqq S$ *ist zu einem* $E_i\!\left(A, S; \langle \mathfrak{m}_s \rangle; \left\langle \overset{\omega}{\underset{s_k}{\prod}} \right\rangle\right)$ *assoziiert.*

(IV) *Zwei Schreiersche Erweiterungen* $P = E_i\left(A, S;\ \langle \mathfrak{m}_s\rangle;\ \left\langle \overset{\omega}{\underset{s_k}{\prod}}\right\rangle\right)$ *und* $P' = E_i\left(A, S;\ \langle \mathfrak{m}_s'\rangle;\ \left\langle \overset{\omega}{\underset{s_k}{\prod}}\right\rangle\right)$ *sind genau dann assoziiert, wenn*

1. $\mathfrak{m}_s' = \mathfrak{m}_s$ *ist und folglich* $B(\mathfrak{m}_s') = B(\mathfrak{m}_s) = B_s$ *für jedes* $s \in S$ *und*
2. *für ein geeignetes System von Permutationen* ε_s *der Menge* B_s $(s \in S)$, *wobei insbesondere* $\varepsilon_i = 1_A$ *ist,*

$$\overset{\omega}{\underset{s_k}{\prod}}{}' b_k = \left(\overset{\omega}{\underset{s_k}{\prod}} b_k \varepsilon_{s_k}\right) \varepsilon_s^{-1}\ \text{mit}\ s = \overset{\omega}{\prod} s_k \in S$$

$\forall\, s_k \in S,\ \forall\, b_k \in B_{s_k},\ \forall\, \omega \in \Omega$ *gilt.*

Beweis. (III) wurde schon gezeigt.

Zu (IV): Es seien P und P' assoziierte i-Erweiterungen von A durch S und

$$
\begin{array}{ccccccc}
A & \overset{\iota}{\rightarrowtail} & P & \overset{\pi}{\longrightarrow} & S & \longrightarrow & \{i\} \\
\| & & \uparrow{\scriptstyle\varepsilon} & & \| & & \\
A & \overset{\iota'}{\rightarrowtail} & P' & \overset{\pi'}{\longrightarrow} & S & \longrightarrow & \{i\}
\end{array}
$$

das zugehörige kommutative Diagramm. Da ε eine eineindeutige Abbildung ist und $[s, b']\, \varepsilon\pi = [s, b']\pi' = s$, also $[s, b']\varepsilon = [s, b]$ für ein eindeutig bestimmtes $b \in B(\mathfrak{m}_s)$ für jedes $b' \in B(\mathfrak{m}_s')$ gilt, induziert ε eine eineindeutige Abbildung ε_s: $b' \mapsto b$ von $B(\mathfrak{m}_s')$ in $B(\mathfrak{m}_s)$, die auf Grund der Assoziiertheit von P und P' sogar $B(\mathfrak{m}_s')$ auf $B(\mathfrak{m}_s)$ abbildet. Folglich gilt $\mathfrak{m}_s' = \mathfrak{m}_s$ und (nach unserer Vereinbarung zu Beginn dieses Paragraphen) $B(\mathfrak{m}_s') = B(\mathfrak{m}_s) = B_s$, und ε_s ist eine Permutation von B_s für jedes $s \in S$. Insbesondere ist $\varepsilon_i = 1_A$.

Da die Abbildung ε operationstreu ist, ergibt sich ferner aus

$$\left(\overset{\omega}{\prod} [s_k, b_k]\right) \varepsilon = \overset{\omega}{\prod}[s_k, b_k]\varepsilon \quad \forall\, s_k \in S,\ \forall\, b_k \in B_{s_k},\ \forall\, \omega \in \Omega$$

die Beziehung

$$\left[\overset{\omega}{\prod} s_k, \overset{\omega}{\underset{s_k}{\prod}}{}' b_k\right] \varepsilon = \overset{\omega}{\prod}[s_k, b_k \varepsilon_{s_k}]$$

und weiter für $s = \overset{\omega}{\prod} s_k$

$$\left[s, \left(\overset{\omega}{\underset{s_k}{\prod}}{}' b_k\right)\varepsilon_s\right] = \left[s, \overset{\omega}{\underset{s_k}{\prod}} b_k \varepsilon_{s_k}\right],$$

woraus die Behauptung 2. folgt.

Sind umgekehrt für zwei Schreiersche Erweiterungen

$$P = E_i\left(A, S;\ \langle \mathfrak{m}_s\rangle;\ \left\langle \overset{\omega}{\underset{s_k}{\prod}}\right\rangle\right)\ \text{und}\ P' = E_i\left(A, S;\ \langle \mathfrak{m}_s\rangle,\ \left\langle \overset{\omega}{\underset{s_k}{\prod}}\right\rangle\right)$$

Permutationen ε_s bekannt, die der Bedingung 2. genügen, so folgt durch Rückwärtsschluß, daß beide Schreierschen Erweiterungen vermöge der Abbildung

$$\varepsilon\colon [s, b] \mapsto [s, b\varepsilon_s]\ \ \forall\, [s, b] \in P'$$

assoziiert sind. Damit ist der Satz bewiesen.

Es bezeichnet $\mathscr{H}$ die primitive Klasse der Halbgruppen. Es sei A, $S \in \mathscr{H}$, und S enthalte ein idempotentes Element i. Wird jedem Element $s \in S$ eine Kardinalzahl $\mathfrak{m}_s \neq 0$ und eine Menge $B_s = B(\mathfrak{m}_s)$ der Mächtigkeit $\mathfrak{m}_s$ zugeordnet, insbesondere dem idempotenten Element i die Menge $B_i = B(|A|) = A$, und gibt es dann ein System von Funktionen $\underset{s,t}{\bigcirc}$ mit Werten $b \underset{s,t}{\bigcirc} c$ in B_{st} $\forall\, b \in B_s$, $\forall\, c \in B_t$, so daß

$$\left(b \underset{s,t}{\bigcirc} c\right) \underset{st,u}{\bigcirc} d = b \underset{s,tu}{\bigcirc} \left(c \underset{t,u}{\bigcirc} d\right) \quad \forall\, s,t,u \in S$$

und

$$a_1 \underset{i,i}{\bigcirc} a_2 = a_1 a_2 \in A \quad \forall\, a_1, a_2 \in A$$

gilt, so sagen wir: Das System $\langle \mathfrak{m}_s \rangle$, $\left\langle \underset{s,t}{\bigcirc} \right\rangle$ ist $\mathscr{H}$-Schreiersch.

Ist für ein (beliebiges) Element $s \in S$ in S $\;is = i$, so ist für jedes $b \in B_s$ die Zuordnung

$$a \mapsto a \underset{i,s}{\bigcirc} b = a^b \in A \quad \forall\, a \in A$$

eine Abbildung von A in sich. Aus der „Assoziativität" der Verknüpfung $\underset{i,s}{\bigcirc}$ folgt

$$(a_1 a_2) \underset{i,s}{\bigcirc} b = a_1 \left(a_2 \underset{i,s}{\bigcirc} b\right) \quad \forall\, a_1, a_2 \in A,\ \text{d. h.} \quad (a_1 a_2)^b = a_1(a_2^{\,b}).$$

Clifford [1] nennt eine solche Abbildung a^b eine Rechtstranslation der Halbgruppe A.

Ist für ein (beliebiges) Element $s \in S$ in S $\;is = s$, so ist für jedes $a \in A$ die Zuordnung

$$b \mapsto a \underset{i,s}{\bigcirc} b = {}^a b \in B_s \quad \forall\, b \in B_s$$

eine Abbildung von B_s in sich. Dabei folgt hier aus der Assoziativitätsbedingung

$$(a_1 a_2) \underset{i,s}{\bigcirc} b = a_1 \underset{i,s}{\bigcirc} \left(a_2 \underset{i,s}{\bigcirc} b\right), \quad \text{d. h.} \quad {}^{a_1 a_2} b = {}^{a_1}({}^{a_2} b) \quad \forall\, a_1, a_2 \in A.$$

Aus den Sätzen 4 und 5 ergeben sich für A und S die beiden Folgerungen 1 und 2.

Folgerung 1. *Zu den Halbgruppen A und S und dem idempotenten Element $i \in S$ sei ein $\mathscr{H}$-Schreiersches System von Kardinalzahlen $\mathfrak{m}_s$ und Funktionen $\underset{s,t}{\bigcirc}$ gegeben.*

(I) *Dann bildet die Menge*

$$P \overset{\text{def}}{=\!=} \{[s, b]\,|\, s \in S, b \in B_s\}$$

mit der Verknüpfung

$$[s, b] \circ [t, c] \overset{\text{def}}{=\!=} \left[st,\, b \underset{s,t}{\bigcirc} c\right]$$

eine Halbgruppe.

(II) *Diese Halbgruppe $(P, \circ)$ stellt eine Schreiersche i-Erweiterung von A durch S in $\mathscr{H}$ dar: Mit dem Monomorphismus $\iota_0 : a \mapsto [i, a]$ von A in P und dem Epimorphismus $\pi_0 : [s, b] \mapsto s$ von P auf S ist die Sequenz*

$$A \overset{\iota_0}{\rightarrowtail} P \overset{\pi_0}{\longrightarrow} S \longrightarrow \{i\}$$

exakt.

Diese Schreiersche Erweiterung (P, ι_0, π_0) wird mit $E_i\left(S, A;\ \langle \mathfrak{m}_s \rangle, \left\langle \underset{s,t}{\bigcirc} \right\rangle\right)$ bezeichnet.

Neben dem Spezialfall $m_s = |A| \ \forall\ s \in S$, zu dem neben dem direkten Produkt $S \otimes A$ sämtliche o-regulären Schreierschen Erweiterungen (vgl. [11]) gehören, ist der Fall $\mathfrak{m}_s = 1 \ \forall\ s \neq i$ von besonderem Interesse. Dies sind die sogenannten Unionserweiterungen [15]. Gilt insbesondere, $i = 0$ ist das Nullelement in der Halbgruppe S, so erhalten wir die Idealerweiterungen [1]. Betrachten wir zum Beispiel die unendliche zyklische Halbgruppe A und die multiplikative Halbgruppe S der Restklassen der ganzen Zahlen modulo $\overset{\cdot}{m}\ (m > 1)$, so existiert genau dann eine Idealerweiterung von A durch S, wenn m eine Primzahl ist.

Die assoziierten Schreierschen Erweiterungen in $\mathcal{H}$ werden in Folgerung 2 charakterisiert.

Folgerung 2. (III) *Jede Schreiersche Erweiterung von A durch S bezüglich $i \in S$ in $\mathcal{H}$ ist zu einem $E_i\left(A, S; \langle \mathfrak{m}_s \rangle;\ \left\langle \underset{s,t}{\bigcirc} \right\rangle\right)$ assoziiert.*

(IV) *Zwei Schreiersche Erweiterungen* $P = E_i\left(S, A; \langle \mathfrak{m}_s \rangle;\ \left\langle \underset{s,t}{\bigcirc} \right\rangle\right)$ *und* $P' = E_i\left(A, S; \langle \mathfrak{m}_s' \rangle;\ \left\langle \underset{s,t}{\square} \right\rangle\right)$ *von A durch S bezüglich i in $\mathcal{H}$ sind genau dann assoziiert wenn*

1. $\mathfrak{m}_s' = \mathfrak{m}_s$ *und also* $B(\mathfrak{m}_s') = B(\mathfrak{m}_s) = B_s \ \forall\ s \in S$ *und*

2. *für jedes $s \in S$ eine Permutation ε_s von B_s existiert, so daß neben $\varepsilon_i = 1_A$*

$$b \underset{s,t}{\square} c = \left(b\varepsilon_s \underset{s,t}{\bigcirc} c\varepsilon_t\right) \varepsilon_{st}^{-1} \quad \forall\ b \in B_s,\ \forall\ c \in B_s,\ \forall\ s,t \in S$$

gilt.

Es bezeichnet $\mathcal{V}$ die primitive Klasse der Verbände. Es seien A und S beliebige Verbände, und i bezeichne ein beliebiges Element aus S. Ein zugehöriges $\mathcal{V}$-Schreiersches System von Kardinalzahlen $\mathfrak{m}_s \neq 0$ mit $m_i = |A|$ und Funktionen

$$\underset{s,t}{\vee} : B_s \times B_t \to B_{s \smile t}; \quad \underset{s,t}{\wedge} : B_s \times B_t \to B_{s \frown t} \quad (s, t \in S)$$

genügt sechs Bedingungen:

$$(1)\ b \underset{s,\,t \frown u}{\vee} \left(c \underset{t,\,u}{\vee} d\right) = \left(b \underset{s,\,t}{\vee} c\right) \underset{s \smile t,\,u}{\vee} d;$$

$$(2)\ b \underset{s,\,t}{\vee} c = c \underset{t,\,s}{\vee} b;$$

$$(3)\ b \underset{s,\,s \smile t}{\wedge} \left(b \underset{s,\,t}{\vee} c\right) = b;$$

die restlichen drei Bedingungen ergeben sich durch Vertauschen von $\vee$ und $\wedge$ aus (1) bis (3). Jede Menge B_s bildet mit den Operationen $\underset{s,\,s}{\vee}$ und $\underset{s,\,s}{\wedge}$ einen Verband V_s.

Aus den für Halbgruppen gemachten Erwägungen und den zusätzlichen obigen Identitäten ergibt sich: Für beliebige Elemente s, t mit $s \leq i \leq t$ in S gilt

$$a \underset{i,\,s}{\vee} b = a^b \in A \qquad \text{mit } (a_1 \vee a_2)^b = a_1 \vee a_2^b,\quad a \leq a^b \text{ in } A$$

$$\text{und } b \underset{s,\,i}{\wedge} a^b = b;$$

$$a \underset{i,s}{\wedge} b = {}_a b \in B_s \qquad \text{mit } {}_{a_1} \wedge {}_{a_2} b = {}_{a_1}({}_{a_2} b),\ b \leqq {}_a b \text{ in } V_s$$

$$\text{und } a \underset{i,s}{\vee} {}_a b = a;$$

$$a \underset{i,t}{\wedge} c = a_c \in A \qquad \text{mit } (a_1 \wedge a_2)_c = a_1 \wedge (a_2)_c,\ a \geqq a_c \text{ in } A$$

$$\text{und } c \underset{t,i}{\vee} a_c = c;$$

$$a \underset{i,t}{\vee} c = {}^a c \in B_t \qquad \text{mit } {}^{a_1} \vee {}^{a_2} c = {}^{a_1}({}^{a_2} c),\ c \leqq {}^a c \text{ in } V_s$$

$$\text{und } a \underset{i,t}{\wedge} {}^a c = a.$$

Analog zu Folgerung 1 und 2 erhalten wir eine Beschreibung der i-Erweiterungen der Verbände A durch S in $\mathcal{V}$.

LITERATUR

[1] CLIFFORD, A. H.: Extensions of semigroups. Trans. Amer. Math. Soc. *68* (1950) 165—173.

[2] EVERETT, C. J.: An extension theory for rings. Amer. J. Math. *64* (1942) 363—370.

[3] FUCHS, L.: Rédeian skew product of operatorgroups. Acta Sci. Math. Szeged *14* (1952) 228 to 238.

[4] GÉCSEG, F.: Шрейерово расширение мультиоператорных групп. Acta Sci. Math. Szeged *23* (1962) 58—68.

[5] HANCOCK, V. R.: Commutative Schreier semigroup extensions of a group. Acta Sci. Math. Szeged *25* (1964) 129—134.

[6] ИНАСАРИДЗЕ, X. H.: Расширения регулярных полугрупп. Сообщения АН Груз ССР *39* (1965) 3—10.

[7] ИНАСАРИДЗЕ, X. H.: Расширения полугрупп с нулем. Сообщения АН Груз ССР *41* (1966) 513—520.

[8] KUROŠ, A. G.: Vorlesungen über allgemeine Algebra. B. G. Teubner, Leipzig 1964 (Übersetzung aus dem Russischen).

[9] Ляпин, E. C.: Полугруппы. Физматгиз, Москва 1960.

[10] ŁOŠ, J.: Normal subalgebras in general algebras. Coll. Math. *12* (1964) 151—153.

[11] RÉDEI, L.: Die Verallgemeinerung der Schreierschen Erweiterungstheorie. Acta. Sci. Math. Szeged *14* (1952) 252—273.

[12] SCHREIER, O.: Über die Erweiterung von Gruppen I, II. Monatsh. Math. Phys. *34* (1926) 165—180; Abh. Math. Sem. Hamburg *4* (1926), 321—346.

[13] SCHUBERT, H.: Kategorien I. Akademie-Verlag, Berlin 1970.

[14] STRECKER, R.: Verallgemeinerte Schreiersche Halbgruppenerweiterungen. Monatsber. DAW Berlin *11* (1969) 325—328.

[15] VERBEEK, L.: Semigroup extensions. Dissertationsschrift. Techn. Hochschule Delft 1968.

Manuskripteingang: 17. 11. 1970

VERFASSER:
RENATE KUMMER, Sektion Mathematik der Martin-Luther-Universität
Halle—Wittenberg

Verzeichnis weiterer Arbeiten, die ebenfalls Herrn Prof. Dr. O.-H. Keller
zum 65. Geburtstag gewidmet sind

DRECHSLER, K., Die Homologiegruppen der Varietät der vollständigen Kegelschnitte, Wiss. Z.
Univ. Halle XIX '70, H. 4, S. 107—113.

GOŁAB, S., Über einen algebraischen Satz, welcher in der Theorie der geometrischen Objekte auftritt, Wiss. B. Univ. Halle (im Druck).

HERRMANN, M., und U. STERZ, Über Disjunktheitseigenschaften und reguläre Tensorprodukte,
Compositio Math. (im Druck).

LANCKAU, R., Das verallgemeinerte freie Produkt in primitiven Klassen universeller Algebren II,
Publ. Math. Debrecen *17* (1970).

REICHARDT, H., Differentialgeometrie auf isotropen Kegeln, Math. Nachr. *49* (1971).

SZÁSZ, F. A., The radical-property of rings such that every homomorphic image has no non-zero
left annihilators, Math. Nachr. (im Druck).